M. Schallies · K. D. Wachlin (Hrsg.) Biotechnologie und Gentechnik

Springer

Berlin
Heidelberg
New York
Barcelona
Hongkong
London
Mailand
Paris
Singapur
Tokio

Michael Schallies · Klaus D. Wachlin (Hrsg.)

Biotechnologie und Gentechnik

Neue Technologien verstehen und beurteilen

Unter der Mitarbeit von Ulrike Hafner

Mit 3 Abbildungen und 16 Tabellen

Springer

Professor Dr. MICHAEL SCHALLIES
Pädagogische Hochschule Heidelberg
Keplerstraße 87
69120 Heidelberg

KLAUS D. WACHLIN
Akademie für Technikfolgenabschätzung
in Baden-Württemberg
Industriestraße 5
70565 Stuttgart

Danksagung. Für wertvolle Anregungen und ihre Unterstützung bei der Erstellung des Werkes sei Dr. Anneliese Wellensiek und Anja Lembens von der Arbeitsgruppe VIT an der Pädagogischen Hochschule Heidelberg herzlich gedankt.

ISBN-13: 978-3-642-64225-8 Springer-Verlag Berlin Heidelberg New York

Die Deutsche Bibliothek - CIP-Einheitsaufnahme

Biotechnologie und Gentechnik: neue Technologien verstehen und
beurteilen / Hrsg.: Michael Schallies ; Klaus D. Wachlin. - Berlin ;
Heidelberg ; New York ; Barcelona ; Budapest ; Hongkong ; London ;
Mailand ; Paris ; Singapur ; Tokio : Springer, 1999

ISBN-13: 978-3-642-64225-8   e-ISBN-13: 978-3-642-60028-9
DOI:10.1007/978-3-642-60028-9

Satz: Druckfertige Vorlagen der Herausgeber
Einbandgestaltung: Struve & Partner, Heidelberg
SPIN 10677427   31/3137 - 5 4 3 2 1 0 - Gedruckt auf säurefreiem Papier

Vorwort

Das Werk „Biotechnologie und Gentechnik. Neue Technologien verstehen und beurteilen" wendet sich einem höchst aktuellen Thema zu. Es ist aus den Beiträgen einer Ringvorlesung hervorgegangen, die von der Pädagogischen Hochschule Heidelberg und der Akademie für Technikfolgenabschätzung in Baden-Württemberg gemeinsam geplant und mit dem Institut für Weiterbildung an der Pädagogischen Hochschule Heidelberg im Wintersemester 1997/98 durchgeführt wurde. Die Einzelbeiträge einer Gruppe von Autoren unterschiedlichster Herkunft zielen nicht primär auf die detaillierte Erweiterung des derzeitigen Expertenwissens über Biotechnologie und Gentechnik ab, sondern beschäftigen sich mit der Fragestellung, welcher Voraussetzungen zum Verstehen und Beurteilen dieser modernen Schlüsseltechnologie die interessierten Bürger bedürfen. Das Verstehen neuer Technologien umfaßt dabei – plakativ gesagt – wissensbasierte Standpunkte und begründete Ansichten, verknüpftes und anwendungsbezogenes Wissen, integrierte Sichtweisen der Realität und der Wechselwirkungen zwischen Wissenschaft, Technik und Gesellschaft.

Zweifellos spielt das allgemeine Bildungswesen beim Aufbau von Technologieverständnis in diesem Sinne eine tragende Rolle: Die grundlegenden naturwissenschaftlichen Sachverhalte werden im Verlauf der Schulzeit behandelt, Denk- und Handlungsstrukturen werden in der Auseinandersetzung mit naturwissenschaftlichen und technologischen Wissensbeständen erworben und dabei an subjektive und intersubjektive Bewertungen in ihrer altersgemäßen Ausprägung gebunden. Wobei ein reifes, entwickeltes Technologieverständnis auch die Fähigkeit der Individuen erfordert, einander sich widersprechende Faktoren abzuwägen und Entscheidungen nicht nur im Hinblick auf eigene Werte und Auffassungen, sondern auch im Hinblick auf das, was anderen wichtig und wertvoll ist, zu rechtfertigen. Mit diesen Fragestellungen beschäftigen sich die Beiträge von *M. Brumlik* und *A. Wellensiek* aus der Sicht der Erziehungswissenschaften unter entwicklungspsychologischen Aspekten im Licht vorhandener Theorien und Erkenntnisse sowie der Beitrag von *M. Schallies* aus dem Blickwinkel der Naturwissenschaftsdidaktik unter Berücksichtigung empirischer Untersuchungen über neue Curricula, die sich insbesondere Lernzielen auf diesem Feld zuwenden.

Direkt hat das Thema Biotechnologie und Gentechnik in seinen unterschiedlichen Dimensionen bereits in die Lehrpläne von allgemeinbildenden Schularten Einzug gehalten. Dies gilt sowohl für die naturwissenschaftlichen Fächer, insbesondere die Biologie (Beitrag von *U. Harms* und *H. Bayrhuber*) sowie Religionslehre bzw. das neue Fach „Ethik", mit dessen Gegenstand und Zielsetzung sich die Beiträge von *M. Sänger* und *R. Wimmer* beschäftigen. Darüber hinaus finden die aktuellen Entwicklungen auf diesem Gebiet vielfach bereits vor der Haustür der Schulen – so beispielsweise in einer der sich rasch entwickelnden „Bioregionen" wie dem Rhein-Neckar-Dreieck – statt und geben Anlaß, sich auf der Ebene von Aktualität und Alltagsbezug mit der Thematik auseinanderzusetzen. Im vorliegenden Buch wird eine authentische Sichtweise von Akteuren auf dem Gebiet des unternehmerischen Denkens und Handelns durch den Beitrag von *U. Abshagen* eingebracht, der deutlich macht, daß die Umsetzung von wissenschaftlichen Erkenntnissen in praktische Anwendungen ein komplexes Unterfangen ist, „bei dem das Wesentliche in den Köpfen passieren muß".

Die schulische Behandlung der mit den Anwendungen von Biotechnologie und Gentechnik einhergehenden Fragestellungen stellt wegen ihrer Zukunftsbedeutung eine Herausforderung dar. Sie ist gleichzeitig so schwierig, da es zur Beurteilung moderner Technologien mit ihrer typischen Komplexität verschiedener Befähigungen von Individuen bedarf. Für die Beurteilung von Biotechnologie und Gentechnik sind erforderlich:

- *Sachwissen* auf einem Gebiet moderner Technologieentwicklung, das sich mit einer enormen Geschwindigkeit weiterentwickelt.
- *Strategisches Denken* in bezug auf die Zielsetzungen und die Wahlmöglichkeiten, die für die Lösung komplexer Probleme, z. B. im Bereich der Landwirtschaft, der Pharmazie oder der Medizin, bestehen.
- Die *Reflexion* und Prüfung der damit verbundenen Zielsetzungen, Werte und Normen, die der Bildung eines eigenen selbständigen Urteiles und dem entsprechenden Handeln zugrunde gelegt werden können.

Beispielhaft hierzu sind die Beiträge von *K. Platzer* und *B. Skorupinski*.

Die beschriebene Vielschichtigkeit wird leicht als Überforderung empfunden, so daß die Versuchung naheliegt, Fragestellungen moderner Technologieentwicklung ausschließlich an Experten der verschiedenen Fachgebiete zu delegieren. Wie *J. Bugl* in seinem einleitenden Beitrag ausführt, sind in der Demokratie jedoch keine „Entscheidungseliten" gefragt, sondern die Bereitstellung von adressatengerechten Informationen für die selbständige Entscheidungsfindung der Bürger. Eine moderne Technikfolgenabschätzung beschäftigt sich daher auch mit der Frage der Organisation von öffentlichen Diskursen, in denen Expertenwissen mit Laienwissen zusammentrifft und an konkreten Aufgabenstellungen Technikentwicklung gestaltet wird. Der Beitrag von *H. J. Bremme* und *L. von dem Bussche-Hünnefeld* nimmt das Thema Öffentlichkeit und Gentechnik aus der Sicht eines Betriebes der chemischen Großindustrie auf und ergänzt so die allgemeineren Ausführungen *J. Bugls*.

Im Rahmen des allgemeinen Bildungsauftrages zur Vorbereitung junger Menschen auf die Erfordernisse der modernen Lebens- und Arbeitswelt muß bereits in der Schule ein Beitrag dazu geleistet werden, den Umgang mit der Komplexität solcher Probleme zu üben. Dies geschieht jedoch keineswegs ausschließlich auf einer rein rationalen Ebene, vielmehr beeinflussen die bei Jugendlichen und Kindern bereits vorliegenden Vorstellungen und Alltagsmythen den rationalen Diskurs zur Gentechnik, wie der Beitrag von *U. Gebhard* deutlich macht. Einstellungen zur Gentechnik, so das Ergebnis aus der empirischen Untersuchung mit Gymnasial- und Gewerbeschülern von *G. Keck* und *O. Renn*, werden von moralischen Erwägungen als bedeutsamster Einflußgröße determiniert. Zur Beantwortung der allgemeinen und übergeordneten Frage, wie ein angemessenes Technologieverständnis im Verlauf der Schulzeit entwickelt werden kann, ist daher eine ausschließlich als Faktenvermittlung konzipierte unterrichtliche Behandlung der Thematik „Biotechnologie und Gentechnik" ungeeignet.

Abschließend möchten wir darauf hinweisen, daß alle in diesem Buch verwendeten Personalbegriffe, wie beispielsweise Schüler, Lehrer, Studenten usw., aus Gründen der besseren Lesbarkeit einheitlich gewählt wurden und sich in gleicher Weise auf Angehörige beider Geschlechter beziehen.

Heidelberg/Stuttgart, September 1998   Michael Schallies/
                                                       Klaus D. Wachlin

Inhaltsverzeichnis

Autorenverzeichnis

Abshagen, U., Prof. Dr.
  Heidelberg Innovation GmbH,
  Im Neuenheimer Feld 515, 69120 Heidelberg

Bayrhuber, H., Prof. Dr.
  Institut für die Pädagogik der Naturwissenschaften, Universität Kiel,
  Olshausenstr. 62, 24098 Kiel

Bremme, H. J., Dr.
  Abteilung Öffentlichkeitsarbeit, BASF AG,
  67056 Ludwigshafen

Brumlik, M., Prof. Dr.
  Erziehungswissenschaftliches Seminar, Ruprecht-Karls-Universität Heidelberg,
  Akademiestraße 3, 69117 Heidelberg

Bugl, J., Prof. Dr.
  Elisabeth-von-Thadden-Str. 7, 68163 Mannheim

von dem Bussche-Hünnefeld, L., Dr.
  Abteilung Öffentlichkeitsarbeit, BASF AG,
  67056 Ludwigshafen

Gebhard, U., Prof. Dr.
  Institut für Didaktik der Mathematik, Naturwissenschaften, Technik und des
  Sachunterrichts, Universität Hamburg,
  Von-Melle-Park 8, 20146 Hamburg

Harms, U., Dr.
  Institut für die Pädagogik der Naturwissenschaften, Universität Kiel,
  Olshausenstr. 62, 24098 Kiel

Keck, G.
  Akademie für Technikfolgenabschätzung in Baden-Württemberg,
  Industriestr. 5, 70565 Stuttgart

Platzer, K., Dr.
Forschungsstätte der Evangelischen Studiengemeinschaft e. V.,
Schmeilweg 5, 69118 Heidelberg

Renn, O., Prof. Dr.
Akademie für Technikfolgenabschätzung in Baden-Württemberg,
Industriestr. 5, 70565 Stuttgart

Sänger, M., Dr.
Jahnstr. 14, 76133 Karlsruhe

Skorupinski, B., Dr.
Ethik-Zentrum der Universität Zürich,
Zollikerstr. 117, CH-8008 Zürich

Schallies, M., Prof. Dr.
Mathematisch-Naturwissenschaftliche Fakultät, Pädagogische Hochschule
Heidelberg,
Im Neuenheimer Feld 561, 69120 Heidelberg

Wachlin, K. D.
Akademie für Technikfolgenabschätzung in Baden-Württemberg,
Industriestr. 5, 70565 Stuttgart

Wellensiek, A., Dr.
Mathematisch-Naturwissenschaftliche Fakultät, Pädagogische Hochschule
Heidelberg,
Im Neuenheimer Feld 561, 69120 Heidelberg

Wimmer, R., Prof. Dr.
Zentrum für Ethik in den Wissenschaften, Universität Tübingen,
Keplerstr. 17, 72074 Tübingen

1 Technikfolgenabschätzung – Aufgaben und Perspektiven

J. Bugl
Kuratorium der Akademie für Technikfolgenabschätzung in Baden-Württemberg

1.1
Einleitung

Nach künstlicher Befruchtung und außeruterinärer Schwangerschaft (Muller) kommt die automatisierte Konditionierung des Säuglings in einem isolierten und verschlossenen Bettchen (Skinner); Lehrmaschinen unterrichten das heranwachsende Kind (Skinner u. a.); ein systemelektronischer Apparat verzeichnet Träume für Computeranalysen und Persönlichkeitsberichtigung, während ein anderer für programmierte Organisation sorgt; ein fortwährendes Bombardement mit sinnlosen Botschaften massiert das genormte Gehirn (McLuhan); eine ferngelenkte automatisierte Landwirtschaft liefert die Nahrungsmittel (Rand); zentrale Computerstationen besorgen mit Hilfe von Robotern alle häuslichen Pflichten, von der Planung der Mahlzeiten und des Einkaufs bis zur Hausarbeit (Seaborg); kybernetisch gesteuerte Fabriken erzeugen eine Überfülle von Gütern (Wiener); von einer Zentrale automatisch gesteuerte Privatautos (M.I.T. und Ford) befördern Fahrgäste auf Hochstraßen in unterirdische Städte oder auch zu Sternenkolonien im Weltraum (Dandridge-Cole); Computerzentralen treten an die Stelle der politischen Entscheidungsträger, und ein ausreichender Vorrat an Halluzinogenen gibt den verkümmerten Menschenwesen das ekstatische Gefühl, lebendig zu sein (Leary). Mit Hilfe von Organtransplantationen (Barnard u. a.) wird dieses Scheinleben erfolgreich auf ein oder zwei Jahrhunderte verlängert. Schließlich werden die Nutznießer des Systems sterben, ohne einen Augenblick lang erkannt zu haben, daß sie nie gelebt haben. (Mumford 1981).

Um die Aufgaben und Perspektiven der Technikfolgenabschätzung beschreiben zu können, sollten wir zunächst versuchen, uns eine Antwort auf die folgende Frage zu geben: *Wie hat sich der von der Technik ausgelöste gesellschaftliche Wandel mit zunehmender Technisierung und Industrialisierung entwickelt?*

Jahrhundertelang wurde der biblische Auftrag „Machet Euch die Erde untertan" in den Dienst des Fortschrittsglaubens gestellt. Man sah in diesem Auftrag die Ermächtigung des Menschen zur Herrschaft über die Natur.

Diese Einstellung führte bis zum Beginn des Industriezeitalters, das wir mit 1760 ansetzen, zu zahlreichen Entdeckungen und Erfindungen – genannt seien der Buchdruck, das Schwarzpulver, der Kompaß – und, abgesehen von einigen Ausnahmen, im großen und ganzen zur Akzeptanz durch die Benutzer. Wenn dennoch Angst vor der Technik auftrat, dann war das stets die Furcht um die wirtschaftliche Lebensgrundlage. Ihren prägnantesten Ausdruck fanden diese Unruhen in der Ludditenbewegung im englischen Textilrevier um Manchester.

Die Ludditen zerstörten Maschinen, Fabriken und Warenlager. Zur Niederschlagung des Aufstandes setzte die englische Regierung ihre Armee ein. Interessant ist, daß sowohl von der bürgerlich-liberalen wie von der marxistisch-sozialistischen Seite die Ludditenbewegung als fortschritts- und technikfeindlich bezeichnet wurde. In Wirklichkeit war der Auslöser eine Verschlechterung der Lebensbedingungen als Folge des gesellschaftlichen Wandels vom „altständischen Paternalismus zum wirtschaftspolitischen Kapitalismus", wie ihn Smith formulierte. Er verlangte, daß der Staat das Wirtschaftsleben und auch die Beziehungen zwischen Kapital und Arbeit sich selbst überlassen solle.

Ausdruck einer Technikfeindlichkeit war die Ludditenbewegung keinesfalls. Die Furcht um den Arbeitsplatz war es dann auch, die schließlich zum Weberaufstand im Jahre 1844 führte. Weil aber nur kleine Gruppen betroffen waren, blieb die Breitenwirkung solcher Ereignisse damals begrenzt.

Die Zeit der Hochindustrialisierung war geprägt vom Glauben an den technischen Fortschritt und von optimistischen Erwartungen an die Technik. Dieser Fortschrittsglaube wurde von allen politischen Gruppen mitgetragen. Naumann: „Das Größte, was Karl Marx in der deutschen Arbeiterbewegung geleistet hat, ist die Grundstimmung, die er in der Arbeiterschaft dem technischen Fortschritt gegenüber geleistet hat."

Mit zunehmender Entwicklung unserer Gesellschaft zur Industriegesellschaft in der Zeit nach dem Ersten Weltkrieg wurde der bis dahin ungebrochene Fortschritts- und Technikglaube durch die Neu-Kantianer erstmals in Frage gestellt.

Weber begann eine lebhafte Diskussion um den Kulturwert der modernen Technik. In seiner Schrift „Die protestantische Ethik und der Geist des Kapitalismus" analysierte er die zunehmend rationalisierten und versachlichten Lebensformen der modernen Industriegesellschaft und fragte nach der Stellung des Menschen in diesem „ehernen Gehäuse der Hörigkeit" (Weber 1921).

Jaspers hat in seiner Arbeit „Die geistige Situation der Zeit" ein Stimmungsbild vom Kulturpessimismus eines großen Teiles der Intellektuellen in der Weimarer Republik gegeben. Der von der Technik ausgehende Zwang zur Fließbandarbeit und zur Bürokratisierung entfremdet den Menschen vom Arbeitsprozeß und trennt, wie Jaspers sagt, „selbst sein" vom „Arbeitssein". Die Fließbandfertigung mit ihrem Zwang zur Anpassung läßt Lebensangst zum bestimmenden Grundgefühl werden.

Diesem technikpessimistischen Ansatz setzte der Physiker und Philosoph Dessauer in den 20er Jahren einen technisch-optimistischen Ansatz entgegen, indem er ein christliches und ein Prometheussches Weltbild miteinander verband. Dessauer versteht Technik als Weiterführung der Schöpfung Gottes. Der Techniker ist Prometheus, der – nachdem er die Schöpfung ergründet hat – deren Macht in den Dienst menschlicher Ziele stellt. Technik wird so die Ermöglichung von „Freiheit von Untertänigkeit, Freiheit zum eigenen Entwurf zur Gestaltung der Zukunft".

Im Dritten Reich wurde die Technik idealisiert. Es wurde sogar das Leitbild einer „Deutschen Technik" entwickelt, ein Zusammenwachsen von Mensch und Maschine im Dienste der Nation.

Nach dem Zweiten Weltkrieg kam es weltweit, vornehmlich in intellektuellen Kreisen, ausgelöst durch den Abwurf der ersten Atombomben auf Japan, zu einer tiefen Furcht vor der Technik. Man sah in ihr menschliche Hybris, in ihren Folgen die Zerstörung der Schöpfung. So forderte man eine neue Ethik für das technische Zeitalter. Philosophen wie Freyer, Gehlen und der Soziologe Schelsky machten dies zum Thema vieler ihrer Diskussionen.

Schelsky (1965) sieht die wissenschaftlich-technische Zivilisation als unabwendbares Schicksal der Menschen, zu der es keine Alternative gibt. Er vertritt die Meinung, daß mit dem Überschreiten der Schwelle zur Industriegesellschaft ein Prozeß in Gang gesetzt wurde, der nicht mehr rückgängig gemacht werden kann, sondern der eine Eigendynamik erhalten hat, die den Menschen zur Anpassung an seine Gesetzlichkeit zwingt. Diese Denkweise fand vor allem im Umkreis der Frankfurter Schule ihre Fortsetzung; Habermas (1968) und Markuse (1967) seien hier genannt (vgl. auch Lenk 1982; Petermann 1984; Rapp 1990; Ropohl 1985; Graf von Westphalen 1984 und 1990; Zimmerli 1985).

Diese „akademische Diskussion" ist lange Zeit nicht in das Bewußtsein unserer Gesellschaft getreten.

1.2
Technikakzeptanz – Technikkritik heute

1970 haben bei demoskopischen Umfragen zur Technikakzeptanz auf die Frage, ob sie die Technik für einen Segen hielten, 75% der Befragten mit „Ja" geantwortet.

Unsere Gesellschaft war in ihrer Mehrheit von der Hoffnung auf eine umfassende Herrschaft des Menschen über die Natur und einen dadurch ermöglichten gesellschaftlichen Fortschritt geprägt. Diese Hoffnung trug den Charakter einer großen Zuversicht.

Heute, 28 Jahre später, sind es nur noch 40%, die die Technik für einen Segen halten, und dies, obwohl doch alle aus eigener Erfahrung wissen, daß uns die Technik Befreiung von den Zwängen körperlich schwerer und monotoner Arbeit gebracht hat; obwohl wir doch alle wissen, daß die Technik zu einer Verbesserung unserer medizinischen Versorgung und damit zu einer Erhöhung der durchschnittlichen Lebenserwartung geführt hat, und obwohl wir wissen, daß die Steigerung der Arbeitsproduktivität und damit sowohl die Mehrung unseres wirtschaftlichen Wohlstandes als auch die Mehrung unserer sozialen Sicherheit und damit aber auch die Mehrung unseres sozialen Friedens auf technischem Fortschritt beruht.

Dennoch scheint die Gleichung „technischer Fortschritt = gesellschaftlicher Fortschritt" nicht mehr aufzugehen. So stellt sich die Frage: Was ist die Ursache für diese Verhaltensänderung unserer Gesellschaft? Genannt seien die folgenden wesentlichen Ursachen einer zunehmenden Technikkritik (vgl. auch Dierkes et al. 1986):

- Immer deutlicher wird bewußt, daß alles, was technischer Fortschritt zum Wohle der Menschheit bisher bewirkt hat und auch in Zukunft bewirken kann, auch Schädigungen und potentielle Gefahren für Mensch und Natur mit sich bringen kann.
- Die Folgen der Diffusion neuer Techniken in den Alltag und in die Arbeitswelt der Menschen übertreffen die technisch-gesellschaftlichen Entwicklungsprozesse früherer Zeitabschnitte an Geschwindigkeit, Komplexität und Eindringtiefe bei weitem.
- Der umfassende Einsatz von Technik verändert in zunehmendem Maße die Umwelt, soziale Strukturen, Institutionen und Verhaltensweisen.
- Die neuen Techniken haben Auswirkungen auf Quantität und Qualität der Arbeitsplätze.
- Die Technisierung unserer Lebenswelt ist in der Vergangenheit weitgehend undifferenziert nach der Methode von Versuch und Irrtum auf Gedeih und Verderb vorangetrieben worden. Dies führte zu einem Glaubwürdigkeitsverlust der Entscheidungseliten.
- Irrationalen, politisch motivierten Strömungen ist es gelungen, Teile unserer Gesellschaft zur Technik in Frontstellung zu bringen.
- Politik, Wirtschaft und Wissenschaft taten sich schwer zu zeigen, daß Technik nicht nur Risiken, sondern auch Chancen für höherwertige, umweltfreundliche und sozialverträgliche Produkte bietet.

Dieses sind Gründe, die dazu führten, daß unsere Gesellschaft die Chancen und Problemlösungspotentiale, die die Technik bietet und die sie auch täglich nutzt, kaum, die Risiken der Technik aber verstärkt wahrnimmt. Dieses Verhalten führte zu dem für unsere wirtschaftliche Entwicklung gefährlichen Akzeptanzverlust.
Wer wird aber, so muß man fragen, in einem Land investieren, in dem die Einführung neuer Techniken immer wieder in Frage gestellt wird.
Als Abgeordneter des Deutschen Bundestages und Obmann im Ausschuß für Forschung und Technologie habe ich oft über Chancen und Risiken neuer, aber auch alter Techniken in der Öffentlichkeit diskutiert (vgl. auch Bugl 1989 und 1994). Dabei stellte sich immer wieder heraus, daß sich solche Gespräche oft in einer unfruchtbaren Konfrontation, in einer schwarz-weiß-malenden Auseinandersetzung zwischen Technikfetischisten und Aussteigern erschöpften. Diese nicht selten mit missionarischem Eifer geführten Diskussionen haben viele unserer Bürger verunsichert. Sie wissen nicht mehr, welche Informationen sie als verläßlich ansehen können, welche Konzepte eine gesunde Umwelt und ein sicheres Zusammenleben für die Zukunft garantieren. Aus der gemachten politischen Erfahrung kann aber auch gesagt werden, daß die Mehrzahl unserer Bürger keine schwarz-weiß-malende Auseinandersetzung will. Sie will vielmehr eine Besinnung auf die Qualität des technischen Fortschrittes, ein Abwägen von Chancen und Risiken technischer Entwicklungen und – falls notwendig – auch eine Begrenzung durch Ge- und Verbote. Sie will verantwortbare Technik, und verantwortbare Technik kann nur gestaltete Technik sein. Technik gestalten kann aber weder der Aussteiger noch der Technikfetischist. Zur Technikgestaltung brauchen wir abwägende, verantwortungsbewußte Menschen.

Bei aller Dynamik der technischen Entwicklung: Einen Sachzwang technischer Strukturen gibt es nicht! Techniken fallen nicht vom Himmel! Sie sind auch nicht ein beliebiges Resultat von nicht benennbaren Bedingungen und Handlungen. Vielmehr sind Entstehung und Nutzung von Techniken das Resultat menschlicher Entscheidungen.

1.3
Verantwortbar gestaltete Technik

Zusammenfassend sei postuliert:

1. Benötigt wird eine Neubesinnung auf die Qualität des technischen Fortschrittes.
2. Umwelt- und Sozialverträglichkeit sind neben der Wirtschaftlichkeit zusätzliche neue Anwendungskriterien und Korrekturmaßstäbe der Technik geworden.
3. Unsere Gesellschaft verlangt verantwortbar gestaltete Technik.

Entstehung, Einführung und Nutzung von Techniken sind eingebettet in ein System gesellschaftlicher Gruppen und Institutionen. Das heißt, die Entstehung von Techniken ist von diesen Gruppen beeinflußt. Andererseits verändert der technische Fortschritt diese Gruppen bzw. Institutionen. Und das heißt, wir haben es mit einem wechselseitig verschränkten Prozeß zu tun.

Die Akteure sind Staat, Wissenschaft, Wirtschaft und Gesellschaft. Unter diesen Akteuren gibt es oft Interessenkonflikte, die sehr schwer aufzulösen sind. So hat der Staat für unser Allgemeinwohl Vorsorge zu treffen (vgl. auch Böhret u. Franz 1982). Er hat Gesetze und Verordnungen zu erlassen und Grenzwerte festzulegen. Das berechtigte Interesse der Wirtschaft ist Kapitalvermehrung. Dies ist Voraussetzung für den Erhalt unseres Wirtschaftssystems und damit auch unseres Sozialsystems. Den Zielen der Wirtschaft steht beispielsweise die hohe Regelungsdichte beim Umweltschutz entgegen. Wenn dann auch noch die wieder berechtigten Interessen der verschiedensten gesellschaftlichen Gruppen berücksichtigt werden, die vielfach Gruppeninteressen und Opportunismus über das Allgemeinwohl stellen, dann wird ersichtlich, daß diese Konflikte nicht einfach aufzulösen sind.

Andererseits gilt – und meine Erfahrung als Vorsitzender der Enquetekommission Technikfolgenabschätzung im Deutschen Bundestag hat es mich gelehrt –, daß diese Konflikte aufgelöst werden können, wenn alle Akteure das gemeinsame *Ziel* einer jeden technischen Entwicklung anstreben, nämlich die Befriedigung menschlicher Bedürfnisse.

1.4
Die Befriedigung menschlicher Bedürfnisse als Ziel jeder technischen Entwicklung

Die *Definition* der menschlichen Bedürfnisse läßt sich folgendermaßen spezifizieren (Ropohl 1978), siehe Tabelle 1.1:

Tabelle 1.1. Definition menschlicher Bedürfnisse (nach VDI 1991)

Bedürfnisse	Beispiele
existentielle Bedürfnisse	Nahrung Kleidung Unterkunft Gesundheit Sicherheit
ichbezogene Bedürfnisse	Selbstverwirklichung Prestige, Wertschätzung Handlungsfreiheit Geborgenheit Akzeptanz
gesellschaftliche Bedürfnisse	soziale Kontakte Kommunikation Freundschaft

Ein *Maß* für diese Bedürfnisse ist die Lebensqualität. Der Weg zum Ziel muß aber – wie alles menschliche Handeln – ethisch legitimiert sein. Werte, an denen sich dieses Ziel orientiert, sind nach einer Empfehlung des VDI (1991), siehe Tabelle 1.2:

Tabelle 1.2. Werte im technischen Handeln (nach VDI 1991)

Werte	Beispiele
Funktionsfähigkeit	Brauchbarkeit Machbarkeit Wirksamkeit Perfektion – Einfachheit – Robustheit – Genauigkeit – Zuverlässigkeit – Lebensdauer technische Effizienz – Wirkungsgrad – Stoffausnutzung – Produktivität
Wirtschaftlichkeit (einzelwirtschaftlich)	Wirtschaftlichkeit im engeren Sinn, besonders Kostenminimierung Rentabilität, besonders Gewinnmaximierung Unternehmenssicherung Unternehmenswachstum
Wohlstand (gesamtwirtschaftlich)	Bedarfsdeckung quantitatives bzw. qualitatives Wachstum internationale Konkurrenzfähigkeit Vollbeschäftigung Verteilungsgerechtigkeit
Sicherheit	körperliche Unversehrtheit Lebenserhaltung des einzelnen Menschen Lebenserhaltung der Menschheit Minimierung des Risikos, des Schadensumfanges und der Eintrittswahrscheinlichkeit – des Betriebsrisikos – des Versagensrisikos – des Mißbrauchrisikos
Gesundheit	körperliches Wohlbefinden psychisches Wohlbefinden Steigerung der Lebenserwartung Minimierung von unmittelbaren und mittelbaren gesundheitlichen Belastungen – in der Berufsarbeit – in der privaten Lebensführung – durch Produkte und Produktionsprozesse
Umweltqualität	Landschaftsschutz Artenschutz Ressourcenschonung Minimierung von Emissionen, Immissionen und Deponaten

Persönlichkeitsentfaltung und Gesellschafts- qualität	Handlungsfreiheit Informations- und Meinungsfreiheit Kreativität Privatheit und informelle Selbstbestimmung Beteiligungschancen Beherrschbarkeit und Überschaubarkeit soziale Kontakte und soziale Anerkennung Solidarität und Kooperation Geborgenheit und soziale Sicherheit kulturelle Identität Mindestübereinstimmung Ordnung, Stabilität und Regelhaftigkeit Transparenz und Öffentlichkeit Gerechtigkeit

Zwischen diesen Wertbereichen, die sich unter die drei Ziele Wirtschaftlichkeit, Sozialverträglichkeit und Umweltverträglichkeit subsummieren lassen, bestehen mittelbare oder unmittelbare Konfliktbeziehungen.

Aufgabe der Technikgestaltung ist es, diese Konfliktbeziehungen soweit als
möglich aufzulösen und Systeme, Produkte und Verfahren zu entwickeln, die
wirtschaftlich, umwelt- und sozialverträglich sind. Um dies zu erreichen, brauchen wir drei Gestaltungselemente: Dies sind die *Diagnose*, die *Therapie* und die
Prophylaxe.

Diagnose heißt, Grenzen des Verantwortbaren und Machbaren festzulegen, das
heißt, vorausschauend und systematsich Chancen und Risiken von Techniken zu
identifizieren und zu bewerten. Dazu benötigt man:

- Technikfolgenforschung,
- Technikfolgenabschätzung und
- Technikbewertung.

Unter Therapie versteht man Schadensbegrenzung durch Risikominimierung
der bereits eingeführten Techniken und Verfahren. Die Prophylaxe bedeutet
Schadensverhütung durch Entwicklung umweltfreundlicher und sozialverträgli-
cher Techniken und Verfahren.

1.5
Technikfolgenabschätzung als Schlüssel zur Technikgestaltung

Technikfolgenabschätzung ist der Schlüssel zur Technikgestaltung. Ist die Diagnose erstellt, das heißt, sind die Grenzen des Verantwortbaren und Machbaren
festgelegt, kann im Falle bereits eingeführter Techniken durch Risikominimierung
eine Schadensbegrenzung und im Falle neuer Techniken eine Schadensverhütung

vorgenommen werden, indem man von vornherein umweltfreundliche und sozialverträgliche Produkte und Verfahren entwickelt.

Die *Aufgaben der Technikfolgenabschätzung* definiert der VDI in einer Richt-
linie wie folgt (VDI 1991):

- Den Stand einer Technik und ihre Entwicklungsmöglichkeiten zu analysieren;
- unmittelbare und mittelbare technische, wirtschafltiche, gesundheitliche, ökologische, humane, soziale und andere Folgen dieser Technik und mögliche Alternativen abzuschätzen;
- diese Folgen aufgrund definierter Ziele und Werte zu beurteilen oder auch
  weitere wünschenswerte Entwicklungen zu fördern;
- Handlungs- und Gestaltungsmöglichkeiten daraus abzuleiten und auszuarbei-
  ten, so daß begründete Entscheidungen getroffen werden können.

Von der Technikfolgenabschätzung wird erwartet, daß sie:

- den Entscheidungsträgern in Staat, Wissenschaft, Wirtschaft und Gesellschaft
  für jedermann nachvollziehbare Entscheidungshilfen für die Technikgestaltung
  gibt;
- den Blick unserer Entscheidungsträger – aber auch unserer Gesellschaft – auf
  Interdependenzen von Technik und Gesellschaft, Technik und Umwelt sowie
  Technik und Kultur schärft;
- einen gesellschaftlichen Konsens über die Beurteilung eingeführter oder einzu-
  führender Techniken und technischer Systeme unter dem Gesichtspunkt ge-
  rechtfertigter Zwecke und einer Langzeitverantwortung herbeiführt und so zur
  Technikakzeptanz beiträgt.

Wie sehr der umfassende Einsatz von Technik im Laufe seiner Entwicklung
Systeme, Umwelt, soziale Strukturen, Verhaltensweisen und Institutionen verän-
dert, soll am Beispiel des Automobils veranschaulicht werden (vgl. auch Bugl u.
Krupp 1986).

Als Benz sein Patent mit der Nummer 37 435 anmeldete und am 3. Juli 1886 in
Mannheim zum ersten Mal mit seinem mit einem Vier-Takt-Motor ausgerüsteten
Dreirad auf die Straße ging, hatte er lediglich einige wenige aus dem Polizeirecht
abgeleitete Auflagen zur Betriebs- und Verkehrssicherheit zu erfüllen. Benz
wollte ja im Grunde genommen lediglich die Pferde, die die Kutsche zogen, durch
einen Motor ersetzen. Niemand vermochte vorherzusehen, welche Sekundär- und
Tertiäreffekte auftreten würden, als die Autos später in Serie hergestellt wurden
und einen breiten Nutzerkreis fanden. Wie groß die Auswirkungen heute sind,
zeigt das Modell der Vernetzung des Personenkraftwagens in der Gesellschaft
(Abb. 1.1).

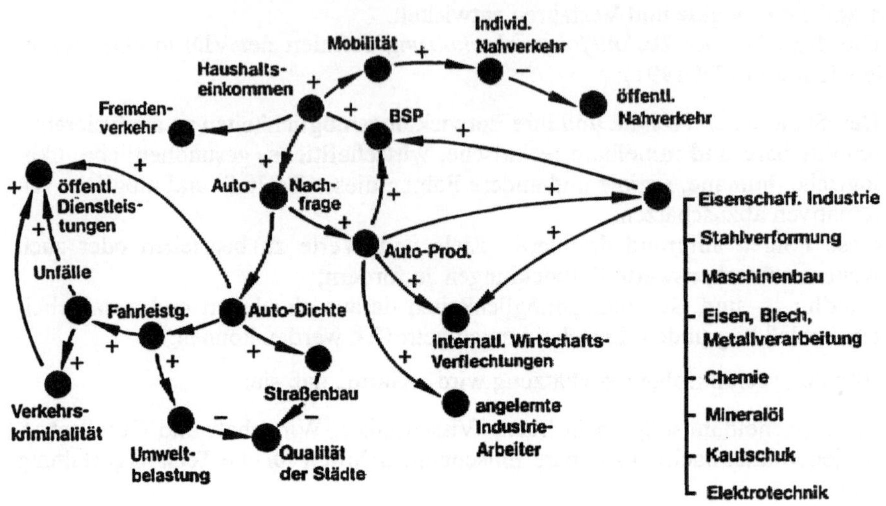

Abb. 1.1. Modell der Vernetzung des Personenkraftwagens in der Gesellschaft (nach Bugl u. Krupp 1986)

Es zeigt, wie unterschiedliche Disziplinen und unterschiedliche Institutionen zusammenwirken müssen, um den sich hier stellenden Problemansprüchen in Analyse und Bewältigung gerecht zu werden. Es zeigt aber auch, daß heute an die Führungskräfte in Wirtschaft und Verwaltung Anforderungen gestellt werden, die weit über die fachspezifische Ausbildung hinausgehen.

Benz benötigte zum Bau seines Autos lediglich Ingenieurwissen, das er sich in seinem Studium des Maschinenbaus an der Ingenieurschule Karlsruhe angeeignet hatte. Der Ingenieur von heute benötigt zur Bewältigung seiner Aufgaben zu seinem fachspezifischen Wissen Kenntnisse, die weit über das Fachwissen hinausgehen. Er muß vor allem die Fähigkeit haben, in Systemen zu denken und Zusammenhänge herzustellen.

Voraussetzung für Technikgestaltung ist die Integration wissenschaftlicher Einzeldisziplinen zu interdisziplinärer Arbeit.

1.6
Technikfolgenabschätzung als gesellschaftliche Aufgabe

An dem Modell der Vernetzung des Pkw in der Gesellschaft läßt sich zeigen: Technikfolgenabschätzung ist keine allein wissenschaftliche Aufgabe. Sie setzt zwar wissenschaftliches Wissen voraus und muß sich in ihren Resultaten auch wissenschaftlich ausweisen können, doch muß sie zugleich als gesellschaftliche Aufgabe erkannt werden. Dies bedeutet, daß im Fall der Technikfolgenabschätzung eine wissenschaftlich betriebene Analyse durch Formen eines gesellschaftlichen Diskurses ergänzt werden muß.

Das heißt, neben die Aufgabe einer methodischen Analyse tritt die Aufgabe der Organisation und der Moderierung eines gesellschaftlichen Diskurses über Technik, Technikfolgen und deren Beurteilung, der die Technikfolgenabschätzungsprozesse mitgestaltend begleiten soll. Mitwirkende an diesem Diskurs sind alle gesellschaftlichen Bereiche, die von der Technikentwicklung unmittelbar oder mittelbar betroffen sind (Politik, Wirtschaft, Gewerkschaften, Kirchen etc.). Damit dieser Diskurs gelingt, darf sich Technikfolgenabschätzung nicht allein im Medium Wissenschaft bewegen, das heißt ausschließlich mit wissenschaftlichen Instrumentarien betrieben werden. Sie muß auch an konkreten Beispielen anwendungsorientiert und prozeßbegleitend durchgeführt werden. Ihre Themen müssen aus der industriellen Praxis und aus dem gesellschaftlichen Alltag kommen. Ihre Ergebnisse müssen in die Praxis und in den Alltag rückvermittelt werden. In diesem Diskurs muß auch das aus der Wissenschaft und der industriellen Praxis kommende Verfügungswissen mit dem Orientierungswissen und den Wertvorstellungen der an diesem Diskurs Teilnehmenden verknüpft werden.

Technikfolgenabschätzung ist anwendungsorientiert und als informationelle Entscheidungsvorbereitung zu sehen (vgl. auch Landesverband der Baden-Württembergischen Industrie e. V. 1988). Das heißt, Wissenschafts- und Experten-wissen können nicht an die für die Entscheidung zuständigen Systeme treten. Es gibt kein heiliges Offizium der Technik. Am Ende der Technikfolgenabschätzung stehen Handlungsoptionen im Sinne von alternativen Wahlmöglichkeiten. Diese können sich sowohl auf funktionaläquivalente Techniken als auch auf alternative Rahmenbedingungen, Ziele und Bedarfsvorstellungen beziehen.

Zusammenfassend werden die *Ziele der Technikfolgenabschätzung* immer die folgenden sein:

- Frühwarnsystem für Risiken,
- Früherkennung von Chancen,
- Vermeidung kostenintensiver Irrtümer,
- stetige Verbesserung der Funktionsweise, der Anwenderfreundlichkeit und der Sicherheitsstandards von Techniken,
- Hintergrundwissen für technikbezogene Planung,
- Entscheidungshilfen für Technikentwickler, -hersteller, -nutzer und -regulierer,
- Entwicklung und Einsatz von Verfahren zur Schlichtung von sozialen Konflikten um Technik.

Dabei ist aber auch zu beachten: Die Prognoselast von Technikfolgenabschätzung ist so hoch, daß deutlich gesagt werden muß, was machbar ist. Die Komplexität technisch-gesellschaftlicher Entwicklungen, ihre Offenheit und Unbestimmbarkeit lassen keine sicheren Prognosen zu. Möglich aber sind plausible Projektionen, weitgehend zuverlässige empirische Datengewinnungen und wissenschaftlich konsensfähige Problematisierungen von Trendentwicklungen. Auch unvollständiges Wissen ist hilfreich bei der Bewältigung der Zukunft, denn auch unsichere Aussagen können Erkenntnisse über Chancen und Risiken technischer Entwicklungen bringen. Man bedient sich der Szenariotechnik. Das heißt, man entwickelt mehrere Szenarien, die man untersucht und miteinander vergleicht.

Technikfolgenabschätzung ist kein wertfreier Prozeß. Dies gilt – wenngleich in unterschiedlichem Maß – für die Beschreibung von naturwissenschaftlichen und technischen Sachverhalten, aber auch für deren soziale, politische und kulturelle Inhalte und Konsequenzen, die sich von ihrer Logik her einer objektiven Analyse entziehen. Technikfolgenabschätzung sollte deshalb nicht als wertneutrales, sondern vielmehr als wertsensibles Konzept verstanden werden. Es ist daher notwendig, gewählte Annahmen, Arbeitsmethoden und getroffene Werturteile offenzulegen, wie überhaupt grundsätzlich der wissenschaftliche Aufklärungsprozeß von Technikfolgen, beginnend bei der Entscheidung über die zu untersuchende Technik oder das zu untersuchende Problemfeld, in seinen Einzelschritten möglichst transparent und nachvollziehbar sein sollte.

Technikfolgenabschätzung (TA) wird – wie oben beschrieben – vielfach als Frühwarnsystem gesehen, das heißt TA-Studien sollen möglichst früh angesetzt werden, um die Auswirkungen der Technik möglichst früh wahrnehmen zu können, so daß sie zu vertretbaren Kosten unter Kontrolle gebracht oder beseitigt werden können.

Die Ergebnisse müssen adressatengerecht aufgearbeitet und vermittelt werden. Technikfolgenabschätzung darf nicht politisiert werden.

1.7
Wie sehen Politik und Wirtschaft Technikfolgenabschätzung?

Das Instrument Technikfolgenabschätzung wurde ursprünglich in den USA als ein Instrument der Politikberatung entwickelt und auch so gesehen. Die Wirtschaft hat – zumindest in der Bundesrepublik Deutschland – dieses Instrument lange Zeit nicht erkannt. Man entwickelte technische Produkte viel zu sehr nach der Methode von „Versuch und Irrtum". Wenn sich dann herausstellte, daß der Markt das Produkt nicht wie erwartet angenommen hat, hat man mit allen verfügbaren Mitteln versucht, dieses dem Markt überzustülpen. „Technology Assessment" wurde mit „Technology Arrestment" gleichgesetzt.

Heute stimmen Politik und Wirtschaft in der Feststellung überein, daß alles, was technischer Fortschritt zum Wohle der Menschheit bisher bewirkt hat und auch in Zukunft bewirken wird, auch Schädigungen und potentielle Gefahren für Mensch und Natur mit sich bringen kann; daß die Geschwindigkeit und das Ausmaß der Entwicklung neuer, aber auch die Weiterentwicklung alter Techniken, die Komplexität der von ihnen ausgelösten Effekte, aber auch synergistische und kumulative Wirkungen zu neuen Nutzungschancen und Problemlösungspotentialen, differenzierten Handlungsoptionen und vielfältigen Gestaltungsperspektiven führen und daß der umfassende Einsatz von Technik in zunehmendem Maße die Umwelt, soziale Strukturen, Verhaltensweisen und Institutionen verändert.

Politik und Wirtschaft machen aber auch gemeinsam die Erfahrung, daß unsere Gesellschaft die Chancen und Problemlösungspotentiale kaum, die Risiken und die Gefahren der Technik dagegen verstärkt wahrnimmt.

Literatur

Böhret C, Franz P (1982) Technologiefolgenabschätzung. Institutionelle und verfahrensmäßige Lösungsansätze. Campus, Frankfurt New York

Bugl J, Krupp H (1986) Technikfolgenabschätzung – Eine wirtschaftspolitische Aufgabe. In: Bugl J, Krupp H (Hrsg) Themen und Thesen. RKW, Eschborn

Bugl J (1989) Technikfolgenabschätzung beim Deutschen Bundestag – Ergebnisse der Enquete-Kommission Technikfolgenabschätzung der 10. Legislaturperiode. In: Rapp F, Mai M (Hrsg) Institutionen der Technikbewertung. Standpunkte aus Wissenschaft, Politik und Wirtschaft. VDI, Düsseldorf, S 92–96

Bugl J (1994) Technikfolgenabschätzung: Ein Instrument für Chancenmanagement in der Wirtschaft. In: Bullinger H-J (Hrsg) Technikfolgenabschätzung. Teubner, Stuttgart

Dessauer F (1956) Streit um die Technik. Knecht, Frankfurt am Main

Dierkes M, Petermann T, Thienen V von (Hrsg) (1986) Technik und Parlament. Technikfolgenabschätzung: Konzepte, Erfahrungen, Chancen. edition sigma, Berlin

Freyer H (1970) Gedanken zur Industriegesellschaft. Hase und Koehler, Mainz

Gehlen A (1957) Die Seele im technischen Zeitalter. Psychologische Probleme in der industriellen Gesellschaft. Klostermann, Frankfurt am Main

Habermas J (1968) Technik und Wissenschaft als Ideologie. Suhrkamp, Frankfurt am Main

Jaspers K (1955) Die geistige Situation der Zeit. De Gruyter, Berlin

Landesverband der Baden-Württembergischen Industrie e.V. (LVI) (Juli 1988) Grundsätzliche Aussagen zur Technikfolgenabschätzung. Dokumentation

Lenk H (1982) Zur Sozialphilosophie der Technik. Suhrkamp, Frankfurt am Main

Markuse H (1967) Der eindimensionale Mensch. Luchterhand, Darmstadt Neuwied

Mumford L (1981) Mythos der Maschine – Kultur, Techniken, Macht. Fischer, Frankfurt am Main

Petermann T (1984) Technik und menschliche Zivilisation. In: Schlattke W (Hrsg) Grundwissen: Technik und Gesellschaft. Deutscher Institutsverlag, Köln

Rapp F (Hrsg) (1990) Technik und Philosophie. Technik und Kultur. VDI, Düsseldorf

Ropohl G (Hrsg) (1978) Maßstäbe der Technikbewertung. VDI, Düsseldorf

Ropohl G (1985) Die unvollkommene Technik. Suhrkamp, Frankfurt am Main

Schelsky H (1965) Der Mensch in der wissenschaftlichen Zivilisation. In: Schelsky H (Hrsg) Auf der Suche nach der Wirklichkeit. Gesammelte Aufsätze. Diederichs, Düsseldorf Köln

VDI (1991) VDI-Richtlinie 3780: Technikbewertung – Begriffe und Grundlagen. VDI, Düsseldorf

Weber M (1921) Wirtschaft und Gesellschaft. Mohr, Tübingen

Westphalen R Graf von (1984) Geschichte der Technik – geisteswissenschaftliche Voraussetzungen. In: Schlattke W (Hrsg) Grundwissen: Technik und Gesellschaft. Deutscher Institutsverlag, Köln

Westphalen R Graf von (1990) Technikfolgenabschätzung beim Deutschen Bundestag. Zu einigen Problemen ihrer institutionellen Etablierung während der 10. Legislaturperiode. In: Mai M (Hrsg) Sozialwissenschaften und Technik. Peter Lang, Bern Frankfurt New York, S 111–130

Zimmerli WCh (1985) Karl Marx als Philosoph der Technik. Mitteilungen der TU Braunschweig XX(2):48–59

2 Das BioRegio-Konzept des Rhein-Neckar-Dreieckes: Vision und Strategie

U. Abshagen
Heidelberg Innovation GmbH

2.1
Ziele des Bundeswettbewerbes „BioRegio"

Der Bundeswettbewerb „BioRegio" war eine Förderinitiative besonderer Art. Sein Ziel war es, die Anwendung von Wissen und Erkenntnis in der Biotechnologie zu fördern – das heißt, die Umsetzung von Ideen in Produkte, Produktionsprozesse und Dienstleistungen vor Ort – und mithin qualifizierte Arbeitsplätze mit hoher Wertschöpfung in Deutschland zu erhalten sowie neue zu schaffen. Der Bundesminister für Bildung, Wissenschaft, Forschung und Technologie wollte mit dem Wettbewerb um die besten BioRegio-Konzepte den volkswirtschaftlich fatalen Ablauf durchbrechen, daß in deutschen Labors entstandene Ideen in der Regel ins Ausland, meist nach USA exportiert werden, sofern die Voraussetzung ihrer Kommerzialisierbarkeit, nämlich eine ausreichende Patentierung, gegeben ist. Im Erfolgsfall werden sie als Produkte wieder nach Deutschland importiert, wobei sie die wesentliche Wertschöpfung in den USA hinterlassen. Eine richtige Einsicht und begrüßenswerte Initiative, die freilich politische Versäumnisse von zwei Jahrzehnten und ihre Folgewirkungen nicht in den wenigen Jahren bis zur Jahrtausendwende ungeschehen machen kann. Allerdings scheint die geniale Idee eines bundesweiten Wettbewerbes regionaler Konzepte in besonderer Weise geeignet, das Beste aus dieser späten Chance für unser Land zu machen.

2.2
Die Bioregion Rhein-Neckar-Dreieck

Die Bioregion Rhein-Neckar-Dreieck (Abb. 2.1) besteht im Kern aus Nordbaden mit Heidelberg und Mannheim, der Pfalz mit Ludwigshafen und Südhessen einschließlich Darmstadt, da die dort ansässige Merck KGaA funktional zu dieser Bioregion zählt. Projektbezogen existieren darüber hinaus starke Verbindungen zu Kaiserslautern, Karlsruhe und Stuttgart. Die Region zeichnet sich durch eine einzigartige Konzentration an international führenden Einrichtungen für Forschung und Lehre im Bereich der Biotechnologie und Biowissenschaften aus.

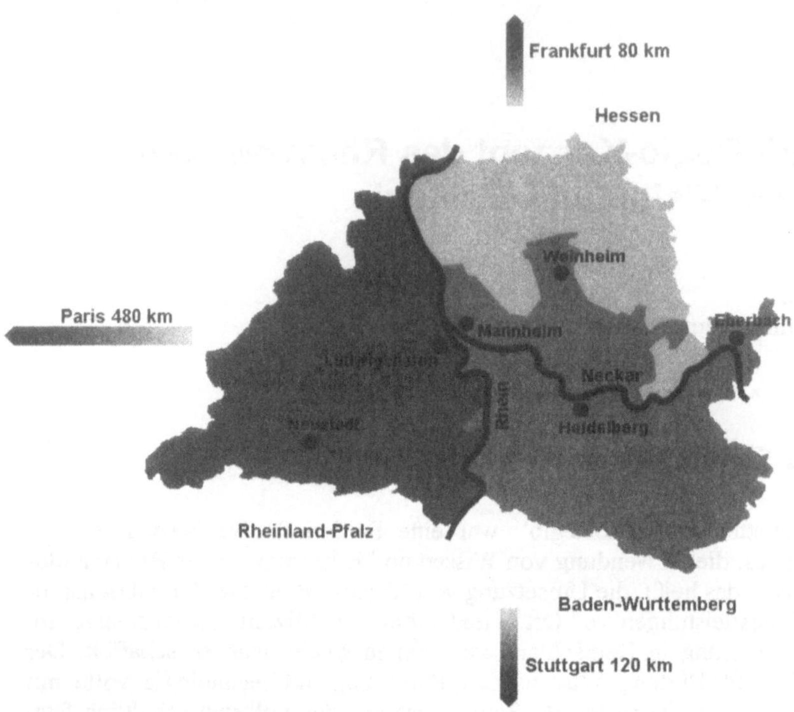

Abb. 2.1. Die Bioregion Rhein-Neckar-Dreieck

Über 3.300 Wissenschaftler arbeiten in Institutionen wie dem Universitätsklinikum Heidelberg, dem Zentrum für Molekulare Biologie der Universität Heidelberg (ZMBH), dem Europäischen Laboratorium für Molekularbiologie (EMBL), dem Deutschen Krebsforschungszentrum (DKFZ), dem Max-Planck-Institut für medizinische Forschung (MPI) und der Fachhochschule für Technik, Mannheim. Von den 36 nationalen und internationalen Preisen, die auf dem Gebiet der Biowissenschaften in den letzten beiden Jahren in die Region vergeben wurden, sei nur erwähnt, daß die beiden letzten „Karl Heinz Beckurts-Preise" für Technologietransfer an Wissenschaftler aus Heidelberg gingen, wie auch bereits im Jahr 1992. Das wirtschaftliche Potential ist durch die großen Unternehmen BASF AG und Knoll AG, Boehringer Mannheim GmbH und die Merck KGAaA gekennzeichnet sowie durch eine bunte Palette von rund 30 mittelgroßen und kleineren Unternehmen, die auf biotechnologischem Gebiet arbeiten und vielfach im Heidelberger Technologiepark angesiedelt sind. Dazu gehören unter anderem die Alfatec-Pharma GmbH, die Biomeva GmbH, die Biopharm GmbH, die Orpegen Pharma GmbH und die Progen Biotechnik GmbH. Der Technologiepark Heidelberg war der erste seiner Art im Land und wurde gerade mit Unterstützung des Landes und der Stadt zum Biopark ausgebaut. Fünf Unternehmen im Rhein-

Neckar-Raum betreiben insgesamt sechs Produktionsanlagen nach dem Gentechnikgesetz. Das sind neben der Boehringer Mannheim GmbH die AGS Angewandte Gentechnologie Systeme GmbH, Biomeva GmbH und Orpegen Pharma GmbH sowie die Progen Biotechnik GmbH. In der Wirtschaft arbeiten 1.400 Wissenschaftler auf dem Gebiet der Biotechnologie.

Gleichwohl bereits hunderte von Kooperationsprojekten zwischen Wissenschaft und Industrie bestehen und in den letzten Jahren mannigfache Vernetzungsaktivitäten, unter anderem durch die Industrie- und Handelskammern der Region, die Transferstellen der Institutionen und die Arbeitskreise des Rhein-Neckar-Dreieckes e.V., etabliert wurden, kann die Umsetzung von Ideen in Produkte vor Ort unter Erhalt der Wertschöpfung im Lande verglichen mit internationalen Bioregionen wie Cambridge/Massachusetts, Stanford/Berkeley oder San Diego/La Jolla, Kalifornien, nicht befriedigen. Das visionäre Ziel des erarbeiteten Integrationskonzeptes ist es deshalb, mittelfristig für das Rhein-Neckar-Dreieck eine Spitzenposition auch bei der Anwendung und Umsetzung von Ideen vor Ort zu erreichen, die seiner wissenschaftlichen Exzellenz entspricht. Die Strategie, die wir dabei verfolgen, versucht, alle Haupterfolgsfaktoren für die Umsetzung von Ideen in Produkte zu berücksichtigen.

2.3
Von der innovativen Idee zur Umsetzung in Produkte

Die wichtigste Basis – und grundlegende Voraussetzung – ist natürlich eine kritische Masse umsetzungsfähiger innovativer Ideen und Technologien. Die wissenschaftlichen und technologischen Spitzenleistungen in beeindruckender Breite wie Tiefe, die unsere Region kennzeichnen, sind somit eine notwendige und hervorragende Basis, allerdings für sich allein keinesfalls eine hinreichende Erfolgsbedingung. Daß Forschungs- und Produktqualität verwechselt wurden, war nur zu häufig Grund eines vorprogrammierten Scheiterns bei dem Versuch, Ideen in Produkte umzusetzen. Neben dem rechtzeitigen Erwerb gewerblicher Schutzrechte bedarf es der Kenntnis von Markt- und Kundenbedürfnissen, um produktorientierte Entwicklungsziele im Sinne von strategischen Wettbewerbsvorteilen zu definieren und entsprechende Entwicklungspläne zu entwerfen. Diese müssen dann mit professionellen Instrumenten, wie Projektmanagement, unter Optimierung von Kosten, Kapazitäten und Zeiten konsequent abgearbeitet werden. Gleichzeitig liefern sie die Basis einer betriebswirtschaftlichen Projektbewertung, um den Finanzbedarf zu ermitteln und kreative Finanzierungsstrategien zu erstellen – unter realistischer Abschätzung von Chancen und Risiken der Projekte. Das ist wiederum die unverzichtbare Voraussetzung für die Akquisition von Kapital, eine weitere Grundbedingung für die erfolgreiche Umsetzung von Ideen in Produkte. Hierbei ist weltweit, aber besonders in der Bundesrepublik Deutschland, die Finanzierung der frühen Projektstadien das schwierigste Problem, das ein erfolgreiches Konzept angehen muß. Schlußendlich muß bedacht werden, daß neue Produkte und in ihrem Gefolge hochwertige Arbeitsplätze nur entstehen werden, wenn es gelingt, Unternehmertum zu stimulieren und darüber hinaus für diese Art von Unternehmen und seine Produkte in der Öffentlichkeit Akzeptanz zu finden. Das BioRegio-Konzept des Rhein-Neckar-Dreieckes besteht der obigen Analyse entsprechend aus drei Hauptteilen:

1. der Abschätzung des Kommerzialisierungspotentials der wissenschaftlichen Einrichtungen;
2. der Konzeption einer unternehmerisch geführten Organisation zur Umsetzung dieses Potentials einschließlich ihrer Finanzierung und
3. Maßnahmen zur Förderung unternehmerischer Fähigkeiten und öffentlicher Akzeptanz.

Die sicher wichtigste gemeinsame Anstrengung im Rahmen der Konzeptentwicklung war die Abschätzung des Potentials an anwendungsbezogenen und umsetzungsfähigen Projekten aus dem akademischen Bereich. Hier arbeiteten mehr als 100 Wissenschaftler aus Wissenschaft und Industrie in zwölf Teams zusammen, die das Profil der wissenschaftlichen Stärken der Region widerspiegeln. Das Spektrum umfaßte anwendungsbezogene Segmente, wie Diagnostik und Therapie von Tumoren, Herz-Kreislauf-Erkrankungen, Infektionskrankheiten und Immunologie, Stoffwechselkrankheiten und Zellbiologie, Erkrankungen des Nervensystems, Knochenerkrankungen, innovative Wirkstoffindung in Chemie und Biotechnologie, Umweltschutz, sowie querschnittstechnologiebezogene Segmente, wie gentechnische und immunologische Methodenentwicklungen, Bioinformatik, Genomforschung und Verfahrensentwicklung sowie Produktion. Die Ergebnisse wurden unter dem Schutz gegenseitiger Geheimhaltungserklärungen unter anderem in einem ganztägigen Workshop diskutiert und bewertet. Hier kann lediglich summarisch festgestellt werden, daß erwartungsgemäß die Mehrzahl der insgesamt 180 Projekte mit Anwendungsbezug noch relativ nah an der Grundlagenforschung sind. Immerhin ein Viertel der Projekte ist jedoch als durchaus marktnah zu bezeichnen bis hin zu Prototyp-Entwicklungen, und etwa zehn Prozent könnten als Nukleus für eine Firmengründung dienen. Bei fünf Prozent wurden in den vergangenen Monaten sogar konkrete Gründungspläne entwickelt. Davon ist die erste Firmengründung Anfang 1997 bereits erfolgt: LION bioscience AG.

2.4
Wer sind die Akteure der Umsetzung des BioRegio-Konzeptes im Rhein-Neckar-Dreieck?

Um die Umsetzung des akademischen Potentials in erfolgreiche Produkte und Dienstleistungen zu fördern, wurde das Biotechnologiezentrum Heidelberg (BTH) konzipiert, das ein wesentlicher Grund für den Gewinn des BioRegio-Wettbewerbes war. Mit der Realisierung wurde bereits begonnen. Das Biotechnologiezentrum hat seinen Sitz im Technologiepark Heidelberg. Das BTH ist ein zusätzliches Instrument eines effektiven Technologietransfers und soll etablierte Wege erfolgreicher Kooperationen zwischen Wissenschaft und Wirtschaft weder ersetzen noch behindern. Der Grundgedanke ist, den Transfer zu befördern, indem man ihn zu einem Geschäft macht – allerdings in einer sehr differenzierten Weise. Das BTH stellt eine virtuelle Organisation dreier eigenständiger, rechtlich selbständiger Einheiten dar. Es ist optimal an unterschiedliche Zielgruppen mit unterschiedlichen Zielsetzungen und verschiedenen gesellschafts- und steuerrechtlichen Rahmenbedingungen angepaßt und nutzt die vielen verschiedenen Fördermöglichkeiten bestens aus.

Die erste Säule ist der gemeinnützige Verein „Bioregion Rhein-Neckar-Dreieck e. V.". Er stellt die Schnittstelle zur Wissenschaft dar (Abb. 2.2). Seine Mitglieder sind Repräsentanten der wissenschaftlichen Einrichtungen, ferner der auf dem Gebiet der Biotechnologie tätigen Wirtschaftsunternehmen der Region sowie von öffentlichen Einrichtungen, die sich dem Technologietransfer verpflichtet wissen. Die Aufgabe des Vereines ist zum einen die Identifikation, Bewertung und Selektion förderungswürdiger Projekte und Projektideen durch ein paritätisch aus Vertretern von Wissenschaft und Wirtschaft besetztes Kuratorium. Das Bundesministerium für Bildung, Wissenschaft, Forschung und Technologie (BMBF) wird in der Regel Empfehlungen dieses Gremiums als Voraussetzung einer Förderung durch das BioRegio-Programm ansehen. Zum anderen soll die gemeinnützige Organisation Unterstützung bei der frühzeitigen Sicherung von wissenschaftlichen Erkenntnissen geben und gezielte „Entwicklungshilfe" in der Betreuung früher Projektideen leisten.

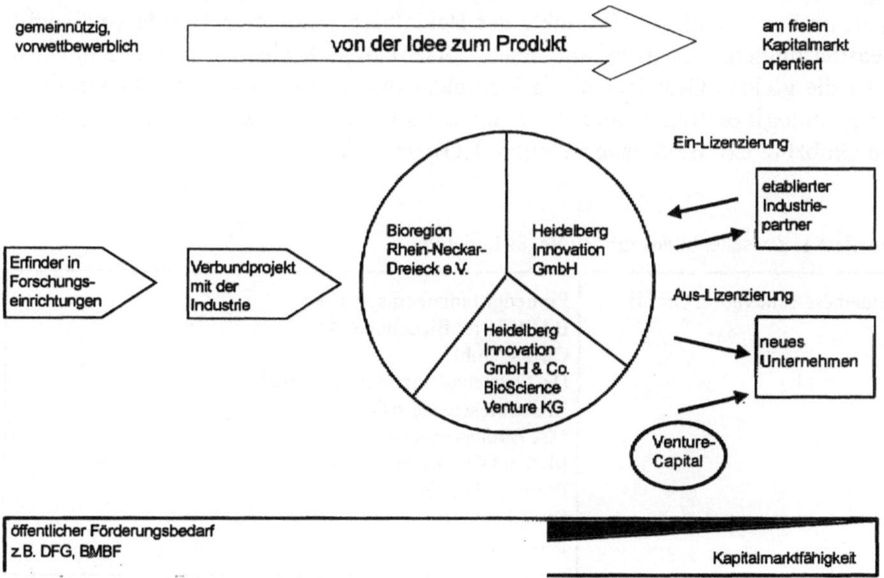

Abb 2.2. Organisation des Biotechnologiezentrums Heidelberg

Sie sollen hierdurch in einem Zeitraum von nicht mehr als zwei Jahren bezüglich Zielen, Kosten, Zeiten, Sensitivitäten, Chancen und Risiken zu hinreichend gut definierten Projekten reifen. Hierzu bedient sich die gemeinnützige Organisation, die selbst weitestgehend aus ehrenamtlichen Mitgliedern besteht, der Dienste des professionellen Managements des gewinnorientiert arbeitenden zweiten Bausteines des BTH.

Die Hauptaufgabe der „Heidelberg Innovation GmbH" besteht neben den Leistungen für die gemeinnützige Organisation in der Vermarktung reiferer Projekte. Sie stellt so die Schnittstelle zwischen Markt und einschlägiger Industrie dar. Ihre Gesellschafter sind die auf diesem Gebiet tätigen großen Industrieunternehmen der Region (BASF AG, Knoll AG, Boehringer Mannheim GmbH, Merck KGaA), die sich nicht nur zur Anschubfinanzierung von etwa zehn Millionen Mark verpflichtet haben, sondern auch ihre Expertise in diesem Geschäft in das Aufsichtsorgan einbringen. Im einzelnen entwickelt und unterstützt die Gesellschaft das Informationsmanagement gegenüber der etablierten Industrie und den Investoren, erstellt Vermarktungsstrategien für Projekte, entwickelt Unternehmenskonzepte, unterstützt junge Unternehmer bei der Aufstellung von Businessplänen, bei der Vermittlung von Partnern, bei Vertragsverhandlungen und der Gründung von Unternehmen, bei der Akquisition von Kapital und dem Vorzeigen von Exit-Strategien als wichtiger Voraussetzung hierzu. Diese Dienstleistungen werden ihrem Wert entsprechend entweder vergütet oder die entstandene Forderung wird bei entsprechender Werthaltigkeit in Beteiligungskapital der jungen Unternehmen umgewandelt. Über deren Veräußerung mit Gewinn refinanziert sich die Gesellschaft im Erfolgsfall. Die Produkte der Heidelberg Innovation GmbH sind somit Dienstleistungen, Lizenzen und neue börsenfähige Einheiten. Außerdem wird durch die gleiche Gesellschaft als Komplementär-GmbH der dritte Baustein des Biotechnologiezentrums Heidelberg, ein Seed-Capital-Fonds (Heidelberg Innovation GmbH & Co. BioScience Venture KG), verwaltet.

Tabelle 2.1. Zwischenbilanz der BioRegio-Initiative

Heidelberg Innovation GmbH	Firmengründungen seit 1996: BASF-Lynx Bioscience AG CEOS GmbH Dr. Gottschall-Instruction GmbH LION bioscience AG MA BioServices GmbH Medical Communications Promega GmbH Symbiosis MMI GmbH
Seed-Capital-Fonds	gegründet am 29. September 1997 21 Kommanditisten mit zwischenzeitlich 12,2 Mio. DM

Letzterer ist nun die Schnittstelle zu Finanzen und Kapital. Er fungiert als Lead-Investor in frühe Projekte. Tabelle 2.1 zeigt eine Zwischenbilanz der Bio-Regio-Initiative (Stand: Juni 1998).

Die strenge Selektion der Förderprojekte und ihre intensive Betreuung durch ein Management (GmbH und GmbH & Co. KG) erlaubt eine Risikoabschätzung und Steuerung. So kann selbst in sehr frühen Stadien, wo normalerweise – vor allem auf dem deutschen Kapitalmarkt – noch keine Finanzierung erhältlich ist, Eigenkapital durch den Fonds bereitgestellt werden. Das ist dann, sozusagen als Initialzündung, die Voraussetzung für Co- bzw. Re-Investments, z. B. mit der Kreditanstalt für Wiederaufbau oder der Deutschen Ausgleichsbank oder auch von Risikokapital aus den USA. Finanzinstitute der Region, die Sparkassen Heidelberg, Mannheim, Ludwigshafen, Frankental, Sinsheim, Heppenheim, Wiesloch, die Bezirkssparkassen Hockenheim, Weinheim, Neckargemünd-Schönau, die Landesbank Rheinland-Pfalz, die Südwestdeutsche Landesbank, die SGZ-Bank, die DG-Bank, die Deutsche Gesellschaft für Innovationsbeteiligung, das TechnologieZentrum Ludwigshafen sowie die bereits genannten Großfirmen BASF AG, Boehringer Mannheim GmbH, Knoll AG und Merck KGaA haben sich zu Einlagen von insgesamt mehr als zwölf Millionen Mark in diesen Fonds verpflichtet. Mit deren Hilfe und den Dienstleistungen der Managementgesellschaft soll für ein Projekt, das üblicherweise als Dissertation oder Publikation geendet hätte, ein „kapitalmarktfähiges Preisschild" generiert werden, das es ermöglicht, für den weiteren Weg zum Produkt Anschlußfinanzierungen, beispielsweise durch klassische Venture-Capital-Fonds des In- und Auslandes, anzuwerben.

Überlegene Technologie, innovative Organisationsstrukturen, um Markt- und Kundenkompetenz einzubringen, sowie Kapital und geeignete Finanzierungsinstrumente sind allesamt notwendige, aber für sich noch nicht hinreichende Bedingungen für die Umsetzung von Ideen in Produkte. Letztlich entscheidend sind Menschen und Persönlichkeiten mit ihren Fähigkeiten und Talenten, um die Umsetzung zu verwirklichen. Deshalb ist der dritte Teil des vorgelegten Konzeptes der Vermittlung von Kenntnissen und dem Erwerb von Fähigkeiten gewidmet, die wirtschaftliches und unternehmerisches Handeln befördern. Die Unternehmen BASF AG, Boehringer Mannheim GmbH, Knoll AG und Merck KGaA haben zusammen mit der Akademie für Weiterbildung an den Universitäten Heidelberg und Mannheim ein Curriculum „Post-Graduate BioBusiness" im Sinne eines dualen Weiterbildungsganges eingerichtet, das aus einem dreimonatigen fallbezogenen Intensivkurs („BioBusiness School") zu allen wesentlichen Themenkreisen einer erfolgreichen unternehmerischen Tätigkeit in diesem Geschäftsfeld besteht, siehe Tabelle 2.2. Nach Beendigung des Curriculums schließt sich eine achtmonatige praktische Tätigkeit als Trainee in einem der vier Unternehmen an. Für das erste Jahr hat die Industrie hierzu 20 Stellen zur Verfügung gestellt. Der erste Kurs hat im Januar 1998 begonnen.

Tabelle 2.2. Weiterbildungsstudium Post-Graduate BioBusiness

Ziel	Förderung von unternehmerischem Denken und Handeln
Inhalte	Grundlagen der Betriebswirtschaftslehre Management von Geschäftsideen Grundlagen des Marketings Methoden des Projektmanagements Patente und Marken Qualitätssicherung und Zulassung Grundsätze der Personalwirtschaft
Dauer	elf Wochen Theorie, acht Monate Praxis, zwei Wochen Existenzgründerseminar
Veranstalter	Akademie für Weiterbildung an den Universitäten Heidelberg und Mannheim in Verbindung mit BASF AG, Boehringer Mannheim GmbH, Knoll AG, Merck KGaA, Heidelberg Innovation GmbH

Darüber hinaus sollen der Austausch zwischen Wissenschaft und Wirtschaft und die Intensität der Kommunikation durch die Einrichtung von Gastlabors und Freistellungen (von den bisherigen Aufgaben) für Forschungstätigkeiten sowohl in der Industrie als auch in akademischen Institutionen gezielt gefördert werden. Eine geplante „European Life Science Executive Conference" soll der Information über aktuelle Themen, Ideen und Konzepte sowie der persönlichen Begegnung von Wissenschaftlern, jungen Unternehmern und Topmanagern etablierter Firmen, Investmentbankern und Risikokapitalgebern dienen. Unabhängig davon soll alljährlich ein hochkarätig besetzter wissenschaftlicher Kongreß in Heidelberg stattfinden, der im Wechsel von der Universität Heidelberg, dem ZMBH, dem DKFZ, dem EMBL und dem MPI organisiert und aktuellen Themen mit inter- und transdisziplinärer Bedeutung in der Biomedizin gewidmet sein wird.

2.5
Biotechnologieentwicklung und Gesellschaft

Das Integrationskonzept wird abgerundet durch Maßnahmen, mit denen die Akzeptanz der Biotechnologie in der Bevölkerung gefördert werden soll. Dazu gehören ein fortlaufender Diskurs über Fragen der ethischen Vertretbarkeit in Grenzzonen der Biotechnologie zusammen mit der Forschungsstätte der evangelischen Studiengemeinschaft Heidelberg (FEST) und der Evangelischen Akademie der Pfalz, die Aus- und Weiterbildung von Lehrern und Schülern in der Sekundarstufe durch die Pädagogische Hochschule Heidelberg und die Akademie für Technikfolgenabschätzung in Stuttgart oder die Ausstellung „Genwelten – Leben aus dem Labor?" im Landesmuseum für Technik und Arbeit.

Das BioRegio-Konzept des Rhein-Neckar-Dreieckes ist das Ergebnis einer einjährigen gemeinsamen Anstrengung nahezu aller relevanten Gruppen und Organisationen – bzw. für diese Verantwortung tragenden Personen – aus Wissenschaft, Wirtschaft, Finanzen und Politik in der Region. Der faszinierende Prozeß der Konzeptentwicklung hat ohne vorgegebene Struktur, ohne hierarchische Abstützung trotz unterschiedlicher Interessenlagen und Betroffenheiten der einzelnen Beteiligten zu einer zunehmenden Konvergenz der Zielvorstellungen und zu wachsendem gegenseitigen Verständnis geführt. Dies gibt Anlaß zur Zuversicht, daß die viel schwierigere Aufgabe, das Konzept umzusetzen und damit das gesetzte Ziel zu erreichen, gute Chancen auf Erfolg hat. Die Tatsache, daß die Juroren des BioRegio-Wettbewerbes offenbar der gleichen Meinung waren und das Rhein-Neckar-Dreieck zur Modellregion kürten, ist gleichermaßen ermutigende Bestätigung wie Ansporn und Verpflichtung.

3 Biotechnologie und Gentechnik – Implikationen für das Bildungswesen

M. Schallies
Mathematisch-Naturwissenschaftliche Fakultät, Pädagogische Hochschule Heidelberg

3.1
Einleitung

Die Thematik „Biotechnologie und Gentechnik" hat in der öffentlichen Diskussion eine zunehmend größere Bedeutung bekommen. Der Biotechnologie wird eine Schlüsselrolle bei der Erschließung neuer Technik- und Anwendungsfelder sowie eine zentrale Rolle bei der Verbindung von verschiedenen Technikbereichen prognostiziert. Das Thema kann exemplarisch für viele Themen aus dem Bereich moderner Industrieentwicklung stehen, die mit Aktualität, Gesellschaftsbezug und Zukunftsbedeutung einer Behandlung im allgemeinbildenden Schulsystem harren. Seine besondere Bedeutung erhält es dadurch, daß die Gentechnik direkte Eingriffe am menschlichen Genom erlaubt und somit ethische Grundfragen berührt werden. Nicht zuletzt ist das „Selbstverständnis" der Personen als Individuen davon betroffen.

Ein solches Thema sollte daher nicht unüberlegt in die Welt schulischen Lernens hineingetragen werden. Dies lehren auch die Erfahrungen aus der Auswertung von Modellprojekten anderwärts, wie beispielsweise in Dänemark, wo man das Thema Biotechnologie bereits seit 1985 unterrichtlich behandelt. Danach sollte zunächst erst eine sorgfältige Prüfung erfolgen, in welchem Zusammenhang dies geschehen könnte (Libner 1985). In einer Pilotstudie für die Akademie für Technikfolgenabschätzung in Baden-Württemberg haben wir (Schallies u. Wellensiek 1995) untersucht, welche gesicherten Informationen und Erkenntnisse über Unterricht zum Themengebiet „Biotechnologie/Gentechnik" bestehen. In einer Zwei-Stufen-Analyse haben wir die Wirksamkeit von Maßnahmen in der Lehrerbildung, Einbettung des Themas im naturwissenschaftlichen Unterricht, Vorkenntnisse der Schüler zu diesem Themengebiet und Vorkenntnisse der Lehrer untersucht sowie die Bewertung der festgestellten Ergebnisse unter pädagogischen Gesichtspunkten vorgenommen. Weltweit sind bereits umfangreiche Detailkenntnisse vorhanden, die Rückschlüsse auf die Fragestellung ermöglichen. Insgesamt mehr als 90 Veröffentlichungen wurden ausgewertet, davon waren 38 empirische Arbeiten, die überwiegend im englischen Sprachraum durchgeführt wurden. Dies hängt nicht nur damit zusammen, daß man sich hier dem Thema frühzeitiger als in der Bundesrepublik Deutschland widmete, sondern auch damit, daß im englischsprachigen Raum eine viel größere Zahl an Fachdidaktikern – wiederum im Vergleich zu der Bundesrepublik Deutschland – an der Fragestellung einer angemessenen unterrichtlichen Behandlung arbeitet.

Bei den Ergebnissen kann allgemein festgestellt werden, daß sich die unterrichtlichen Bemühungen schwerpunktmäßig auf die 15- bis 18jährigen Schüler beziehen. Parallel dazu erstreckten sich Untersuchungen auf angehende, aber auch bereits im Beruf stehende und durch Lehrerfortbildungsmaßnahmen auf die Thematik speziell vorbereitete Lehrer. Umfangreiche Materialien zum Lernen auf dem Gebiet von Biotechnologie und Gentechnik wurden beispielsweise als Fernstudienmaterialien von der Open University in England und den Niederlanden erstellt („Biotechnology in Open Learning"; BIOTOL-Materialien). Sodann gibt es europaweit koordinierte Aktivitäten zum Erstellen und Erproben von Unterrichtseinheiten über Biotechnologie („European Inititave on Biotechnology Education" (EIBE)), wobei diese Aktivitäten von einer Arbeitsgruppe unter Leitung von H. Bayrhuber aus dem Institut für die Pädagogik der Naturwissenschaften der Universität Kiel gesteuert werden (vgl. den Beitrag Bayrhuber u. Harms in diesem Band).

Die erklärte Zielsetzung aller Bemühungen ist jeweils: Die Lernenden sollen erzogen werden, Möglichkeiten und Risiken der Biotechnologie zu beurteilen.

Dieses Ziel stellt Anforderungen über bisherige disziplinspezifische Grenzen hinaus. Es erfordert eine Erweiterung und Neuordnung etablierter Unterrichtsinhalte und eine abgestimmte Zusammenarbeit von Lehrern verschiedener fachunterrichtlicher Disziplinen zu Fragestellungen, die zwar naturwissenschaftliche Sachverhalte zur Grundlage haben, aber die nicht ausschließlich aus der Perspektive von Naturwissenschaftlern betrachtet und entschieden werden können. In einer Arbeit aus dem Jahre 1996 hat B. Skorupinski – zwar in einem anderen Zusammenhang, nämlich der ethischen Bewertung von Gentechnik in der Landwirtschaft, aber hier auch sehr passend für eine pädagogische Zielsetzung – dies folgendermaßen formuliert:

> Als Urheber neuer technologischer Entwicklungen und durch den damit begründeten Wissensvorsprung sind Wissenschaftler in besonderer Weise qualifiziert und verpflichtet, zu diesen Entwicklungen Stellung zu beziehen und Verantwortung zu übernehmen. Für die Bewertung von Zielen, Zwecken und Folgen hinsichtlich ihrer Wünschbarkeit oder Zumutbarkeit besitzen Wissenschaftler jedoch keineswegs mehr Kompetenz und Autorität als andere Bürger.

3.2
Naturwissenschaftlicher Unterricht – generelle Trends und Erfahrungen

Im allgemeinen wird die Thematik „Biotechnologie/Gentechnik" im naturwissenschaftlichen Unterricht behandelt, mit einem Schwerpunkt im Fach Biologie. Daher sollte bei einer Diskussion über Implikationen für das Bildungswesen generell auch in Betracht gezogen werden, welche Effektivität naturwissenschaftlicher Unterricht bisher beim Erreichen seiner Zielsetzungen hatte, da dies natürlich auch bei der Einführung von neuen Themenfeldern nicht ohne Auswirkungen bleibt. In dieser Hinsicht sind weltweit Probleme mit naturwissenschaftlichem

Unterricht, so wie er traditionell unterrichtet wird, zu konstatieren (Gräber 1992; Brunkhorst u. Yager 1990; Yager et al. 1992):

- Es gibt einen Interessenabfall am naturwissenschaftlichen Unterricht im Verlauf der Schulzeit: Mit anderen Worten, je länger naturwissenschaftlicher Unterricht dauert, desto geringer ist das Interesse der Schüler daran.
- Schüler sind nur unzureichend über grundlegende Theorien und Konzepte der Naturwissenschaften informiert; ihre Kenntnisse über Technik sind größer, und sie sind an Technik und Technologie auch interessierter als an klassischen naturwissenschaftlichen Themenbereichen der entsprechenden Unterrichtsfächer.
- Seit mehr als 50 Jahren sind prozeßorientierte Fähigkeiten und Fertigkeiten, wie beispielsweise kritisches Denken, Problemlösen und experimentelle Fähigkeiten, Ziele von naturwissenschaftlichem Unterricht. Trotzdem gibt es praktisch keinen Nachweis dafür, daß der traditionelle naturwissenschaftliche Unterricht darin erfolgreich war, solche Eigenschaften *über die Unterrichtsgrenzen hinaus* zu fördern.
- Obwohl Neugier den Ausgangspunkt für die Beschäftigung mit Naturwissenschaften und Technik darstellt, wird durch gängige Unterrichtsprogramme die natürlich vorhandene Neugier zerstört. Je länger der Unterricht dauert, desto geringer wird die Neugier gegenüber der natürlichen Welt.
- Grundlage des naturwissenschaftlichen Unterrichtes sind Ursache-Wirkungs-Prinzipien. Trotzdem können Schüler, die einen großen Anteil an naturwissenschaftlichen Fächern belegt haben, in lebensnahen Situationen nicht logischer vorgehen als die übrigen Schüler.
- Für viele besteht Wissen in der Fähigkeit, naturwissenschaftliche Gesetze und Vorgehensweisen in Übungen, Anwendungen und Tests in neuen Situationen im naturwissenschaftlichen Unterricht gebrauchen zu können. Bedauerlicherweise gibt es kaum Schüler, die *außerhalb* des Klassenzimmers solche Fähigkeiten und Fertigkeiten anwenden können.
- Untersuchungen haben zahlreiche Belege dafür erbracht, daß bei Schülern allgemeine Fehlvorstellungen („Misconceptions", „alternative Vorstellungen") über die natürliche Welt bestehen. Diese Fehlvorstellungen bestehen bei der Mehrzahl der Schüler, selbst bei solchen, die an speziellen Vorbereitungskursen für die Aufnahme in weiterführende Bildungseinrichtungen teilgenommen haben.
- Nahezu alle Schüler erkennen keinen Sinnzusammenhang zwischen den naturwissenschaftlichen Unterrichtsfächern und dem täglichen Leben. Schüler sehen nur wenige Verbindungen zwischen den Naturwissenschaften, die sie in der Schule lernen, und ihren persönlichen Belangen, wie beispielsweise Ernährung, Hobbies und Verbraucherentscheidungen.
- Für die meisten Schüler scheint kein Zusammenhang zwischen dem naturwissenschaftlichen Unterricht und der Arbeitswelt zu bestehen. Es wird nicht realisiert, daß naturwissenschaftlicher Unterricht brauchbare Informationen oder Fähigkeiten dafür liefert, Entscheidungen zu treffen oder am Arbeitsplatz Tätigkeiten auszuführen.

Da der Einfluß der erlebten Unterrichtspraxis auf die Einstellungen zu den Naturwissenschaften von großer Bedeutung ist (Ebenezer u. Zoller 1993), sollte man das Augenmerk zunächst darauf richten, *wie* naturwissenschaftlicher Unterricht im Klassenzimmer unterrichtet wird. Nach wie vor findet überwiegend lehrerzentrierter Unterricht mit nur geringem Anteil an Eigentätigkeiten der Schüler statt, werden Ideen von Schülern nur selten unterrichtlich aufgegriffen, erlauben ihnen ihre Lehrer nur selten, eigenständig zu experimentieren und füttern sie statt dessen lieber mit Fakten und Informationen. Aus der Schülerperspektive wäre mehr Lebensbezug des Lernens, ein größerer Anteil an Eigentätigkeit und selbstgesteuertem Lernen vonnöten, um dem Interessenabfall an Naturwissenschaften im Unterricht entgegenzuwirken. Enge fachspezifische Sichtweisen, die Vermittlung von Naturwissenschaften als „sterile Päckchen 100%iger Wahrheiten" (Brunkhorst u. Yager 1990) haben zur Folge, daß kaum übertragbares Wissen für den Alltag entsteht und befürchtet werden muß, daß letztlich eine Spaltung der Gesellschaft in – bezüglich der Naturwissenschaften und Technologien – Wissende und Analphabeten die Folge sein könnte. Dies hat zu einer weltweiten Reformdiskussion über naturwissenschaftlichen Unterricht angeregt, die bis zum heutigen Tage anhält.

3.3
Neue Curricula als Antwort auf gesellschaftliche Entwicklungen

In fast allen Industrie- und Entwicklungsländern werden Anstrengungen unternommen, um die festgestellten Mängel und negativen Erfahrungen mit herkömmlichen Unterricht zu beheben und Antworten auf gesellschaftliche Entwicklungen zu finden. In Baden-Württemberg wurden vor wenigen Jahren in diesem Zusammenhang neue Fächer, wie beispielsweise „Natur und Technik" oder „Mensch und Umwelt", eingeführt, fächerverbindendes Arbeiten für alle Schularten empfohlen, fachübergreifende und außerunterrichtliche Aktivitäten vorgesehen. Im englischsprachigen Raum sind seit längerer Zeit neue Curricula, wie z. B. „Science, Mathematics and Technology", „Science in a Social Context", „Science and Technology in Society" (SATIS), „Science, Technology and Society" (STS), „Science through STS" und andere in Gebrauch. Die umfangreichsten Erfahrungen und durch empirische Untersuchungen belegten Ergebnisse liegen mit SATIS in Großbritannien (Hunt 1988; Fullick 1992) und STS in den USA, Kanada, Israel (Waks 1993; Aikenhead 1992; Ben-Chaim u. Zoller 1991) und weiteren Ländern vor. Diese Curricula wurden übrigens von den jeweiligen Lehrerverbänden der Naturwissenschaftslehrer nach ausführlicher Diskussion und Erprobung entwikkelt und an lokale Bedürfnisse angepaßt. Charakteristisch für SATIS-Materialien ist etwa, daß bei ihnen jeweils „Science" mit den naturwissenschaftlichen Sachverhalten zuerst steht. Erst danach erfolgt die „Application" im weiteren Verlauf der Unterrichtseinheiten. Mittlerweile gibt es Materialien für drei Altersstufen, die in folgender Reihenfolge ab 1984 entwickelt wurden: SATIS 14-16, SATIS 16-19 und zuletzt SATIS 8-14. Mit diesen Unterrichtseinheiten sollen die heranwachsenden Generationen ausreichend mit den Erkenntnissen von Wissenschaft und Technologie vertraut gemacht werden, um ihnen in einer zunehmend komplexeren Gesellschaft Leben und Arbeiten zu ermöglichen.

Es gibt auch Ansätze, bei denen „Application" zuerst steht – wo also von den unmittelbaren Alltagserfahrungen der Schüler ausgegangen wird – diese sind aber, wie z. B. „Salters' Science" von 1990, von den Lehrern weniger gut angenommen worden.

Die spezielle Thematik „Biotechnologie und Gentechnik" ist für SATIS 16-19 vorgesehen.

STS-Curricula wurden zuerst für das höhere Bildungswesen, beispielsweise für das Studium Generale an den Universitäten, entwickelt und angeboten. Als akademische Disziplinen gingen sie aus der allgemeinen Fortschrittskritik im Gefolge von Protesten gegen den Vietnam-Krieg, multinationale Großkonzerne und Atomkraft hervor und sollten vor allen Dingen die angehenden Ingenieure über die „wahre Natur" der gesellschaftlichen Auswirkungen ihrer Tätigkeiten aufklären (Waks 1993).

Unter dem Eindruck, praktikablere Wege zur Behebung negativer Auswirkungen von Wissenschaft und Technik finden zu müssen, wandelten sich STS-Curricula sehr rasch auf eine konstruktive Weise. Heute liegt ein entwickeltes Feld zu STS im höheren Bildungswesen an mehr als 2.000 Universitäten allein in der USA vor. Nach wie vor gibt es jedoch echte intellektuelle Hemmnisse auf dem Gebiet der interdisziplinären Zusammenarbeit, da die Früchte verschiedener Disziplinen aus den Geistes- und Naturwissenschaften nicht so ohne weiteres zu einer neuen Einheit „STS" synthetisiert werden können. Dies stellt auch für die hierzulande vertretenen Unterrichtsansätze mit Integrationsfächern, wie z. B. „Natur und Technik", ein großes Hemmnis dar.

Science-Technology-Society-Curricula entstanden im Gefolge der universitären Bemühungen sehr rasch auch für den schulischen Bereich. In einem Grundlagenpapier aus dem Jahre 1980 für den kanadischen Wissenschaftsrat hat Aikenhead die Grundüberlegungen zur Einführung von STS-Unterricht prägnant herausgearbeitet (Aikenhead 1980). Zwei Zielebenen von STS-Unterricht in der Schule werden deutlich: Zum einem die propädeutische Ebene, die für solche Schüler von Bedeutung ist, die im Anschluß an die Schule ein Studium in einem naturwissenschaftlichen Fach aufnehmen wollen, und zum anderen die Ebene des „Konsumenten" von naturwissenschaftlicher Bildung, der diese Kenntnisse für Anwendungen in beruflichen Feldern benötigt, die selber nicht direkt mit Naturwissenschaften zu tun haben, in denen aber für Entscheidungsfindungen die Anwendung von naturwissenschaftlichen Kenntnissen von Bedeutung ist. Schließlich gibt es kaum einen beruflichen Bereich, für den dies nicht zuträfe, so daß auch beispielsweise angehende Journalisten, Richter oder Verwaltungsangestellte als solche Konsumenten naturwissenschaftlicher Allgemeinbildung anzusehen sind. Nicht zuletzt sind die Kenntnisse von Regeln wissenschaftlicher Logik und ihrer Grenzen bedeutungsvoll, um wissenschaftliche Vorhersagen, die häufig im praktischen Leben eine Rolle spielen, realistisch einschätzen zu können.

Das wichtigste allgemeine Bildungsziel – so die Schlußfolgerung aus Aikenheads Überlegungen (Aikenhead 1980) – ist die Befähigung der Individuen zum

Treffen von wissensbasierten Entscheidungen. Dies hat zur Folge, daß im Verlauf von STS-Unterricht ein vertieftes Verständnis von Mehrdeutigkeit, Komplexität, Beziehungen, Interaktionen und der menschlichen Fähigkeit, sich etwas vorzustellen, auszuwählen und zu erschaffen, entwickelt werden muß. Dazu bedarf es der Erfahrungen der Schüler im Eingrenzen von Problemstellungen, Erfahrungen im Umgang mit den „Grauzonen" des Wissens und der Erfahrungen der Individuen als handelnde Subjekte. Dies erfordert eine grundlegende Neubesinnung von naturwissenschaftlichem Unterricht, der insgesamt somit weniger auf Bestätigungsversuche angelegt sein sollte, sondern sich diesen genannten Aspekten zuwenden sollte.

Die amerikanischen Naturwissenschaftslehrervereinigung hat aus diesen Überlegungen heraus im Jahre 1991 allgemeine Empfehlungen für einen „geeigneten" STS-Unterricht veröffentlicht (Yager et al. 1992):

- Verwendung schülerrelevanter Problemstellungen mit lokalem Bezug und naturwissenschaftlichen und technischen Aspekten für die Unterrichtsgestaltung.
- Nutzung lokaler Ressourcen (personeller und materieller Art) als natürliche Informationsquellen für wissenschaftliche und technische Informationen, die für eine Problemstellung herangezogen werden können.
- Einbeziehung der Schüler in die Suche nach wissenschaftlichen und technischen Informationen, die in lebensnahen Problemlösungssituationen angewendet werden können.
- Ausdehnung des Lernens von Naturwissenschaften über die Unterrichtsstunde, das Klassenzimmer, die Schule hinaus.
- Lenkung der Aufmerksamkeit auf die Auswirkungen von Naturwissenschaft und Technologie auf jeden einzelnen Schüler als Individuum.
- Betrachten des Wissenschaftsgehaltes als mehr als etwas, das der Schüler zum Bestehen von Tests benötigt.
- Herunterspielen der Bedeutung solcher naturwissenschaftlicher Praktiken, mit denen nur die Arbeitsweisen im Beruf stehender Wissenschaftler nachgeahmt werden.
- Förderung der Aufgeschlossenheit besonders für solche Berufe, die mit Naturwissenschaften und Technologien zu tun haben.
- Schaffung von Gelegenheiten im Unterricht dafür, daß Schüler in der Rolle des Bürgers versuchen können, Antworten auf Fragestellungen aus der Lebenswelt zu finden und Probleme zu behandeln, die sie herausgearbeitet haben.
- Zeigen, daß Naturwissenschaften und Technologie wesentliche Faktoren bei der Zukunftsgestaltung sind.

Generell kann man durch STS-Curricula angestrebte Zielsetzungen als ein angemessenes Verständnis von Naturwissenschaften und Technologie ansehen, das wissensbasierte Standpunkte und begründete Ansichten umfaßt und dazu befähigt, den Dialog zwischen Laien und Fachleuten (Wissenschaftlern) zu Fragestellungen von allgemeiner Bedeutung führen zu können. Diese letztere Fähigkeit wird in der angelsächsischen Literatur sehr treffend mit „Scientific Literacy" bezeichnet, die als eine basale Fähigkeit wie Lesen oder Schreiben die Kommunikation auf naturwissenschaftlichem und technologischem Gebiet ermöglicht. Durch STS-Unterricht werden persönliche Fähigkeiten wie „Thoughtful Decisions" (Aikenhead 1985), „Informed Judgements" (Riggs 1990), „Informed Views and Positions" (Ben-Chaim u. Zoller 1991) oder „Balanced Views" (Ramsey 1993) angestrebt, siehe Tabelle 3.1.

Tabelle 3.1. Bildungsziele von STS-Unterricht

Bildungsziel	Definition
Scientific Literacy (Cutcliffe 1990)	the ability to recognize, read, write, define, interrelate common scientific terms at a level that permits effective communication with the scientific community about issues of general interest
Thoughtful Decisions (Aikenhead 1985)	decisions made while beeing conciously aware of the guiding values and current knowledge relevant to the issue
Informed Judgements (Riggs 1990)	judgements understanding the rational behind the values held by individuals and societies
Informed Views and Positions (Ben-Chaim u. Zoller 1991)	opinons on STS topics and related issues defined through arguments and reasons; emphasizing cognition over attitude
Balanced Views (Ramsey 1993)	a balance of differing viewpoints about an issue and options

Zusammengefaßt sind es ausgewogene Standpunkte durch integrierte Sichtweisen der Realität und der Wechselwirkung zwischen Wissenschaft, Technologie und Gesellschaft. Um sie einnehmen zu können, bedarf es übertragbaren, verknüpften sowie anwendungsbezogenen Wissens und der Fähigkeit, Entscheidungen unter unscharfen Randbedingungen zu treffen. Als integraler Bestandteil der Urteils- und Handlungsfähigkeit gilt dabei, daß man in der Lage ist, die mit einer Problemlösung verbundenen unterschiedlichen Lösungsmöglichkeiten in eine Bewertung einbeziehen zu können („Valuing"). Im deutschsprachigen Raum wird dies als „moralische Urteils- und Handlungsfähigkeit" (Nunner-Winkler 1993) bezeichnet, die zwar auf Rationalität gründet, aber von persönlichen und handlungsleitenden Wertvorstellungen der Individuen unterlegt ist und die in Betracht zu ziehen sind.

Der Planung von STS-Unterricht liegt eine Theorieleitung über das Lernen zugrunde. Man kann sie mit dem Begriff „Genetischer Strukturalismus" oder kurz gefaßt „Konstruktivismus" bezeichnen. Diese Theorie geht davon aus, daß das Lernen von neuen Sachverhalten vom vorhandenen Vorwissen der Schüler abhängt und individuelle Bedeutungszusammenhänge von ihnen in der aktiven Auseinandersetzung mit dem Lernstoff „konstruiert" werden. In bezug auf die Gestaltung von angemessenem STS-Unterricht ist daher das Vorwissen der Schüler, sind deren „Präkonzepte" eine sehr wichtige Variable.

Zu dem Gebiet von Wissen über Naturwissenschaften allgemein und Biotechnologie und Gentechnik im besonderen gibt es daher empirische Untersuchungen. In einer sehr ausgedehnten Studie hat sich eine Arbeitsgruppe von G. S. Aikenhead in mehrjähriger Forschungsarbeit durch Entwicklung eines Erhebungsinstrumentes und dessen Einsatzes verdient gemacht. Als Instrument der Forschung entstand ein empirisch abgesicherter Fragebogen VOSTS (Views on Science and Technology) mit dem 16- bis 18jährige Schüler in einer sehr breit angelegten Untersuchung in Nordamerika bezüglich ihres Vorwissens und ihrer Einstellungen untersucht wurden (Aikenhead et al. 1987; Aikenhead 1988; Aikenhead u. Ryan 1992).

Das VOSTS-Instrument wurde bezüglich der Zuverlässigkeit der Ergebnisse auch mit anderen Instrumenten für Erhebungen verglichen, die auf Likert-Skalen[1], strukturierten Interviews oder frei formulierten schriftlichen Antworten basieren. Die Auswahlantworten zu einem VOSTS-Statement, aus denen Schüler ihre Auswahl treffen können, lassen sich nach den Kategorien „realistisch", „hat etwas für sich" oder „naiv" kategorisieren (Rubba u. Harkness 1993). Eine realistische Auswahlantwort drückt eine angemessene Sichtweise über die Natur der Wissenschaft, Technologie und deren Wechselwirkungen mit der Gesellschaft aus. „Hat etwas für sich" (has merit) beinhaltet eine Reihe von akzeptablen Argumenten bezüglich der Natur der Wissenschaft und Technologie und deren Wechselwirkungen mit der Gesellschaft, ist aber nicht auf dem angemessenen Stand und damit nicht „realistisch". Eine „naive" Auswahlantwort beinhaltet eine unangemessene oder unzutreffende Sichtweise über die Natur der Wissenschaft, Technologie und deren Wechselwirkungen mit der Gesellschaft („Alltagstheorie").

Eine realistische Betrachtungsweise über naturwissenschaftliche Sachverhalte geht beispielsweise davon aus, daß diese nicht als absolut für alle Zeit angesehen werden können, sondern wie alle wissenschaftlichen Erkenntnisse als vorläufig einzustufen sind.

Zum Erlangen von realistischen Betrachtungsweisen über Naturwissenschaften und Technologien sehen Schüler übrigens eine eigene Labortätigkeit als nicht besonders gut geeignet an. Dies hängt sicher damit zusammen, daß in der unterrichtlichen Praxis diese Tätigkeiten einen überwiegend bestätigenden Charakter (durch die Auswahl und Vorbereitung des Lehrers) haben. Als Fazit der Aikenheadschen Untersuchung kann festgehalten werden, daß eine Vielzahl naiver Präkonzepte nicht nur bei Schülern, sondern auch bei Studenten an der Universität und bei praktizierenden Lehrern vorhanden ist, die durch kurzfristige Fortbildungs- oder Schulungsmaßnahmen nicht dauerhaft verändert werden können.

Die Erfahrungen mit naturwissenschaftlichem Unterricht zeigen insgesamt eine große Diskrepanz zwischen Anspruch und Wirklichkeit auf: Nach wie vor werden größtenteils konventionelle Lehr- und Lernmethoden im Unterricht eingesetzt, STS-Unterricht findet innerhalb des naturwissenschaftlichen Unterrichtes zwar statt, aber nur zu einem eher bescheidenen Anteil. Bei den Lehrkräften dominiert

---

[1] Likert-Skalen sind Methoden zur Einstellungsmessung unter Verwendung einer Auswahl von Feststellungen (Items), unter denen ein Proband sich entscheiden muß.

praktisches Unterrichtswissen und ein Interesse daran, „zu wissen, wie es geht". Dies sind für einen reflektierten Umgang mit neuen Unterrichtsinhalten im Hinblick auf die anspruchsvolle Zielsetzung des Aufbaues von Urteils- und Handlungsfähigkeit ungünstige Voraussetzungen.

3.4
Zusammenfassung und Ausblick

Unterricht zu neuen Themen, wie z. B. Biotechnologie und Gentechnik, sollte aufgrund der vorliegenden allgemeinen Erfahrungen mit naturwissenschaftlichem Unterricht nicht eindimensional in herkömmlichen Bahnen unterrichtet werden. Im Hinblick auf die Herausforderung, daß ein solcher Unterricht über Biotechnologie und Gentechnik zur Entwicklung von Urteils- und Handlungsfähigkeit auf einem Gebiet moderner Technologieentwicklungen beitragen sollte, ist vielmehr ein Paradigmenwechsel im Unterrichten notwendig. Ein solcher Paradigmenwechsel im Unterrichten ist den Lehrkräften nicht lerntheoretisch im Schnellverfahren zu vermitteln (Ben-Chaim et al. 1994). Nach den vorliegenden Erkenntnissen, die auf einen Zeitraum von mehr als 20 Jahren zurückgehen (Cutcliffe 1990; Yager u. Tamir 1993), sind in bezug auf STS-Zielsetzungen nur Langzeit-Programme erfolgreich, in denen Lehrkräfte mit den Zielen, Methoden und Inhalten vertraut gemacht werden und in denen sie gelernte Konzepte unmittelbar in ihre eigene Schulpraxis übertragen können. Wichtig ist auch eine parallel laufende Unterstützung der Implementierung, auf die bei auftretenden örtlichen Schwierigkeiten zurückgegriffen werden kann. Mit dem IOWA-STS-Implementierungsprogramm (Yager et al. 1992) ist dies erfolgreich umgesetzt worden. Seit 1983 nahmen daran mehr als 20.000 Lehrer teil. Vergleichbare Aktivitäten gibt es in der Bundesrepublik Deutschland oder in Europa nicht.

Die Evaluierung der Forschungsarbeiten, die in der Studie für die Akademie für Technikfolgenabschätzung (Baden-Württemberg) untersucht wurden, und die dadurch erhaltenen Einsichten waren für uns Anlaß, zusammen mit dem Zentrum für Ethik in den Wissenschaften (Universität Tübingen) ein eigenes Projekt zur schulischen Vermittlung von Urteilskompetenz im Bereich neuer Technologien in der Bioregion Rhein-Neckar-Dreieck zu starten. Es hat den Titel „Schule-Ethik-Technologie" (SET). Im Kern des Projektes steht ein schulpraktischer Modellversuch, an dem zehn Schulen verschiedener Schularten über drei Ländergrenzen hinweg beteiligt sind. Die wissenschaftliche Begleituntersuchung versucht, Antworten darauf zu finden, wie unter Einbeziehung von ganzen Schulen als pädagogische Einheit über die Fach- und Altersgrenzen hinweg ein solches Bildungsziel erreicht werden könnte. Es ist im Kern ein deutsches STS-Projekt, und die spannende Frage wird sein, in welchem Ausmaß es gelingt, die ausländischen Erfahrungen nutzbringend für die eigenen Projektziele einzusetzen.

Im Projekt SET wird zugrunde gelegt, daß die Strukturen eines Technologieverständnisses nicht durch Zufall, Reifung oder Imitation hervorgerufen werden, sondern sich stufenförmig im Medium sozialisatorischer Interaktionen entwickeln (Wellensiek u. Schallies 1997). Hierbei wird die Auffassung vertreten, daß die

Stufen der Entwicklung eines solchen Verständnisses als Inhalte der Selmanschen Niveaus sozialer Perspektivenübernahme und -koordination abgebildet werden können (Selman 1984). Die Entwicklungslogik und -dynamik der Entwicklung von Technologieverständnis wird in einem parallel verlaufenden zweiten Projekt „Valuing in Technology" (Schallies u. Wellensiek 1997) untersucht, das auf Überlegungen von Conway und Riggs (1994) aufbaut und diese in einen Zusammenhang mit der Theorie Selmans stellt. Dieser Forschungsansatz unterscheidet sich von Aikenheads Arbeiten insofern, als er nicht das am Ende der Schulzeit vorliegende Technologieverständnis untersucht und kategorisiert („realistisch"; „hat etwas für sich"; „naiv"), sondern sich das im Verlauf der Schulzeit entwikkelnde Verständnis von Wissenschaft und Technologie als Untersuchungsfeld vornimmt.

Die für die Konzeption, Durchführung und Auswertung des Modellversuches SET erforderlichen Kompetenzen werden von den engeren Kooperationspartnern an der Pädagogischen Hochschule Heidelberg (M. Schallies, A. Wellensiek, A. Lembens) und im Zentrum für Ethik in den Wissenschaften der Universität Tübingen (R. Wimmer, J. Dietrich, F.-T. Hellwig) sowie weiteren Kooperationspartnern an der Universität Hamburg (U. Gebhard, Lehrstuhl für Biowissenschaften der Erziehungswissenschaftlichen Fakultät der Universität Hamburg) und in der Akademie für Technikfolgenabschätzung in Baden-Württemberg (A. Müller) eingebracht. Für die Fortentwicklung der Theorie ist ferner die Kooperation mit der Arbeitsgruppe von M. Brumlik an der Universität Heidelberg, Fakultät für Sozial- und Verhaltenswissenschaften, unverzichtbar.

Die theoretische Grundlegung einer stufenförmigen Entwicklung macht es erforderlich, die eigentlichen Projektarbeiten nicht punktuell, sondern jeweils mit ganzen Schulen als pädagogische Handlungseinheiten durchzuführen, die sich jeweils durch Beschluß der Schulkonferenz auf eine gemeinsame Zielstellung hin vereinbaren müssen. In diesem Punkt treffen die Zielsetzungen von SET mit Überlegungen zur Organisationsentwicklung als Aufgabe von Schulreform zusammen. Die hierbei jeweils vorfindliche Schulkultur und die im Sinne der Theorie notwendigen schulnahen Curricula haben zur Folge, daß im Verlauf des Projektes SET die unterschiedlichsten Varianten schulpraktischer Arbeit zum Zuge kommen und die Begleitforschung methodenpluralistisch mit quantitativen und qualitativen Methoden der Sozialforschung vorgehen muß (Schallies 1998). Die im Sinne der Theorie erforderliche Gelegenheit zur Rollenübernahme wird im Projekt dadurch geboten, daß ein Angebot unterschiedlichster außerschulischer Lernorte und -Experten und für authentisches Lernen bereitsteht.

In der Region sind insgesamt 255 allgemeinbildende Schulen der Sekundarstufen I und II angesiedelt (Privatschulen wurden nicht berücksichtigt). Sie verteilen sich auf die drei Bundesländer wie folgt, siehe Tabellen 3.2 und 3.3:

Tabelle 3.2. Weiterführende Schulen in der Bioregion Rhein-Neckar-Dreieck

Land	Hauptschulen	Realschulen	Gymnasien	Gesamtschulen
Baden-Württemberg	76	30	37	2
Hessen	6	11	9	5
Rheinland-Pfalz	41	15	23	0
Gesamt	123	56	69	7

Aus Kapazitätsgründen ist die Auswahl auf zehn Projektschulen begrenzt worden. Sie erfolgte nach einem Bewerbungsverfahren schulart- und länderspezifisch wie folgt, siehe Tabelle 3.3:

Tabelle 3.3. Schulart- bzw. länderspezifische Verteilung der Projektschulen

	Hauptschulen	Realschulen	Gymnasien	Gesamtschulen
Projekt SET	1	3	4	2

	Baden-Württemberg	Hessen	Rheinland-Pfalz
Projekt SET	4	3	3

Die schulpraktischen Arbeiten und deren Evaluierungen haben mit dem Schuljahr 1997/98 begonnen. Die Ergebnisse der Projektarbeiten werden bis Mitte 1999 vorliegen.

Literatur

Aikenhead GS (1980) Science in Social Issues: Implications for Teaching. ERIC[2] ED 218068
Aikenhead GS (1985) Collective Decision Making in the Social Context of Science. Science Education 69(4):453–475
Aikenhead GS, Fleming RW, Ryan, AG (1987) High School Graduates' Beliefs About Science-Technology-Society I. Methods and Issues in Monitoring Students Views. Science Education 71(2):145–161
Aikenhead GS (1988) An Analysis of Four Ways of Assessing Student Beliefs about STS Topics. J. of Research in Science Teaching 25(8):607–629

---

[2] ERIC Reports ist die Datenbank des U.S. Department of Education, Office of Educational Research and Improvement, Washington D.C.

Aikenhead GS (1992) The Integration of STS into Science Education. Theory into Practice 31(1):27–35

Aikenhead GS, Ryan AG (1992) The Development of a New Instrument: "Views on Science-Technology-Society" (VOSTS). Science Education 76(5):477–491

Ben-Chaim D, Zoller U (1991) The STS outlook profiles of Israeli high-school students and their teachers. Int. Journal of Science Education 13(4):447–458

Ben-Chaim D, Joffe N, Zoller U (1994) Empowerment of Elementary School Teachers to Implement Science Curricular Reforms. School Science and Mathematics 94(7):356–366

BIOTOL (Biotechnology by Open Learning). Open Universiteit, Niederland, University of Greenwich, Großbritannien (Eds). Butterworth-Heinemann, Oxford

Brunkhorst HK, Yager RE (1990) Beneficiaries or Victims. School Science and Mathematics 90(1):61–69

Conway R, Riggs, A (1994) Valuing in technology. In: Banks F (ed) Teaching Technology. Routledge, London, pp 227–237

Cutcliffe SH (1990) The STS Curriculum: What Have We Learned in Twenty Years? Science, Technology & Human Values 15(3):360–372

Ebenezer JV, Zoller U (1993) Grade 10 Students' Perceptions of and Attitudes toward Science Teaching and School. J. of Research in Science Teaching 30(2):175–186

Fullick P (1992) Adressing Science and Technology Issues in the United Kingdom: The Satis Project. Theory into Practice 31(1):36–43

Gräber W (1992) Sachinteresse und Fachinteresse im Chemieunterricht. In: Behrendt H (ed) Zur Didaktik der Physik und Chemie. Leuchtturm-Verlag, Alsbach, S 151–153

Hunt A (1988) SATIS approaches to STS. Int. Journal of Science Education 10(4):409–420

Libner F (1985) Experiences from Teaching Biotechnology. ERIC ED 278545

Nunner-Winkler G (1993) Die Entwicklung moralischer Motivation. In: Edelstein W, Nunner-Winkler G, Noam G (eds) Moral und Person. stw, Frankfurt am Main, S 278–303

Ramsey, JM (1993) A Survey of the Perceived Needs of Houston-Area Middle School Science Teachers Concerning STS Goals, Curricula, Inservice and Related Content. School Science and Mathematics 93(2):86–91

Riggs A (1990) Biotechnology and Religious Education. British J. of Religious Education 13(1):56–64

Rubba PA, Harkness WL (1993) Examination of Preservice and In-Service Secondary Science Teachers' Beliefs about Science-Technology-Society Interactions. Science Education 77(4):7–431

Schallies M, Wellensiek A (1995) Biotechnologie/Gentechnik – Implikationen für das Bildungswesen. Akademie für Technikfolgenabschätzung in Baden-Württemberg. Arbeitsbericht Nr.46:1–93

Schallies M, Wellensiek A (1997) Understanding and valuing in science and technology – designing and evaluating new approaches for the development of reflection competency in classroom work. In: Ephraty N, Lidor R (eds) Teacher Education: Stability, Evolution and Revolution. 1996 Jun 30; Mofet Institute, Tel Aviv, pp 1163–1174

Schallies M (1998) Interdisziplinärer Unterricht am Beispiel der Gentechnik: Das Forschungsprojekt Schule-Ethik-Technologie (SET). Das Forschungsdesign. In: Behrendt H (ed) Zur Didaktik der Chemie und Physik. Leuchtturm-Verlag, Alsbach, L18:143–145

Selman RL (1984) Die Entwicklung des sozialen Verstehens – Entwicklungspsychologische und klinische Untersuchungen. Suhrkamp, Frankfurt am Main

Skorupinski B (1996) Gentechnik für die Schädlingsbekämpfung. Eine ethische Bewertung der Freisetzung gentechnisch veränderter Organismen in der Landwirtschaft. Ferdinand Enke, Stuttgart

Waks LJ (1993) STS as an Academic Field and a Social Movement. Technology in Society 15:399–408

Wellensiek A, Schallies M (1997) Die Vermittlung von Urteilskompetenz als didaktische und methodische Aufgabe des naturwissenschaftlichen Unterrichts. In: Behrendt H (Hrsg) Zur Didaktik der Chemie und Physik. Leuchtturm-Verlag, Alsbach, L17:146–148

Yager RE, Tamir P, Huang D-S (1992) An STS Approach to Human Biology Instruction Affects Achievement, Attitudes of Elementary Science Majors. The American Biology Teacher 54(6):349–355

Yager RE, Myers LH, Blunck SM, McComas WF (1992) The Iowa Chautauqua Program: What Assessment Results Indicate About STS Instruction. Bull. Science, Technology and Society 12:26–38

Yager RE, Tamir P (1993) STS Approach: Reasons, Intentions, Accomplishments, and Outcomes. Science Education 77(6):637–658

4 Ethik der Tugend und Soziobiologie – eine realistische Perspektive?

M. Brumlik
Erziehungswissenschaftliches Seminar, Universität Heidelberg

4.1
Eine Theorierenaissance

> „Ich sage ihnen, ich habe es satt, tugendhaft zu sein, weil nichts klappt, entsagungsvoll, weil ein unnötiger Mangel herrscht, fleißig wie eine Biene, weil es an Organisation fehlt, tapfer, weil mein Regime mich in Kriege verwickelt. Kalle, Mensch, Freund ich habe alle Tugenden satt und weigere mich, ein Held zu werden."

Ziffels Stoßseufzer aus Brechts „Flüchtlingsgesprächen" scheint das Thema bis heute abschließend behandelt zu haben:

„Tugend" – das ist ein Begriff, der sowohl unangenehme Erinnerungen an muffige Sexualmoral erweckt als auch aufgeklärte Distanz zu einem schönheitstrunkenen Übermenschentum herausfordert. „Tugenden" – das scheinen Charaktereigenschaften zu sein, die als Gewissen in erzwungene Jungfräulichkeit oder als „virtú" in selbstsüchtiges Haschen nach Ruhm münden. Die Assoziationen treffen zu und verfehlen doch die Sache, um die es geht. Die Tugenden, so zeigt sich, erfahren eine Renaissance nicht nur im Rahmen jener Wertedebatte, die orientierungslose, westliche Gesellschaften im Zeitalter eines nach innen und außen grenzenlos gewordenen Kapitalismus führen. Es ist nicht mehr zu übersehen, daß dieser altehrwürdige Begriff inzwischen im Zentrum der praktischen Philosophie angekommen ist und dort eine vielversprechende Alternative zu den erschöpften und inkonsistenten Paradigmen von Utilitarismus und Kantianismus, von Deontologie und Konsequentialismus verheißt.

Dies zu bemerken bedurfte es nicht erst der deutschen Übersetzung von Aufsätzen der 1920 geborenen Oxforder Philosophin Foot (1997). Spätestens seit den Debatten um den Kommunitarismus und dem Erscheinen von MacIntyres „After Virtue" im Jahre 1981 sowie den Arbeiten von Taylor (1994) über starke Wertungen und die Quellen des modernen Selbst deutete sich an, daß die Frage nach den normativ ausgezeichneten Charaktereigenschaften von Personen nicht im engeren Bereich der politischen Philosophie verbleiben würde.

Es waren Entwicklungen des akademischen Feminismus während der entwicklungspsychologischen Auseinandersetzung um die Denkbarkeit einer weiblichen Moral, die das hierzulande des Konservativismus verdächtige Thema auf die Tagesordnung setzte.

4.2
Motivation, Charakter und Eigenliebe

Gegen Ende von Brechts Flüchtlingsgesprächen fordert Kalle den aller Tugenden müden Ziffel auf, mit ihm auf den Sozialismus anzustoßen, nicht ohne ihn vorher darauf aufmerksam gemacht zu haben, daß zum Erreichen dieses Zieles einiges nötig sein werde: „Nämlich die äußerste Tapferkeit, der tiefste Freiheitsdurst, die größte Selbstlosigkeit und der größte Egoismus."

Im Zentrum der Theorie der Tugenden steht ein Problem, das die reine, die kantianische Theorie der Moral glaubte, ins Fach der empirischen Psychologie abschieben zu können: die Frage nach der Motivation zu einem von Einsicht geleiteten Handeln. Aufgabe einer Theorie der Moral sei es, so die gängige Lesart, die mehr oder minder unbedingte Geltung von Kriterien richtigen Handelns, den „Moral Point of View" zu beweisen oder zu entfalten. Die Beantwortung der Frage, *ob und warum Menschen sich an diesen Kriterien orientieren*, sei dagegen Aufgabe der Wissenschaft.

Indem die Theorie der Tugenden dagegen mit dem Alltagsverstand darauf beharrt, daß der Kern aller Moral das *Tun* des Rechten sei, nimmt sie eine Frage auf, die die abendländische Philosophie spätestens seit Platos „Staat" beschäftigt hat und die innerhalb einer einsichtigen Lehre von den Kriterien richtigen Handelns nicht lösbar war: *Warum soll man überhaupt moralisch sein*, genauer, warum nicht nur moralisch denken, sondern auch moralisch handeln? Was veranlaßt einen Menschen, sein Selbstverständnis so zu bilden, daß er sich nur dann achtet, wenn er gemäß der Kriterien von Wohlwollen, Mitleid oder Gerechtigkeit handelt?

Den Utilitarismen, die durch ausdrückliche Berücksichtigung von Eigeninteressen das Motivationsproblem in ihre Begründung aufgenommen haben, gelingt es spiegelbildlich nicht, grundlegende Begriffe, wie die des Rechtes, nachzuvollziehen. Daß das Recht letzten Endes dem Nutzen aufgeopfert werden könnte, ist ein Einwand, den alle Ziselierungen – vom Handlungs- bis zum Regelutilitarismus – nicht widerlegen konnten. Vor allem aber, und das hat Rawls (1975) in seiner „Theorie der Gerechtigkeit" nachgewiesen, verfehlen die Utilitarismen ihr eigenes, nutzenorientiertes Gerechtigkeitsideal, da sie die dazu beanspruchte Instanz eines vorurteilsfrei abwägenden unparteiischen Beobachters, der die unterschiedlichen Eigeninteressen gewichtet, nicht konstruieren können. Rawls auf prudentialen Überlegungen zum angemessenen Eigeninteresse beruhende Konstruktion der Gerechtigkeit als Fairneß erweist sich entsprechend als ein Kantianismus nicht der Form, sondern der Inhalte. Darin folgen ihm die Diskursethiker, die mit guten Gründen auf der Legitimität aller einzubringenden Interessen beharren.

Für eine Theorie der Tugend spricht zudem, daß sie ein meist vergessenes, aber um so dramatischeres Problem offen anspricht: das Verhältnis von Eigen-, Nächsten- und Fernstenliebe. Schließlich zeichnen sich Kantianismus und alltägliche Intuition dadurch aus, daß sie unter Moral wesentlich selbstlose Einstellungen verstehen, während die Utilitarismen in dieser Frage zwar umfassender argumentieren, jedoch das Gewichtungsproblem nicht lösen können: Sogar wenn meine wohlverstandenen Eigeninteressen zu berücksichtigen sind, von welchem Punkt an sind sie dann gegenüber dem Gemeinwohl zurückzustellen?

Die Theorie der Tugend antwortet auf diese moraltheoretischen Probleme mit einem Rückgang von Kant über Hume zu Aristoteles. Sie konzeptualisiert Moral als Inbegriff der Kriterien und Dispositionen gerechten Handelns mithin als einen wesentlichen, aber eben nur einen *Teil* des guten Lebens und weist darauf hin, daß unsere wertenden Haltungen bezüglich der Verteilung und Zumutbarkeit von Rechten, Pflichten und Gütern zunächst in vorreflexiven, moralischen Gefühlen, die in einem Sachverhalte bewerten und zum Handeln drängen, wurzeln. In einer Theorie des *komplexen Naturalismus* läßt sich zeigen, daß sowohl Eigen- als auch Nächstenliebe sowohl das Streben nach kognitiv ausgewiesenen Verteilungsregeln für alle als auch besondere Loyalitäten zu Freunden und Verwandten wesentliche, unaufgebbare und unausrottbare Dispositionen der Gattung Mensch darstellen. Es gehört zum Lebensvollzug der Angehörigen dieser Gattung, sich je neu und dem Stand gesellschaftlicher Differenzierung entsprechend in unterschiedlichen Sphären auf unterschiedliche Verteilungs- und Zumutbarkeitsregeln einigen zu müssen.

Tugenden lassen sich dann – unabhängig davon, ob man das klassische Gespann von Gerechtigkeit, Mut, Klugheit, Besonnenheit sowie Glaube, Liebe und Hoffnung oder einen anderen Kanon in Betracht zieht – als das *Ensemble jener individuellen Verhaltensdispositionen* analysieren, *deren Zusammenspiel ein befriedigendes menschliches Leben* verheißt. Wohlbemerkt: ein Ensemble! Eine Tugend tritt niemals alleine auf – Tugenden haben es an sich, in welcher Kombination auch immer, nur in Verbindung mit anderen aufzutreten. Dort, wo eine Tugend verabsolutiert wird, wie etwa das Streben nach Gerechtigkeit im Falle Michael Kohlhaas (v. Kleist), schlägt sie in Laster oder Sünde um. Heilige und Helden sind keine tugendhaften Menschen.

Tugenden sind auch nicht – wie vielfach mißverstanden – einfach der individuelle Niederschlag vorausgesetzter Werte. Tugenden sind vielmehr *jene Eigenschaften von Personen, die es ihnen überhaupt gestatten, sich zu vorfindlichen Werten ihrem wohlverstandenen Eigeninteresse entsprechend verhalten* zu können.

4.3
Wirkliche Menschen und empirische Forschung

Dieser Aspekt ist für eine Moraltheorie, die sich auf wirkliche Menschen und nicht auf die von Utilitarismus und Kantianismus vorausgesetzten Fiktionen eines Homo oeconomicus bzw. eines Homo theologicus bezieht, von besonderer Bedeutung. Nachdem in der empirischen Moralforschung Kohlbergs Programm (1995) in vielen Hinsichten zusammengebrochen ist – sei es, daß die von ihm behauptete präkonventionelle Stufe bei Kindern kaum nachweisbar war, sei es bezüglich der kaum nachweisbaren motivationalen Kraft fortschreitender kognitiver Einsicht, sei es bezüglich der behaupteten Universalität der Stufen des moralischen Urteiles – treten Fragen nach moralischen Kontexten und Gefühlen wieder stärker in den Vordergrund. Dabei geht es nicht – wie man in der Kohlberg-

Gilligan Kontroverse meinen mochte um die differentialpsychologische Frage, ob Frauen als biologische Wesen eine andere Moral haben. In dieser Hinsicht hatte Kohlberg recht – die Antwort kann nur nein lauten. Wohl aber geht es um die Frage, ob grundsätzlich unterschiedliche Moraltypen – solche, die Gerechtigkeit eher an vermeintlich unparteiliche, abstrakte Prinzipien binden oder solche, die von wohlbegründeten, konkreten, unterschiedlich gewichteten Loyalitäten ausgehen – systematisch gleichwertig sind. Der systematische Vorrang *eines* bestimmten Verteilungsprinzips für alle Lebensbereiche – das hat nicht nur Walzer (1992) gezeigt – läßt sich jedenfalls nicht begründen. „Wer Gleichgültigkeit und Achtlosigkeit ablehnt, muß, so O'Neill, „anspruchsvollen Maßstäben gerecht werden; doch was diese Maßstäbe fordern, ist unweigerlich variabel und selektiv" (O'Neill 1996).

Was gerecht ist, erfährt in den Lebensbereichen von Politik und Öffentlichkeit eben eine ganz andere Bedeutung als in den von der systematischen, meist von Männern betriebenen Philosophie ausgesparten Welten von Familie, Freundschaft und Liebe. Erst eine Theorie der Tugenden kann darüber Aufschluß geben, welche Formen von Wohlwollen, Mitleid, Einsicht und Pflichtbewußtsein, welches Amalgam moralischer Gefühle und Einsichten das „moralische Selbst" von Menschen in ihrer ganzen Komplexität ausmachen.

4.4
Moralbegriffe

In diesem Sinne wird es – unabhängig von der Klärung des Begriffes der „moralischen Haltung" – um die Inhalte „moralischer" Überzeugungen gehen: Worauf verweisen die Akteure bei der Frage, warum sie gegebenenfalls ihre Eigeninteressen zurückstellen und für andere eintreten? Schließlich ist – unabhängig vom Inhalt der geäußerten Überzeugungen – die *Funktion* moralischer Überzeugungen und der ihnen entsprechenden Handlungen/Unterlassungen für menschliche Individuen, Gemeinschaften und Gesellschaften in ihren jeweiligen Lebensvollzügen zu klären. Endlich ist in diesem Rahmen die Frage nach den Ursachen entsprechender individueller Dispositionen und den Randbedingungen, die zur Aktualisierung der entsprechenden Dispositionen führen, zu beantworten.

Im folgenden beschränke ich mich auf die Untersuchung der Funktion moralischer Überzeugungen bzw. der möglichen Ursachen entsprechend disponierter Handlungen und bemühe dazu zwei – einander entgegengesetzte – Theorieprogramme natur- bzw. sozialwissenschaftlicher Herkunft: Das Programm einer Evolutionsbiologie prosozialen Verhaltens (Voland 1993) sowie das Programm einer verstehenden Entwicklungspsychologie der moralischen Urteilsbildung. Dabei soll die von Dawkins (1978) inspirierte Soziobiologie altruistischen Verhaltens die Frage nach der Funktion der Moral beantworten, während das von Piaget initiierte und von Kohlberg (1995) entfaltete Paradigma des „Genetischen Strukturalismus" Antworten auf die Frage nach den Ursachen moralischer Einsicht verheißt. Wenn es gelingt, die Beobachterperspektive der Soziobiologie mit den Teilnehmerperspektiven des Genetischen Strukturalismus so zu verschränken, daß deutlich wird, warum die Gattung zu ihrer Reproduktion auf eine gruppenbezogene Moral angewiesen ist, und die Individuen dieser Gattung gleichwohl gänzlich uneigennützige Handlungen an den Tag legen können, wäre die Frage nach einer anthropologischen Basis der Moral vorläufig beantwortet. Es würde sich zeigen, daß die nach unserem bisherigen Wissen nur der Gattung Mensch teilhaftige Disposition, prosoziales Verhalten entgrenzen und reflexiv – meist sprachlich reflexiv – begründen zu können, in keinem Widerspruch zu dem evolutionär bisher erfolgreichen Eigennutz steht. In einem stimmen evolutionsbiologische Altruismusforschung und kognitiv-empirische Moraltheorie überein: Sowohl Nepotismus als auch ausweisbares moralisches Handeln, das den unmittelbaren Eigennutz übersteigt, sind Verhaltensweisen, die sich weder auf bestimmte historische Epochen noch gar auf bestimmte Kulturkreise beschränken lassen, sondern in allen bisher bekannten menschlichen Gesellschaften vorkommen. Ob mit dem Hinweis auf eine anthropologische Basis freilich das kantische Problem, daß nur solches Handeln als moralisch zu bezeichnen sei und daß keinerlei empirisch nachweisbaren Motiven, sondern nur einem reinen guten Willen zu verdanken sei, erledigt ist, ob also der Hinweis auf universelle Dispositionen auch nur das mindeste dazu beitragen kann, solches Handeln zu begründen, soll einer abschließenden Überlegung vorbehalten bleiben.

4.5
Evolutionsbiologie

Eine naturwissenschaftliche Erklärung menschlichen Verhaltens, die sich nicht nur für die jeweiligen situativen Auslöser von Verhaltensweisen, sondern für ihre naturgeschichtliche Entstehung interessiert, ist seit mindestens einhundert Jahren auf ein darwinistisches Theorieprogramm verwiesen. Wie für beliebige körperliche Merkmale gilt auch für Verhaltensdispositionen, daß sie im Lauf der Evolution durch die Mechanismen von Mutation, Selektion und Adaptation entstanden sind. Und wie für körperliche Merkmale gilt auch für Verhaltensdispositionen, daß sie in dem Ausmaß erhalten bleiben, wie sie im Rahmen einer größeren oder kleineren ökologischen Nische die Gesamtfitneß einer biologischen Trägergröße erhöhen. Für die Frage nach der anthropologischen Basis einer universalistischen Moral kann es dann nur um die Funktion prosozialer oder altruistischer Verhaltensweisen gehen. Warum haben Lebewesen, denen es nach Maßgabe des darwinistischen Theorieprogramms vor allem darauf ankommen müßte, ihren eigenen Nutzen zu steigern, Verhaltensdispositionen ausgebildet, die prima facie anderen nützen? Um dieses Problem zu lösen, sind zuvor zwei andere Fragen zu klären:

1. Welches ist überhaupt die „biologische Trägergröße", der das Entstehen prosozialer oder altruistischer Verhaltensdispositionen nützt?
2. Wer sind die jeweiligen „anderen", denen gegebenenfalls altruistische Verhaltensweisen zugute kommen?

Als „Trägergröße" kommen prinzipiell drei Entitäten in Frage. Je nachdem, welche dieser Entitäten gewählt wird, wird man zu einer anderen Einschätzung der Generalisierung und Entgrenzung prosozialer Verhaltensweisen sowie zu einer anderen Bewertung des Altruismus in normativer Hinsicht gelangen. In Frage kommen grundsätzlich:

- der einzelne tierische oder menschliche Organismus,
- eine tierische oder menschliche Sozietät,
- eine spezifische Kombination von Chromosomensätzen, d.h. ein Gen.

Als Kandidaten für die „anderen" kommen

- unmittelbar genetisch verwandte Organismen,
- genetisch nicht unmittelbar verwandte, aber der gleichen Art zugehörige Organismen sowie
- Organismen, die innerhalb der gleichen Art erhebliche phänotypische Differenzen aufweisen bzw. sogar einer anderen biologischen Art angehören

in Frage. Grundsätzlich kommt bei der Erwägung der „biologischen Trägergröße" der je einzelne tierische oder menschliche Organismus deshalb nicht in Frage, da altruistische Verhaltensweisen ganz offensichtlich bis zur Aufopferung, das heißt bis zum biologischen Tod des sich altruistisch verhaltenden Organismus gehen können und damit die zugrundeliegende Annahme eines nützlichen Verhaltens sofort widerlegen würden. Wäre die „biologische Trägergröße" der einzelne Organismus, so wären Fälle der Übertragung von Nutzen auf andere Organismen nicht zu verstehen. Unabhängig davon, ob extreme Verhaltensweisen der Selbstgefährdung und des Selbstopfers häufig vorkommen oder nicht, hat die Theoriebildung aber gerade von diesen extremen Fällen auszugehen: Eine naturwissenschaftliche Erklärung prosozialen Verhaltens , die diese Fälle nicht subsumieren kann, wäre von zu geringer Reichweite. Somit verbleiben Sozietäten oder Gene als Trägergrößen. Auf der Basis beider Bezugsgrößen sind eigene Theorieprogramme entstanden: Die in der Tradition von Lorenz entstandene Verhaltensforschung oder Verhaltensbiologie (Lorenz 1992) geht vom funktionalen Nutzen altruistischer Verhaltensweisen für das Überleben von genetisch weitgehend homogenen Sozietäten, das heißt von Gruppen aus, während die vor allem mit den Namen von Wilson (1975) und Dawkins (1978) verbundene Soziobiologie die altruistischen Verhaltensweisen von Organismen ganz und gar im Dienst der Replikationswahrscheinlichkeit einzelner Gene sieht.

Im Rahmen des verhaltensbiologischen Programms sind die „anderen" zunächst andere Angehörige der jeweiligen Sozietät sowie Angehörige anderer, genetisch mehr oder minder artgleicher Sozietäten, während die „anderen" im Rahmen der Soziobiologie jeweils die sind, die bei der Konkurrenz um knappe Ressourcen weniger gemeinsame genetische Merkmale haben als die jeweils biologisch am nächsten verwandten Exemplare. Während also die Verhaltensbiologie auf eine „Binnenmoral" der jeweiligen Sozietät hinausläuft, läuft die Soziobiologie auf eine „Moral" des graduell abnehmenden Nepotismus heraus. Die Kehrseite altruistischer oder prosozialer Verhaltensweisen sind eigensüchtige oder aggressive Verhaltensweisen: Das verhaltensbiologische Programm setzt aggressive und destruktive Verhaltensdispositionen – mindestens im Tierreich – vor allem jenseits der innersozietären Grenzen an, während die Soziobiologie aggressive und destruktive Verhaltensweisen immer dort prognostizieren wird, wo Entscheidungen zwischen mehr oder minder genetisch verwandten Exemplaren bei der Versorgung mit knappen Ressourcen anstehen.

Tatsächlich sind es die Ergebnisse der Erforschung destruktiver Verhaltensweisen vor allem – aber nicht nur – bei Primaten gewesen, die die systematische Überlegenheit der Soziobiologie über die Tierverhaltensforschung erwiesen hat. Die insbesondere von Lorenz und seiner Schule (Lorenz 1955) immer wieder propagierte Annahme, daß innersozietäre Tötungshandlungen vor allem eine Eigenschaft der durch ihr Großhirn und ihre Instinktentgrenzung gekennzeichneten Gattung „Mensch" sei; hingegen bei fast allen anderen Tierarten – von Wölfen bis zu Primaten – eine innersozietäre, instinktive Tötungshemmung herrsche, hat sich empirisch als falsch erwiesen. Tatsächlich lassen sich – keineswegs nur bei Primaten – folgende, wenngleich selten und nur schwer beobachtbare Verhaltensweisen belegen: Das Töten von Rivalen in Konfliktsituationen, das selektive Töten von artgleichem Nachwuchs, das Töten von selbstgezeugtem Nachwuchs sowie das Töten von nicht selbst gezeugtem Nachwuchs (Vogel 1989). Sogar bei den von Lorenz hochgeschätzten Wölfen laufen beispielsweise untergeordnete Weibchen Gefahr, daß ihre Jungen von einem Leittierweibchen getötet werden. Andererseits haben umfangreiche kriminologische Reihenuntersuchungen vor allem bei Tötungshandlungen, aber auch bei Fällen von Kindesmißbrauch und Kindesmißhandlung innerhalb von menschlichen Familien gezeigt, daß in den meisten Fällen Täter und Opfer genetisch nicht miteinander verwandt waren. Gewalt zwischen Stiefeltern und Stiefkindern – sowohl sexuell als auch nicht sexuell – ereignet sich im ungünstigsten Fall gleichermaßen häufig wie in miteinander verwandten Familien, obwohl Stieffamilien insgesamt sehr viel seltener vorkommen als miteinander blutsverwandte Familien (Daly u. Wilson 1988).

Wenn als Motiv sowohl aggressiven als auch prosozialen Verhaltens das Selbstbehauptungsinteresse des einzelnen Organismus bzw. einer biologisch ohnehin nicht klar abgrenzbaren Einheit im Rahmen einer vermeintlichen Gruppenselektion entfallen, bleibt als Referenzgröße nur noch das einzelne Gen übrig, woraus eine empirisch gehaltvolle Tautologie resultiert (Dawkins 1978):

> ...auf der Ebene des Gens muß Altruismus schlecht und Egoismus gut sein .... Gene kämpfen mit ihren Allelen unmittelbar ums Dasein, da ihre Allele im Genpool Rivalen für ihren Genort auf den Chromosomen zukünftiger Generationen sind. Jedes Gen, welches sich so verhält, daß es seine eigenen Überlebenschancen im Genpool auf Kosten seiner Allele vergrößert, wird definitionsgemäß dazu neigen, zu überleben – das ist eine Tautologie. Das Gen ist die Grundeinheit des Eigennutzes.

Die kontraintuitive Konsequenz dieser Betrachtungsweise besteht in der Konzeptualisierung des einzelnen tierischen oder menschlichen Organismus als Träger- und Replikationsmaschine für Gensätze. Alle Verhaltensweisen, die animalische Organismen an den Tag legen, sind mithin nur unter der einen Frage zu beurteilen: In welcher Hinsicht und in welchem Ausmaß nützt das an den Tag gelegte Verhalten der Streuung bzw. der Replikation der eigenen Gene? Jene Dispositionen jedenfalls, die bisher als Ausdruck von Selbstbehauptungs- und überlebensimperativen des einzelnen Organismus galten, werden jetzt als evolutionär erfolgreiche Strategie von Chromosomensätzen angesehen, sich zeitweilig unter riskanten Bedingungen zu erhalten, zu stabilisieren und zu multiplizieren. Die Frage nach der Moral, nach prosozialem oder altruistischem, nach aggressivem oder egoistischem Verhalten verwandelt sich so in die Frage nach den strategischen Programmen für erfolgreiche Überlebensmaschinen. Die darwinistische, das heißt auf Annahmen über Mutation, Variation und Selektion beruhende Theorie der Evolution kann dann zu gar keinem anderen Schluß kommen, als daß genau die Strategien, die heute bei einzelnen Individuen beobachtbar sind, bisher tatsächlich gegenüber anderen Strategien erfolgreich gewesen sind.

Zur abschließenden Konzeptualisierung prosozialer bzw. sozial bezogener Verhaltensweisen ist freilich noch eine weitere Annahme einzuführen. Evolutionär erfolgreich sind genau jene Gene, die ihresgleichen mit geringen Variationen replizieren und Programme für ihre Überlebensmaschinen erstellen können und zudem bei diesen Maschinen Kennungen und Unterscheidungen von Verwandten und Fremden mit prosozialen Verhaltensdispositionen so koppeln, daß von allen möglichen Organismen genau jene in ihrem Überleben gefördert werden, die das gleiche oder ein möglichst ähnliches genetisches Programm aufweisen. Damit impliziert die Soziobiologie für evolutionär erfolgreiche Exemplare eine optimale Ausbildung der Fähigkeit, Verwandtschaftsgrade richtig einzuschätzen. Die Fähigkeit zur richtigen Einschätzung von Verwandtschaftsgraden in Verbindung mit der richtigen Einschätzung der Überlebenswahrscheinlichkeit des je verwandten Individuums bzw. der angemessenen Einschätzung, Attraktion und Stabilisierung eines nicht verwandten Individuums als Replikationspartner oder überlebensdienlicher Maschine für das eigene Programm wird durch Weiterexistenz von Genen in weiteren Überlebensmaschinen prämiert.

Als Konsequenz aus diesen Überlegungen bleibt nur der Schluß übrig, daß bestimmte Arten prosozialen Verhaltens in diesem Sinne evolutionär funktional waren und die jeweiligen Kosten-Nutzen-Entscheidungen – im Durchschnitt und bezogen auf das jeweilige Biotop – optimale Ergebnisse erbracht haben und auch erbringen, da sonst anderweitig die jeweiligen Trägermaschinen nicht mehr existierten. Dieses gut geprüfte und weitgehend konsistente Modell altruistischen Verhaltens im Paarungs-, Fortpflanzungs-, Brutpflege- und Aufzuchtbereich der meisten Tiergattungen einschließlich der höheren Primaten wird im folgenden daraufhin zu befragen sein, ob es sich gleichermaßen schlüssig auf menschliche Verhaltensweisen anwenden läßt. Wird dabei nichtmoralanaloges Verhalten mit moralischem Handeln gleichgesetzt und damit ein kategorialer Fehlschluß begangen? Führt die soziobiologische Betrachtungsweise nicht in tautologischer Weise zum Ausschluß der Möglichkeit moralischen Handelns und definiert damit das, worum es eigentlich gehen sollte, von allem Anfang nicht empirisch, sondern einfach begrifflich hinweg? Das ist nicht der Fall. Die Soziobiologie kann genau bestimmen, worin moralisches Handeln in einem gehaltvollen Sinn bestünde: Vollkommen altruistisch verhielte sich ein animalischer Organismus dann, wenn alle seine Verhaltensweisen ausnahmslos weder dem eigenen Überleben noch der Replikation der eigenen Gene, sondern dem Überleben anderer, eventuell sogar feindlicher Organismen und der Unterstützung der Replikation anderer Gene gälten.

Ist also moralisches Handeln mit vollkommenem Altruismus gleichzusetzen? Womöglich besteht die Möglichkeit eines Brückenschlages zwischen soziobiologischen und moraltheoretischen Erwägungen genau darin, „Moral" – auch die universalistische Moral – anders denn nur als vollkommenen Altruismus zu konzeptualisieren?

4.6
Eine universelle Entwicklung der moralischen Urteilsfähigkeit?

Der Evolutionsbiologie prosozialen Verhaltens, das sich im Bereich der Tiere als „moralanalog" bezeichnen läßt, geht es um eine phylogenetische Erklärung entsprechender Verhaltensdispositionen.

Die Erklärung individueller moralischer Fähigkeiten von Menschen hat demgegenüber ihre größten Erfolge in einer ontogenetischen Theorie des Verstehens, Begründens und Anwendens einer Semantik von Begriffen wie „gut" und „gerecht" gefunden. Aus dem Umstand, daß sich eine entsprechende Semantik in allen menschlichen Gesellschaften finden läßt und daß auch die Muster der Abfolge entsprechender sprachlicher Verwendungsstrategien in sehr vielen menschlichen Gesellschaften nachweisbar sind, hat die von Kohlberg und seiner Schule begründete Theorie der „Entwicklung des moralischen Urteiles" den Schluß gezogen, daß es sich hierbei um eine universelle Kompetenz von in menschlichen Gesellschaften sozialisierten Akteuren handelt (Kohlberg 1995).

Im Unterschied zur Evolutionsbiologie verfährt die im Paradigma des Genetischen Strukturalismus angesiedelte Theorie nicht phylo-, sondern ontogenetisch, nicht beobachtend, sondern verstehend, nicht reduktionistisch, sondern phänomenologisch, nicht funktionalistisch, sondern intentionalistisch. Ihr Gegenstand ist nicht die Gattung Mensch, sondern das einzelne sozialisierte menschliche Individuum, nicht beobachtetes Verhalten, sondern geäußerter sprachlicher Sinn. An die Stelle beliebiger „Dispositionen" tritt die Frage nach „Kompetenzen", also sprachlich rekonstruierbarer Regelsysteme. Darüber hinaus basiert dieses Theorieprogramm auf einem sozialkonstruktivistischen Grundgedanken: Kompetenzen werden als Ergebnis nicht einer phylogenetischen Evolution oder einer ontogenetischen Reifung angesehen, sondern als Ergebnis der aktiven Auseinandersetzung sprachlich sozialisierter Menschen mit ihrer sozialen und dinglichen Umwelt. Unter diesen Vorannahmen postuliert die Schule des Genetischen Strukturalismus eine universelle Entwicklungslogik des moralischen Urteiles, das sich in drei mögliche Formen zerlegen läßt, die ihren Ausgangspunkt von den moralischen Üblichkeiten einer Gesellschaft, genauer, von den in ihr für üblich gehaltenen Regeln zur Beurteilung moralischen Handelns aus nehmen. Moralische Urteile sind jene sprachlichen Äußerungen, mit denen Akteure begründen, warum sie bestimmte Handlungen oder Unterlassungen für „gut" oder „gerecht" halten. Dementsprechend kann man die Prädikate „gut" oder „gerecht" entweder – präkonventionell – als Ausdruck individueller Leidensvermeidung bzw. Nutzenmehrung verstehen, sie – konventionell – als jene Wertungen ansehen, die jeweils im sozialen Nahbereich oder in einer größeren Gemeinschaft unbefragt gelten oder sie – postkonventionell – als Ergebnis einer reflexiven Klärung der möglichen Ansprüche aller Mitglieder einer Gesellschaft fassen, denen bewußt ist, daß die Frage nach der Distribution von Gütern oder Übeln einer Regelsetzung folgen muß und sich nicht naturwüchsig ergibt.

Kohlbergs Theorie der Entwicklung moralischer Urteilsfähigkeit erweist sich somit als eine Entwicklungstheorie der Begründung moralischer Wertungen, weniger als eine Theorie dieser Wertungen selbst (Kohlberg 1995). Von Interesse sind daher weniger die *Inhalte* von Werturteilen, sondern ihre Form. Als individuelle Kompetenz, die sich von einer „Disposition" dadurch unterscheidet, daß sie als kognitives Konstrukt in ihren Strukturen beschrieben werden kann, folgt sie einer Entwicklungs*logik*. Das heißt, daß die einzelnen Stufen klar voneinander unterscheidbar sind und einander in einer unumkehrbaren Reihe folgen, und zwar so, daß die jeweils höheren Stufen die als vorausgegangen postulierten Stufen implizieren, nicht aber, daß eine „niedrigere" Stufe bereits eine zureichende Bedingung für das Erreichen der jeweils „höheren" Stufe darstellt.

„Wir behaupten" so zwei Schüler Kohlbergs im Jahr 1984, „daß es eine universell gültige Form des rationalen moralischen Denkprozesses gibt, der alle Personen, unter der Voraussetzung, daß die sozialen und kulturellen Bedingungen eine kognitiv-moralische Stufenentwicklung zulassen, Ausdruck verleihen können. Wir behaupten weiterhin, daß die Ontogenese in Richtung auf diese Form des rationalen moralischen Denkens in allen Kulturen in derselben schrittweisen, invarianten Stufenabfolge verläuft" (Levine u. Hewer 1995). Diese Bedingungen sind im Paradigma des Genetischen Strukturalismus inzwischen aufgeklärt. Demnach stellt die Kompetenz zum moralischen Urteilen eine mit einer eigenständigen Semantik von Zurechnung, Verantwortung und Regelgeltung kodierte Ausdrucksform der Fähigkeit zur empathischen Perspektivenübernahme dar (Selman 1984; Keller u. Edelstein 1993). Dabei scheinen nicht nur unterstützende, verhandelnde und Ambivalenzen zulassende Erziehungsstile gegenüber Kleinkindern in Familien eine hervorragende Rolle zu spielen, sondern auch – wie schon Piaget 1932 vermutet hat – die Gelegenheit, sich in „Peer Groups" auch mit der und über die dingliche Umwelt auseinanderzusetzen (Durkin 1995). Freilich soll nicht verschwiegen werden, daß empirische Untersuchungen im interkulturellen Kontext sowohl bezüglich der Inhalte moralischer Urteile als auch der Stufenabfolge als ganzer die Universalitätsthese belasten (Snarey 1985; Shweder 1991).

Das von Piaget inspirierte und von Kohlberg initiierte Paradigma des Genetischen Strukturalismus kann für die Frage nach der anthropologischen Basis der Moral mit einem konsistenten Theorieprogramm und überzeugenden empirischen Evidenzen für das universelle Vorliegen der Kompetenz zum Verstehen und Verwenden einer moralischen Semantik in unterschiedlich entwickelten Argumentationsmodi aufwarten. Damit ist weder die Frage nach der motivationalen Kraft dieser Kompetenz noch das Problem beantwortet, ob auf empathischer Perspektivenübernahme beruhendes Moralverständnis sich strukturell nur auf Gerechtigkeitsfragen oder nicht doch auch auf Aspekte der Fürsorge bezieht. Mit der Theorie der Entwicklung moralischer Urteilsbildung ist zweierlei gewonnen:

Erstens der Nachweis, daß nicht nur begrenzt-altruistisches Verhalten innerhalb menschlicher Sozietäten, sondern auch ein moralisches Verständnis dieses Verhaltens bei allen Menschen gegeben ist. Erst damit kann tatsächlich von einer anthropologischen Basis prosozialen Verhaltens als moralischen Handelns gesprochen werden.

Zweitens die keineswegs triviale Vermutung, daß überhaupt ein möglicher Zusammenhang zwischen moralischem Wissen und moralischer Motivation besteht.

Zu klären ist immerhin, ob moralisches Wissen nicht wenigstens eine notwendige Bedingung des prosozialen Handelns unter Menschen darstellt. Ließe sich dieser Nachweis führen, so wäre zugleich ein Teil der Kluft zwischen evolutionsbiologischer und sozialkognitivistischer Theoriebildung geschlossen. Dabei fällt der paradoxe Befund auf, daß die nachweisbaren Zusammenhänge von gemessenem konventionellen Urteil und moralischem Handeln sehr viel geringer sind als der Zusammenhang zwischen dem insgesamt sehr viel selteneren auftretenden postkonventionellen Wissen und dem einschlägig motivierten Handeln. Wenn überhaupt – so scheint die Forschung nahezulegen – wirkt moralisches Wissen vor allem dann handlungsmotivierend, wenn es postkonventionell strukturiert ist (Kohlberg u. Candee 1995).

4.7
Zur evolutionären Bedeutung des universellen Vorkommens einer universalistischen Moral

Eine Bewertung der von der Soziobiologie unterstellten Verhaltensmotive im Licht der Theorie moralischer Urteilsbildung bzw. der von dieser Theorie festgehaltenen möglichen Handlungsmaximen führt zu einem asymmetrischen Ergebnis. Die von der Soziobiologie unterstellten Verhaltensmotive lassen sich in der Sprache von Gründen und Argumenten bestenfalls als auf Nutzenmehrung zielende präkonventionell begründete Strategien bewerten. Nachdem aufgrund theoretischer Überlegungen und empirischer Befunde im Bereich innerartlicher Aggression Soziobiologen die von der Lorenzschen Verhaltensforschung postulierte Theorie der Gruppenselektion widerlegen konnten, verbleibt nicht einmal mehr die Möglichkeit, Verhalten als gruppenfunktional und damit als schwach konventionell einzustufen. Biologisch – so scheint es – sind auch die Menschen auf eine präkonventionelle Moral des Nepotismus programmiert, wobei die von Kohlberg genannten Differenzierungen innerhalb der präkonventionellen Stufe, erst überlebensdienliche Übelvermeidung und anschließend reziprok nützliche Nutzenmehrung in Anschlag zu bringen sind.

Wie ist es umgekehrt mit einer soziobiologischen Bewertung anderer als der der präkonventionellen Verhaltensmotive bestellt? Im Fall stark familiär gebundener Kulturen im Rahmen segmentär strukturierter Gesellschaften, das heißt im Rahmen partikularer Gemeinschaften, in denen die Wahrscheinlichkeit einer genetischen Verwandtschaft von Familien-, Sippen- und Stammesmitgliedern noch vergleichsweise hoch ist, lassen sich auch noch stark gemeinschaftsbezogene Moralen der früh konventionellen Stufe als biologisch funktional ausweisen. Damit scheint umgekehrt zu gelten, daß stärker konventionelle oder gar postkonventionelle Moralen im Rahmen der Soziobiologie weder erklärbar noch prognostizierbar sind (MacDonald 1988). Damit liegt die Beweis- und Erklärungslast für die Ausbildung gehobener konventioneller oder gar postkonventioneller Moralvorstellungen auf einer Theorie der sozialen Evolution, die in ihren Grundannahmen nicht wesentlich von den neodarwinistischen Prinzipien der Soziobiologie abweichen dürfte.

Die Soziobiologie wartet hier mit zwei Erklärungsmodellen auf: einer spieltheoretischen Vermutung über den objektiven und allgemeinen Nutzen altruistischer Haltungen und altruistischen Verhaltens sowie einer Verbreiterung der Theorie genetischer Verhaltenssteuerung zu einer Theorie der Weitergabe und Stabilisierung von Information jedweder Art.

Die vor allem von Alexander entfaltete spieltheoretische Lesart geht von der auch anderweitig nachgewiesenen Funktion von Lügen, Täuschung und Selbstbetrug im Prozeß der Evolution aus (Sommer 1992). Altruistisches Verhalten sowie das den individuellen Altruismus stabilisierenden und motivierenden Normensystem lassen sich dann dadurch erklären, daß die Generalisierung altruistischer Verhaltensbereitschaften institutionell der Stabilisierung indirekter Reziprozität gleichkommt. In immer unübersichtlicher werdenden und bezüglich der Verwandtschaftskennung ungünstigen stratifizierten oder funktional differenzierten Gesellschaften mit hoher Mobilität stellt die Täuschung beliebiger anderer über den Grad des eigenen Altruismus eine nützliche Strategie dar. Darüber hinaus wird durch generalisierten und normativ stabilisierten Altruismus das Risiko des Getäuschtwerdens über Verwandtschaftsnähe vermindert. Schließlich (Alexander 1983):

> ...jeder wird sich bemühen, altruistischer zu erscheinen, als er es ist.... dieser Anschein – soweit glaubhaft – wird mit größerer Wahrscheinlichkeit zu direkten sozialen Belohnungen führen als alles andere. Auch wird er eher die anderen zu altruistischem Verhalten bewegen. Wenn diejenigen, mit denen man Umgang hat, altruistisch sind, kann man es sich leisten, auch selbst altruistischer zu sein, als wenn dies nicht der Fall ist. Jedem müßte also daran gelegen sein, altruistischer als jeder andere zu erscheinen; denn bei einem höheren Grad von Altruismus können sich alle wohler fühlen, als es sonst der Fall wäre.

An diesem Punkt koinzidieren Soziobiologie und Genetischer Strukturalismus: Die der Theorie moralischer Urteilsbildung vorausgesetzte Theorie sozialen Verstehens nimmt einen Prozeß zunehmender Fähigkeit zu Empathie und Perspektivenübernahme im Verlauf der Sozialisation bis zu einer möglichen Stufe vollständiger Reziprozität an und kann entsprechende Entwicklungsniveaus unterscheiden (Selman 1984). Vollständige Reziprozität jedoch impliziert die Bereitschaft, andere Interessen soweit wie möglich zu berücksichtigen sowie die Erwartung an andere, die eigenen Interessen soweit wie möglich berücksichtigt zu bekommen. Die Maxime, sich auch dann entsprechend zu verhalten, wenn vollständige Reziprozität nicht gewährleistet ist, sich so zu verhalten, als sei vollständige Reziprozität garantiert, stellt dann den sozialen Kern einer Moral universeller Achtung dar.

Die systematische Schwierigkeit der sozialwissenschaftlichen Erklärung einer universalistischen, postkonventionellen Moral besteht darin, daß sie den deontologischen Charakter einer solchen Moral zu verfehlen scheint. Schon die Berücksichtigung von irgendwelchen Interessen auch des moralischen Akteurs selbst bringt systematisch unzulässige Nutzengesichtspunkte ins Spiel. Erweist sich somit am Ende nicht doch eine Mitleidsethik als konsistenter, die – wie Rortys Überlegungen (Rorty 1989) – auf die allgemeine, von Argumenten nicht getragene Ansteckungskraft von Empathie wie Mitleid setzt und dabei immerhin auf die nachweislich universelle Gebärden- und Gestensprache von Leid und Freude (Ekman 1984) setzen kann?

Eine auf derartige Impulse und die kulturell gelernte, kognitive, auf der Stufe des operationalen Denkens angesiedelte Fähigkeit zur zunehmenden Inklusion von Wesen, die derartige Leidgebärden an den Tag legen, bauende Moral scheint, so lautete das anfangs referierte Gegenargument, die Fremden in ihrer Fremdheit nicht zu berücksichtigen. In der Tat verfehlt eine Mitleidsethik, die auf bedingungslosen Altruismus baut, jene Restriktionen, unter denen interessierte und reflexive Lebewesen wie eben Menschen ihr Leben führen. Eine Mitleidsethik jedoch, die die Anerkennung auch des je eigenen Leidens und der je eigenen Interessen postulierte, hätte den Standpunkt entfalteter Reziprozität bereits angenommen und dem Umstand Rechnung getragen, daß auch die je individuelle Leidgebärde als Auslöser für helfendes Verhalten dienen soll.

Daß Menschen in der Lage sind, aufgrund anderweitiger Erwägungen und Interessen primitive Impulse zu altruistischem Handeln zu übergehen und daß die soziale Evolution deshalb zur Ausprägung und Stabilisierung von einschlägig generalisierten Erwartungshaltungen geführt hat, zeigt, daß bei Menschen altruistisches Handeln oder egoistisches Unterlassen nicht mehr instinktiv programmiert ist. Die damit entstehende Möglichkeit und Notwendigkeit deliberativer Entscheidungsprozesse von Individuen generieren die Kluft von Sein und Sollen und damit die Einsicht, daß aus noch so vielen Hinweisen auf die Funktion von altruistischen Verhaltensweisen kein zwingendes Argument wird, daß entsprechendes Verhalten kausal in Gang setzt.

Gleichwohl kann eine soziobiologisch instruierte anthropologische Perspektive plausibel machen, warum es im Grundsatz auch für den je einzelnen Akteur sinnvoll ist, sich jedem anderen Menschen gegenüber – direkt oder indirekt – prosozial zu verhalten. Ob sich eine an universellen Ansprüchen – und damit mutatis mutandis – orientierte Moral freilich mit der gleichen Wahrscheinlichkeit auf Dauer stabilisieren kann, wie das bisher bei den nicht miteinander verwandten Mitgliedern von Großgemeinschaften wie Staaten der Fall gewesen ist, läßt sich aus einer evolutionären Perspektive im Moment deshalb nicht beantworten, da die entsprechenden Modelle derzeit unter alles andere als vollständig transparenten Bedingungen miteinander konkurrieren und der Ausgang dieser Konkurrenz ungewiß ist.

4.8
Theoretische Schlüssigkeit und Materialismus

Eine von der Soziobiologie aufgeklärte Theorie der Tugend, die Eigeninteressen, die Funktion bindender Regeln sowie generalisierte altruistische Haltungen und Handlungsbereitschaften gleichermaßen in den Blick nimmt, vermag also im Unterschied zu den Reduktionismen von Kantianismus und Utilitarismus

- das Phänomen der Moral unverkürzt unter *Einschluß der motivationalen Frage* aufnehmen;
- die Frage nach der *sozialen Einbettung von Handlungsbereitschaften* in auf wechselseitiger Anerkennung beruhenden Gemeinschaften thematisieren
- sowie die bisher übersehene Frage nach dem Eigeninteresse der Individuen und somit *einer Bedingung ihres Glückes* konstitutiv zu integrieren;
- der Komplexität und Disparatheit moralischen Fühlens und Denkens von Personen in der Spannung *unterschiedlicher Sphären,* aber *eines* von ihnen *zu führenden Lebens* gerecht zu werden sowie
- umfassender und angemessener als bisher die *Kooperation mit einer empirisch fortgeschrittenen,* psychoanalytisch oder kognitivistisch verfahrenden *Moralpsychologie* aufzunehmen und damit den immer wieder eingeforderten Abschied von der Metaphysik abzuschließen.

Letzten Endes verbirgt sich hinter einer Theorie der Tugenden mit ihrer Betonung des Glücksanspruches der Individuen nichts anderes als die alte materialistische Einsicht, daß umfassende Gerechtigkeit nur dann eintreten wird, wenn die Individuen sie als Teil ihres Glückes verstehen.

Diese Einsicht muß nicht immer so grob daher kommen wie bei Kalle und Ziffel (Brecht). „Ich seh immer nur Handbücher", hielt Ziffel seinem Freund Kalle vor, „mit denen man sich über Philosophie und die Moral informieren kann, die man in den besseren Kreisen hat, warum keine Handbücher übers Fressen und die anderen Annehmlichkeiten, die man unten nicht kennt, als ob man unten nur den Kant nicht kennte!"

Literatur

Aristoteles (1972) Die nikomachische Ethik, DTV, München

Alexander RD (1983) Biologie und moralische Paradoxa. In: Gruter M, Rehbinder M (Hrsg) Der Beitrag der Biologie zu Fragen von Recht und Ethik. Duncker und Humblot, Berlin S 169

Brecht B (1998) Flüchtlingsgespräche. Suhrkamp, Frankfurt am Main

Daly M, Wilson M (1988) Homicide. De Gruyter, New York

Dawkins R (1978) Das egoistische Gen. Springer, Berlin Heidelberg New York

Dürkin K (1995) Developmental Social Psychology. Blackwell, Cambridge, pp 486 ff.

Ekman P (1984) Expression and the natur of emotion. In: Scherer KR, Ekman K (eds) Approaches to emotion. Erlbaum, Hillsdale, pp 319–344

Foot P (1997) Die Wirklichkeit des Guten. Moralphilosophische Aufsätze. Fischer, Frankfurt

Hume D (1989) Ein Traktat über die menschliche Natur. Meiner, Hamburg

Kant I (1956) Die Metaphysik der Sitten. In: Werke Bd. 7. Wissenschaftliche Buchgesellschaft, Darmstadt

Keller M, Edelstein W (1993) Die Entwicklung des moralischen Selbst von der Kindheit zur Adoleszenz. In: Edelstein W, Nunner-Winkler G (Hrsg) Moral und Person. Suhrkamp, Frankfurt am Main, S 307–334

Kleist H von (1996) Werke. Könemann, Köln

Kohlberg L (1995) Die Psychologie der Moralentwicklung. Frankfurt am Main

Kohlberg L, Candee D (1995) Die Beziehung zwischen moralischem Urteil und moralischem Handeln. In: Kohlberg L (Hrsg) Die Psychologie der Moralentwicklung. Suhrkamp, Frankfurt am Main, S 373 ff.

Levine C, Hewer A (1995) Zum gegenwärtigen Stand der Theorie der Moralstufen. In: Kohlberg L (Hrsg) Die Psychologie der Moralentwicklung. Suhrkamp, Frankfurt am Main, S 325 ff.

Lorenz K (1955) Über das Töten von Artgenossen. In: Jahrbuch der Max Planck Gesellschaft. Göttingen, S 105 ff.

Lorenz K (1992) Über tierisches und menschliches Verhalten. Piper, München

MacDonald KB (1988), Sociobiology and the Cognitive-Developmental Tradition in Moral Development Research. In: MacDonald KB (Ed) Sociobiolgical Perspectives on Human Development. Springer, New York Berlin Heidelberg, pp 140–167

MacIntyre A (1987) Der Verlust der Tugend. Zur moralischen Krise der Gegenwart. Campus, Frankfurt am Main New York

O'Neill O (1996) Tugend und Gerechtigkeit. Akademie Verlag, Berlin, S 250

Piaget J (1973) Das moralische Urteil beim Kinde. Suhrkamp, Frankfurt am Main

Plato (1998) Politeia. In: Werke Bd. 4. Wissenschaftliche Buchgesellschaft, Darmstadt

Rawls J (1975) Eine Theorie der Gerechtigkeit. Suhrkamp, Frankfurt am Main

Rorty R (1989) Kontingenz, Ironie und Solidarität. Suhrkamp, Frankfurt am Main

Selman R (1984) Die Entwicklung des sozialen Verstehens. Suhrkamp, Frankfurt am Main

Shweder RA (1991) Thinking through Cultures: expeditions in cultural psychology. Blackwell, Cambridge

Snarey JR (1985) Cross-Cultural universality of social-moral development: a critical research of Kohlbergian research. Psychological Bulletin 97:549–565

Sommer V (1992) Lob der Lüge, Täuschung und Selbstbetrug bei Tier und Mensch. Beck, München

Taylor C (1994) Die Quellen des Selbst. Die Entstehung der neuzeitlichen Identität. Suhrkamp, Frankfurt am Main

Vogel C (1989) Vom Töten zum Mord – Das wirkliche Böse in der Evolutionsgeschichte. Hanser, München, S 63 ff.

Voland E (1993) Grundriß der Soziobiologie. UTB, Stuttgart

Walzer M (1992) Sphären der Gerechtigkeit. Campus, Frankfurt am Main New York

Wilson EO (1980) Sociobiology. Harvard University Press, Cambridge

5 Entwicklung moralischer Urteils- und Handlungsfähigkeit im Bereich neuer Technologien

A. Wellensiek
Mathematisch-Naturwissenschaftliche Fakultät, Pädagogische Hochschule Heidelberg

5.1 Bestimmung des Gegenstandes

Der etwas „unhandlich" klingende Titel dieses Beitrages könnte durch Synonyma, wie „Technik und Moral", „Technologien verstehen und beurteilen" oder „Entwicklung eines angemessenen Technologieverständnisses", ersetzt werden. Keiner der genannten Titel faßt den Gegenstand jedoch so treffend zusammen wie die im angloamerikanischen Sprachraum existierende Bezeichnung „Valuing in Technology" (Conway u. Riggs 1994).

Für die Untersuchung moralischer Urteils- und Handlungsfähigkeit ist der Bereich von Biotechnologie und Gentechnik in besonderer Weise geeignet, Fragen über die Zulässigkeit oder Wünschbarkeit von Forschungs- und Entwicklungszielen sowie Anwendungen der Forschungsergebnisse zu thematisieren. Dabei sollte nicht übersehen werden, daß diese spezielle Debatte nur exemplarisch für eine gesamtgesellschaftliche Technologiediskussion steht, deren Implikationen hier aus einer speziellen Sichtweise erörtert werden sollen. Die Annäherung wird aus der besonderen Perspektive der Fachdidaktiken von Naturwissenschaften vorgenommen. Konkret: Was kann Schule bzw. was können die einzelnen Fachdidaktiken leisten, um Schüler auf ein angemessenes Technologieverständnis hin zu entwikkeln?

In diesem Zusammenhang ist die Frage: „Was ist Didaktik?" keineswegs trivial. In diesem Beitrag soll „Didaktik" als eigenständige und integrative Wissenschaft verstanden werden. Eigenständigkeit kommt ihr zu, da sie sich exklusiv mit der Frage beschäftigt: „Wer soll warum, wozu, was und wie lernen und lehren?" (Lemmermöhle 1995). Integrativ ist sie, da sie in bezug auf Inhalte und Methoden auf mehrere Bezugswissenschaften, wie z. B. verschiedene fachwissenschaftliche Disziplinen, Erziehungswissenschaft, Psychologie, Soziologie und darüber hinaus im speziellen Fall auch auf die Wissenschaftsethik, angewiesen ist.

Didaktik läuft Gefahr, reduktionistisch zu werden, wenn sie ihr Bemühen nur in den Dienst ihrer fachlichen Bezugswissenschaften stellt. Die Didaktiken der Naturwissenschaften, insbesondere bei dem Thema eines angemessenen Technologieverständnisses, mit der Wissenschaftsethik zu verschränken, ist offenkundig sinnvoll, da sich diese Disziplin „hauptamtlich" mit der Frage des reflektierten Umganges mit Technik beschäftigt. Diese Zusammenarbeit wurde im vorliegenden Fall eines interdisziplinären Forschungsprojektes *Schule – Ethik – Technolo-*

gie (SET) zwischen dem Zentrum für Ethik in den Wissenschaften der Universität Tübingen und der Pädagogischen Hochschule Heidelberg vereinbart[1]. Das Forschungsprojekt SET hat zum Ziel, die Frage eines angemessenen Technologieverständnisses theoretisch und dessen „Entwicklung" konkret in einem pädagogischen Experiment zu untersuchen. Es besteht daher aus zwei parallel verlaufenden Forschungsbausteinen: Der Forschungsbaustein „Wissenschaftsethik" untersucht die Rolle der Wissenschaftsethik im Ethikunterricht, der Forschungsbaustein „Modellversuch" dient der empirischen Erprobung in der Schule.

5.2
Zielebenen für das Untersuchungsfeld „Technologieverständnis"

5.2.1
Was ist allgemein unter einem angemessenen Technologieverständnis zu verstehen?

Die an die Disziplin „Wissenschaftsethik" gerichtete Frage: „Was ist ein angemessenes Technologieverständnis?" bringt folgenden Diskussionsstand hervor (Dietrich 1997[2]):

Ein Technologieverständnis ist dann aus wissenschaftsethischer Sicht angemessen, wenn es unter anderem

1. neben Faktenwissen und instrumenteller Abwägung die Ethik als Ebene der Reflexion umfaßt, und diese Ebene bewußt als solche eingesetzt wird,
2. Wissenschaft als methodisches Bemühen um Erkenntnis, als menschliches Handeln mit gesellschaftlicher Wirkung und als Institution begreift,
3. Probleme von Technologien als interdisziplinäre Probleme begreift und zu lösen versucht und
4. die Unterscheidung von technikorientiertem und von problemorientiertem Vorgehen kennt und umsetzen kann.

Punkt eins macht deutlich, daß das Verstehen von Technologien nicht durch die Vermittlung von Faktenwissen allein erreicht werden kann. Die Fähigkeit zu instrumenteller Abwägung bzw. zu ethischer Reflexion müssen hinzutreten. Es handelt sich hierbei um anspruchsvolle Denkprozesse, die komplexen Lernmechanismen unterliegen.

Die Anerkennung des zweiten Punktes, nämlich Wissenschaft nicht „reduktionistisch" aufzufassen, sondern als gesellschaftliches Subsystem zu begreifen, bedeutet das „Neutralitätsdogma" von Wissenschaft und Forschung endgültig aufzugeben. Wissenschaft und Forschung sind ohne öffentliche Alimentation nicht mehr denkbar. Deshalb sind wissenschaftliche Fakten nicht nur deskriptive Aussagen über einen Forschungsgegenstand, sondern gleichzeitig eine norma-

---

[1] Das Forschungsprojekt SET wird seitens des Bundesministeriums für Bildung, Wissenschaft, Forschung und Technologie (BMBF) für den Zeitraum 01.05.1996–30.04.1999 gefördert.
[2] Die Aufzählung ist ergänzt durch die Ausführungen von Düwell, Vortrag am 15.1.1998.

tive Aussage über ihre Erkenntniswürdigkeit (Bayertz 1991). Es ist mittlerweile die gefestigte Auffassung der gesamten Forschungsgruppe SET, daß die schulische Umsetzung dieses „reifen" Wissenschaftsbegriffes eine der zentralen Aufgaben der Didaktiken der Naturwissenschaften sein sollte.

Probleme von Technologien, Forschung und Wissenschaft als interdisziplinäre Probleme zu begreifen, ist ein dringendes Anliegen von Wissenschaftsethik. Das am Zentrum in Tübingen verfolgte Konzept der *Ethik in den Wissenschaften* fordert, die ethische Reflexion (natur-)wissenschaftlicher Probleme nicht „add-on" an die Ethik zu delegieren, sondern die ethische Reflexion soll integraler Bestandteil der jeweiligen (Natur-)Wissenschaft sein. Wissenschaftsethik soll nicht nachträglich in der Rolle des „Verhinderers" tätig werden, sondern soll als integraler Bestandteil und Gestalter von Forschung, Wissenschaft und Technologien mitwirken. Das Konzept der Interdisziplinarität wird der Multidisziplinarität bzw. Transdisziplinarität vorgezogen. Unter Interdisziplinarität versteht man, daß die Existenz von Fachdisziplinen (als sinnvolle Errungenschaft der Moderne) unbedingt erhalten bleibt. Die relevanten Disziplinen setzen sich untereinander in Beziehung, werden sich deshalb verändern und Grenzüberschreitungen vornehmen (Düwell 1998). Die Erfahrungen aus dieser neuartigen Kooperationsform sollten in die Didaktik als integrative Wissenschaft einfließen.

Auch die letzte These entstammt einer Debatte, die innerhalb der Wissenschaftsethik aktuell und kontrovers geführt wird. Bender et al. (1995) unterscheiden zwischen einem sog. technikorientierten (oder technikinduzierten) Ansatz, der sich mit den Chancen und Risiken einer vorhandenen, möglicherweise neuen Technik befaßt und dem sog. problemorientierten Ansatz, der die Frage nach dem zu lösenden Problem an den Anfang stellt und dann erst nach technischen Mitteln zur Lösung dieses Problems sucht. Bender et al. (1995) können eindrucksvoll am Beispiel der „Flavr-Savr-Tomate" zeigen, daß die beiden unterschiedlichen Zugänge zu völlig unterschiedlichen (entgegengesetzten) Bewertungen führen. Das von ihnen favorisierte Modell des problemorientierten Ansatzes stellt ein Strukturmodell gemeinsamer ethischer Urteilsbildung dar, das den Prozeß der Urteilsbildung fördern soll und nicht das abschließende Urteil im Vordergrund sieht.

Die eingangs dargestellte und eben erläuterte allgemeine Beschreibung stellt ein Set an kognitiv-strukturellen Kompetenzen dar, die als notwendige, aber nicht hinreichende Bedingung eines reifen Technologieverständnisses gelten können. Zur Aufklärung der moralischen Urteils- und *Handlungs*fähigkeit im Bereich neuer Technologien müssen die individuellen Voraussetzungen weiter beschrieben werden, die zwischen Urteilen und Handeln vermitteln.

5.2.1.1
Verantwortlichkeit als zentrale moralische Kategorie im Bereich moderner Technologien

Mit Hilfe einer speziellen Position der Wissenschaftsethik kann eine Konkretisierung dieser Fragestellung erreicht werden. Hierzu ist eine Arbeit erhellend, die sich mit der Frage der ethischen Bewertung der Freisetzung gentechnisch veränderter Organismen in der Landwirtschaft beschäftigt und dabei einige klärende

Bemerkungen zu Fragen des verantwortbaren Handelns bzw. der Möglichkeiten und Einschränkungen von Verantwortungswahrnehmung in Institutionen vornimmt (Skorupinski 1996):

> Als Urheber neuer technologischer Entwicklungen und durch den damit begründeten Wissensvorsprung sind Wissenschaftler in besonderer Weise qualifiziert und verpflichtet, zu diesen Entwicklungen Stellung zu beziehen und Verantwortung zu übernehmen. ... Für die Bewertung von Zielen, Zwecken und Folgen der Forschung hinsichtlich ihrer Wünschbarkeit oder Zumutbarkeit besitzen Wissenschaftler jedoch keineswegs mehr Kompetenz oder Autorität als andere Bürger.

Auf den ersten Blick ist man verleitet, an zwei Sozialisationsmodelle – eines für Experten und eines für Bürger – mit folgender Begründung zu denken:

1. Die besondere Verantwortlichkeit der Experten zielt in der Schule auf die Ausbildung zukünftiger Naturwissenschaftler. In diesem prodädeutischen Sinne (als wissenschaftliche Kompetenz) fallen dem naturwissenschaftlichen Unterricht der Oberstufe im Gymnasium besondere Aufgaben zu.
2. Die prinzipielle Gleichheit von Experten und Laien (alle Bürger) in Fragen der Wünschbarkeit und Zumutbarkeit (moralische Kompetenz) beinhaltet hingegen, daß Schüler *aller* Schularten einen Anspruch auf angemessene Vorbereitung in diesen Fragen haben.

Aus dem Bereich der Erziehungswissenschaft existieren für die Formulierung eines allgemeinen Bildungszieles Argumentationshilfen (Brumlik 1992):

> Die politischen Debatten in modernen Gesellschaften, in denen über die Zumutbarkeit zum Beispiel von Kernkraft oder über die Legitimation genetischer Grundlagenforschung gestritten wird, sind moralische Debatten, weil die Öffentlichkeit dem puren Verweis auf Sachzwänge nicht mehr folgen will.

Brumlik nimmt eine erziehungswissenschaftliche Zuspitzung vor, indem er das pädagogische Erkenntnisinteresse reduziert auf die Frage:

> Welches sind die individuellen Voraussetzungen zur Teilnahme an diesen öffentlichen (moralischen) Debatten und unter welchen Bedingungen entstehen sie?

Moralische Debatten können sinnvoller Weise nur dann moralisch sein, wenn die Teilnehmer „Moralität" besitzen. Menschen, die Moralität besitzen, sind in der Lage, die Konsequenzen ihres möglichen Handelns für andere Personen zu identifizieren, mit einem moralischen Ideal zu vergleichen (Klärung dessen, was getan werden sollte) und daraus die Handlung auszuwählen, der sie sich selbst verpflichtet fühlen. Dies gilt für Forscher und Bürger gleichermaßen, wollen sie ihre spezifischen Aufgaben in verantwortlicher Weise erfüllen. Womit die Frage nach unterschiedlichen Sozialisationsmodellen eindeutig mit nein beantwortet werden kann.

Das so konzipierte „moralische Subjekt" ist Gegenstand moralpsychologischer Forschungen und Ziel einer allgemeinen Moralerziehung, die ihren Ursprung in der von Piaget (1947) begründeten und von Kohlberg (1974) weiter ausgeführten Theorie moralischen Urteilens hat.

Es handelt sich hierbei um Denk- und Handlungsstrukturen, die den Individuen als formale „Kompetenz"[3] implizit zur Verfügung stehen. Der Versuch, diese Strukturen im folgenden konkreter und faßbarer zu machen, soll nichts an ihrem formalen Charakter ändern. Die hier durchgeführte didaktische Erörterung versteht sich grundsätzlich als Gegenentwurf zu allen an „Rezepten" orientierten Konzeptionen nach dem Muster „Wie streite ich richtig?".

Die englische Arbeitsgruppe Conway u. Riggs (1994) konstatiert im Zusammenhang mit ihrer didaktischen Forschung zu „Valuing in Technology": „People are often *unware* they are operating from a particular perspective or that they hold certain values." Sie fordern, deshalb folgende Fähigkeiten zum Ziel schulischen Lernens zu machen (deutsche Übersetzung in: Schallies u. Wellensiek 1995):

> Zu... erkennen, daß es eine große Bandbreite von Fakten und Zwängen in komplexen menschlichen, ökologischen und physikalischen Beziehungsgeflechten gibt und widersprüchliche Bedürfnisse auflösen zu müssen. Dies erfordert eine bewußte Auswahl von Kriterien und schließt wahrscheinlich die Diskussion darüber ein, was Lebensqualität und angemessene Lebensführung ausmacht. Reifes Verständnis für technologische Zusammenhänge wird deswegen die persönliche Fähigkeit abfördern, einander sich widersprechende Faktoren abzuwägen und Entscheidungen in bezug auf eigene Werte und Auffassungen und im Hinblick auf das, was anderen wertvoll und wichtig ist, zu rechtfertigen.

5.3
Wie ist ein angemessenes Technologieverständnis zu erreichen?

5.3.1
Entwicklungstheorien

Das eben beschriebene Bildungsziel entsteht nicht spontan oder durch Reifung allein, sondern entwickelt sich durch aktive Auseinandersetzung der Individuen mit ihrer dinglichen und sozialen Umwelt. Diese Auffassung entstammt einem Paradigma, das generell an (menschlicher) Entwicklung interessiert ist, dem Paradigma des „Genetischen Strukturalismus". Es wurde vor allem durch Piaget und Kohlberg geprägt. Piagets Theorie zur Entwicklung des logischen Denkens und Kohlbergs Theorie moralischer Urteilsfähigkeit stellen die theoretischen Grundlagen dar. Bedeutsame Weiterentwicklungen sind durch Selman (1984a) entstanden. Seine Theorie der Entwicklung sozialer Perspektivenübernahme und -koordination hat einen sehr fruchtbaren Beitrag zur Erweiterung und Strukturierung des Paradigmas geleistet. Man geht heute davon aus, daß auch der Kohlbergschen Theorie moralischer Urteilsfähigkeit Selmans Niveaus sozialer Perspektivenübernahme und -koordination zugrunde liegen. Mit anderen Worten: Kohlbergs Theorie ist als Inhalt am Beispiel „Gerechtigkeit" der Selmanschen Struktur sozialen Verstehens anzusehen.

---

[3] Der verwendete Kompetenzbegriff entstammt dem Theorieprogramm des Genetischen Strukturalismus in der Tradition Piagets und Kohlbergs (Kompetenz-Performanz-Paradigma).

5.3.1.1
Interpersonales Verstehen und Verhandeln

Diese kompliziert anmutende Lage läßt sich an dem von Selman eingeführten inhaltlichen Beispiel „Freundschaft" in der nachfolgenden Tabelle 5.1 gut verdeutlichen.

Tabelle 5.1. Entwicklungsmodell interpersonaler Kompetenz (Selman 1984b)

Niveaus interpersonalen Verstehens (am Beispiel des Inhaltes Freundschaft)	Niveaus der sozialen Perspektivenübernahme und -koordination	Niveaus des Gebrauches interpersonaler Verhandlungsstrategien
Gebrauch im Denken und Verstehen		*Gebrauch im Handeln*
	Niveau 0	
Freundschaft als momentane Spielkameradschaft	egozentrische oder undifferenzierte soziale Perspektivenkoordination	Strategien physischer Gewalt
	Niveau 1	
Freundschaft als einseitige Hilfeleistung	subjektive oder differenzierte soziale Perspektivenkoordination	Strategien einseitiger Befehle
	Niveau 2	
Freundschaft als Schön-Wetter-Kooperation	selbstreflexive oder reziproke soziale Perspektivenkoordination	Strategien gegenseitiger Beeinflussung
	Niveau 3	
Freundschaft als enge und gegenseitige Beziehung	Dritte-Person- oder gegenseitige soziale Perspektivenkoordination	Strategien der Kollaboration
	Niveau 4	
Freundschaft als Integration von Autonomie und Interdependenz	tiefenpsychologische oder gesellschaftlich-symbolische soziale Perspektivenkoordination	Strategien der Intimitätssicherung

Die mittlere Spalte stellt die grundlegende und sich entwickelnde kognitive Kompetenz dar, sich selbst und andere wahrzunehmen und die Wahrnehmung zu koordinieren. Als notwendige Bedingung „steuert" sie u. a. das Denken und Verstehen in inhaltlichen Bereichen, wie z. B. in dem Bereich „Freundschaft" (siehe linke Spalte). Diese Kompetenz gilt als allgemeine Fähigkeit des Individuums, die nicht mehr ohne weiteres verloren geht. In der dritten Spalte legt Selman (1984b) ein den Denkstrukturen korrespondierendes Modell interpersonaler Verhandlungsstrategien vor. Dieser Entwurf nimmt sich der impliziten Kritik an kognitiven Moraltheorien an, keine sicheren Voraussagen für das Handeln zu ermöglichen. Dies betrifft das Verhältnis von Urteil und Handeln, das sich im weiteren Verlauf als zentraler Forschungsgegenstand im Bereich moralpädagogischer Forschung herauskristallisiert hat.

5.3.1.2
Valuing in Technology

Die bereits genannte englische Arbeitsgruppe Conway u. Riggs (1994, deutsche Übersetzung in Schallies et al. 1997) hat ihre empirischen Ergebnisse zusammengetragen und in ein aus zehn Stufen bestehendes Modell überführt. Dieses wurde zusammengefaßt und mit der Hypothese versehen, daß es den Selmanschen Niveaus der sozialen Perspektivenübernahme ebenfalls als Inhalt zugeordnet werden kann:

Niveau 0

Kleine Kinder beginnen mit Ausführungen von Aktivitäten unter Übernahme von Aufgaben in der vertrauten Umgebung und beschreiben und fertigen Dinge auf der Basis dessen was sie sehen und mögen.

Niveau 1

Später beginnen sie Unterschiede und Vielfalt wahrzunehmen und können äußern, weshalb sie eine Sache einer anderen vorziehen. Sie sind dann auch in der Lage, was sie getan haben mit ihren ursprünglichen Vorstellungen und Ideen zu vergleichen und darüber nachzudenken, ob sie mit dem Ergebnis zufrieden sind.

Niveau 2

Auf der nächsten Ebene wächst die Bereitschaft, sowohl das wahrzunehmen, was andere Personen zu benötigen glauben als auch mit anderen an einer gemeinsamen Aufgabe zu arbeiten. In beiden Fällen sind die Bereitschaft zur Fürsorge und zur Anteilnahme gefordert, Fähigkeiten, die weiterentwickelt werden, indem die Schüler versuchen, die Werte, die zu ihrer Wahl geführt haben, herauszufinden, insbesondere in bezug auf Erwartungen und Vorlieben anderer.

Niveau 3

Die Wahrnehmung kultureller Unterschiede wird gefördert, indem Schülerinnen und Schüler Fähigkeiten wie Zuhören, Zusammenarbeit und Urteilsvermögen in neuen Zusammenhängen erproben. Dies wird zur Ausbildung ihrer Fähigkeit beitragen, die Auswirkung von Technologie ihrer eigenen und die der anderen auf die Umwelt und Lebensqualität abschätzen zu können.

Niveau 4

Zu... erkennen, daß es eine große Bandbreite von Fakten und Zwängen in komplexen menschlichen, ökologischen und physikalischen Beziehungsgeflechten gibt und widersprüchliche Bedürfnisse auflösen zu müssen. Dies erfordert eine bewußte Auswahl von Kriterien und schließt wahrscheinlich die Diskussion darüber ein, was Lebensqualität und angemessene Lebensführung ausmacht. Reifes Verständnis für technologische Zusammenhänge wird deswegen die persönliche Fähigkeit abfordern, einander sich widersprechende Faktoren abzuwägen und Entscheidungen in bezug auf eigene Werte und Auffassungen und im Hinblick auf das, was anderen wertvoll und wichtig ist, zu rechtfertigen.

In der „Sprache" des Genetischen Strukturalismus handelt es sich bei dieser Darstellung um die Entfaltung einer Entwicklungslogik, der eine spezifische Idee der Stufenabfolge zugrunde liegt. Die einzelnen Stufen folgen einander in der Weise, daß die Reihenfolge unveränderlich ist, daß keine Stufe übersprungen werden kann und daß auch – von wenigen Ausnahmen abgesehen – kein Rückfall von einer einmal erreichten Stufe möglich ist. Die empirische Verifikation von Entwicklungsstufen (das epistemische Subjekt) war lange Zeit zentrale Fragestellung des Genetischen Strukturalismus. Sie hat in der neueren Forschung an Stellenwert verloren. Es ist eine Hinwendung zur Aufklärung der Prozesse erfolgt, die die Entwicklungsschritte ermöglichen und erklären (Brumlik u. Sutter 1996).

Mit dieser Änderung in der Forschungsrichtung ist die Hoffnung verbunden, die Mechanismen soziomoralischen Lernens aufzuklären. Früher ist man davon ausgegangen, daß eine Parallelität zwischen kognitiven und affektiven Lernprozessen besteht. Mit anderen Worten: Moralisches Wissen führt auch automatisch zu moralischem Handeln. Nunner-Winkler (1993, 1996) hat gegen diese Annahme Einwände erhoben und drei Momente von Moral konzipiert: Moralisches Urteilen, moralisches Handeln und moralische Motivation als die Kraft, die das für richtig Befundene auch in Handeln münden läßt. Nunner-Winkler konnte gleichzeitig zeigen, daß den unterschiedlichen Momenten von Moral auch unterschiedliche Lernmechanismen zugrunde liegen. Die weitere Aufklärung und Präzisierung dieser Lernmechanismen ist konkreter Gegenstand moderner Moralforschung.

5.4
Maßnahmen zur Initiierung soziomoralischer Lernprozesse

Als Quelle und Movens sozialkognitiver und soziomoralischer Lern- und Entwicklungsprozesse gelten *reale* Koordinierungsprobleme, deren Bewältigung intersubjektive Verständigungsprozesse erfordern (Brumlik u. Sutter 1996). Wie Edelstein (1986) bereits feststellte, bedarf es *betroffener* Mitglieder einer Gemeinschaft, denn niemand wird ernsthaft in einen Diskurs eintreten, wenn er von einem Konflikt nicht wahrhaft betroffen ist.

5.4.1
Der Forschungsbaustein „Modellversuch"

Die genannten Aspekte, die Erfahrungen aus eigenen Arbeiten (Schallies et al. 1997) und aus den Arbeiten von Kooperationspartner (z.B. Brumlik u. Sutter 1996) haben zur Konzeption eines pädagogischen Experimentes in der Schule, dem Forschungsbaustein „Modellversuch", geführt (Sutter 1996):

> Der Schule wird im Hinblick auf moralische Lernprozesse eine entscheidende Rolle zugewiesen. Einerseits ist sie der Ort, an dem Schülerinnen und Schüler systematisch Fachwissen erwerben, kognitive Strukturen aufbauen, und andererseits verkörpert sie den institutionellen Lernort, der eine erste Differenzierung des Verständnisses von Regeln ermöglicht. Diese Regeln, die dem subjektiven Eindruck nach mit einem selbst und der bisherigen Lebenspraxis (Familie, Peer-Group) nur wenig zu tun haben scheinen, müssen in ihrem sozialen Sinn ihrer Entstehung und Berechtigung erfahrbar und nachvollziehbar werden.

Im Rahmen des Forschungsvorhabens SET, mit dem Ziel „Technologien verstehen und beurteilen", kommen dem Forschungsbaustein zwei Funktionen zu.

1. Er dient konkret dem Ringen um Lösungen im Unterricht. Das Bestreben ist konsequent darauf gerichtet, in einem schulnahen offenen Curriculum den Lehrern dabei behilflich zu sein, eigenverantwortlich Ziele zu erheben und umzusetzen. Sie sollen ausdrücklich ermutigt werden, Freiräume zur Erprobung neuer pädagogischer Konzepte zu nutzen und allgemeinen neuen Inhaltsbereichen Rechnung zu tragen. Dies geschieht in der gemeinsamen didaktischen Reflexion von Unterrichtskonzeptionen und -analysen. Generell werden die Besuche in den Schulen im Tandem durchgeführt und jeweils mit wissenschaftsethischer und pädagogisch naturwissenschaftsdidaktischer Kompetenz begleitet. Die gemeinsame didaktische Reflexion ist von der Idee getragen, alle Beteiligte in reale Koordinierungsprobleme zu „verwickeln", deren Bewältigung Verständigungsprozesse untereinander erfordern. Insoweit ist der Modellversuch als pädagogisches Programm bzw. Interventionsmodell zu lesen. Er versteht sich als Gegenentwurf zum traditionellen Unterrichtsgeschehen. Dieses läßt sich – zugegebenermaßen vereinfachend – als lehrgangsorientierter getakteter Unterricht bezeichnen, der an der Vermittlung von Fakten aus einem geschlossenen Curriculum interessiert ist und Fragen, die nicht in unmittelbarem Zusammenhang aus der fachlichen Bezugswissenschaft stammen im „add-on-Verfahren" nachtragen. Die nationale und internationale Unterrichtsforschung hat stetig nachweisen können, daß diese punktuelle und eindimensionale Behandlung von Unterrichtsinhalten nicht zum Verständnis von komplexen Problemen beiträgt.

2. Er dient jedoch auch als wissenschaftliche Methode, da die empirische Untersuchung von individuellen Lernprozessen zwingend auf die Analyse „natürlicher Interaktionen" (Natural Setting) angewiesen ist. Das Instrument der „teilnehmenden Beobachtung" erlaubt es, die Untersuchungseinheit in vivo zu erfassen und zu dokumentieren. Diese Methode ist einerseits auf „alltägliches Verstehen" eher pragmatisch, emotional teilnehmend ausgerichtet. Andererseits beinhaltet sie auch „wissenschaftliches Verstehen" auf einer

eher kognitiv betrachtenden Ebene. Durch die angestrebte Methodenkombination (Fragebogen und Interview) und die Nutzung unterschiedlicher Datenquellen (beispielsweise Portfolio) gelingt es, Schwächen einer Methode durch den Einsatz einer anderen aufzuwiegen (vgl. Friebertshäuser 1997) und die Ergebnisse durch Triangulation abzusichern. Tabelle 5.2 faßt die wesentlichen Funktionen des Modellversuches zusammen.

Tabelle 5.2. Modellversuch als Quelle realer Koordinierungsprobleme, zu deren Lösung Verständigungsprozesse notwendig sind.

Programm	Methode
Modellversuch als Quelle realer Koordinierungsprobleme, zu deren Lösung Verständigungsprozesse notwendig sind	„Natural Setting"
Verständigung über:	
generelle Teilnahme	Erfassen der Untersuchungseinheit in vivo durch teilnehmende Beobachtung
Art und Umfang der Integration in das pädagogische Programm der Schule	methodenpluralistisches Vorgehen: Fragebogen, Interview, Portfolio etc.
konkrete Themen	
Einbezug von Experten	
außerschulische Lernorte	

An dem folgenden konkreten Beispiel didaktischer Reflexion und Umsetzung im Unterricht in einer Modellschule sollen die obigen Ausführungen verdeutlicht werden.

5.4.2
Gemeinsame didaktische Reflexion und konkreter Unterricht am Beispiel der Gelelektrophorese

Ausgangspunkt der folgenden didaktisch/methodischen Überlegungen ist die konkrete Fragestellung, wie der Lambda-Kit®[4] des Institutes für die Pädagogik der Naturwissenschaften der Universität Kiel (IPN) im Unterricht eingesetzt werden könnte, um die Schüler mit der für die Gentechnik zentralen Gelelektrophorese bekanntzumachen und ihnen darüber hinaus ein tieferes Verständnis für die Hintergründe zu ermöglichen, die in unmittelbarem Zusammenhang mit dem Einsatz des Test-Kits stehen. Die Überlegungen beziehen sich auf die Klassenstufe 13

---

[4] DNA-Gelelektrophorese-Kasten, der in der Schule die Trennung und das Sichtbarmachen von DNA-Bruchstücken ermöglicht.

eines Gymnasiums im Leistungskurs Biologie. Alle für den Unterricht relevanten Entscheidungen und Maßnahmen sind Ergebnisse von Verständigungsprozessen zwischen der verantwortlichen Lehrkraft, interessierten Schülern der Klasse und dem SET-Team (Tandem aus wissenschaftsethischer und naturwissenschaftsdidaktischer Kompetenz[5]).

5.4.2.1
Didaktische Reflexion: der Lambda-Kit®

Der Lambda-Kit® ermöglicht von seiner Konzeption her die Durchführung eines Bestätigungstestes oder Bestätigungsexperimentes. Bestätigungsexperimente sind in der Fachdidaktik so definiert, daß sie ein vom Lehrer vorgegebenes Unterrichtsziel mit einem großen Maß an Sicherheit erreichen lassen. In der Regel erfassen sie nicht die von Schülern mitgebrachten Vorstellungen oder Präkonzepte bzw. Alltagserfahrungen, sondern imitieren Arbeitsweisen eines praktizierenden Naturwissenschaftlers in der Hoffnung, damit neben dem zugrundeliegenden Fachwissen auch Interesse für Naturwissenschaften allgemein und eine positive Einstellung zu naturwissenschaftlichen Phänomenen und Fragestellungen zu vermitteln. Alle Ergebnisse der Lernforschung deuten darauf hin, daß bei der Mehrzahl der Schüler solche Effekte nicht erreicht werden.

Man muß gleichwohl andere Effekte dieser methodischen Variante im Auge behalten, die sich aufgrund der „Nähe" zu dem gesellschaftlich kontrovers diskutierten Thema „Gentechnik" einstellen könnten, in der dieses Experiment und die gesamte Unterrichtseinheit angesiedelt sind:

1. Die Gefahr performativer Affirmation besteht, falls ein Experiment durchgeführt wird, bevor explizit über seinen Sinn, seine zugrundeliegende Fragestellung oder seine Berechtigung entschieden worden ist.
2. Die Gefahr von Verharmlosung besteht, wenn Methoden imitiert werden, die normalerweise von speziell ausgebildetem Fachpersonal, in speziellen Labors, unter Sicherheitsvorkehrungen etc. durchgeführt werden. Es könnte der Eindruck entstehen, „Gentechnik ist einfach und unkompliziert".
3. Die von SET vorgenommene Unterscheidung zwischen technikinduziertem und probleminduziertem Vorgehen (mit der Präferenz zu problemorientiertem Vorgehen) ist hierbei relevant.
4. Das von der Wissenschaftsethik eingeführte Desiderat der Beachtung von „Vielschichtigkeit von Wissenschaft" und „Authentizität" sind weitere Punkte, die in die Reflexion mit einbezogen werden müssen.

---

[5] An der gemeinsamen Reflexion waren beteiligt: J. Dietrich, Zentrum für Ethik in den Wissenschaften der Universität Tübingen, A. Lembens und A. Wellensiek, Pädagogische Hochschule Heidelberg.

5.4.2.2
Diskussion von methodischen Zugängen

Um den eben genannten Gefahren und Problemstellungen begegnen zu können, wurden diverse methodische Zugänge innerhalb des SET-Teams diskutiert (Suche nach einer echten Problemstellung, die mit dem Lambda-Kit® gelöst werden könnte; Planspiel, bei dessen Lösung der Lambda-Kit® eingesetzt werden könnte etc.). Es ist mittlerweile die gefestigte Überzeugung des Teams, daß sich der Lambda-Kit® ohne geleistete Reflexion seitens der Schüler für den Sinn seiner ganzen Konstruktion weder hierzu noch sonstwie sinnvoll einsetzen läßt. Dieser Befund legt die Anwendung eines *metakognitiven Verfahrens* nahe, was bedeutet, daß man mit Schülern über das Lernen spricht und mit ihnen über Lernschritte verhandelt.

5.4.2.3
Metakognitives Verfahren als Zugangsvariante

Um allen Wünschen gerecht zu werden, wurde folgendes Vorgehen vereinbart: Den Schülern wurden die Möglichkeiten eröffnet, den Versuch mit Lambda-Kit® durchzuführen, eine CD-ROM (virtuelle Gelelektrophorese) zu erleben oder ein echtes Forschungslabor der Universität Kaiserslautern zu besuchen und dort mit dem Fachpersonal die Gelelektrophorese durchzuführen. Es gab auch die Variante, nichts dergleichen zu verfolgen und „chalk and talk" zu betreiben.

Ziel der Stunde war, daß sich die einzelnen Schüler bewußt und begründet für jeweils eine der genannten Varianten entscheiden, ihre theoretischen Erwartungen erarbeiten, einen ersten Fragenkatalog bzw. Plan entwerfen und sich verpflichten, anschließend ihre Erfahrungen mit den Erwartungen zu vergleichen und untereinander auszutauschen.

5.4.3
Bewertung im Zusammenhang

Die Unterrichtsstunde wurde per Video aufgezeichnet. Bei der ersten, vorläufigen Begutachtung des Materials fiel eine zehnminütige Unterrichtssequenz auf, die die Debatte von Schülern um die Verantwortlichkeit von Wissenschaftlern für deren Arbeit beinhaltet.

In der kurzen Sequenz wird bereits deutlich, daß das Team von SET aus der Perspektive der Lehrer sowie Schüler als vertrauenswürdige und kompetente Interaktionspartner im Unterrichtsgeschehen anerkannt sind. Dies trägt auch dazu bei, daß alle an der Debatte Beteiligten ernsthaft miteinander diskutieren und das äußern, was sie meinen. Die Schüler zeichnen einhellig ein Bild von Wissenschaft, das allein der Suche nach Erkenntnis verpflichtet ist und den Wissenschaftler von der Frage der Zulässigkeit ihres wissenschaftlichen Wirkens befreit:

..., daß die einen für die Naturwissenschaften zuständig sind und die anderen für die Ethik, und daß eben die Ethik den Naturwissenschaftlern vorschreiben muß, wieweit sie gehen dürfen, ... also ich denke, daß für beide eben kein Platz ist in einer Person[6].

Unter dem Gesichtspunkt von Lernkultur und den zur Verfügung stehenden Kriterien, wie Struktur des curricularen Angebotes, Lern- und Erfahrungsmöglichkeiten, Lernorte etc., ist die Unterrichtseinheit als gelungen zu bezeichnen.

Herausragend ist sie jedoch in der Balance von Wissenschafts- und Schülerorientierung. Die persönliche Beurteilung der Experten werden sie bei einem Besuch in einem Labor erfragen, sie erscheint ihnen jedoch nicht wahrhaftig. Man ist auf „Floskeln" und ausweichende Antworten eingestellt.

In dieser Unterrichtssequenz wurden diese Denkmuster ernsthaft in Frage gestellt und somit eine kognitive Dissonanz erzeugt, die auch ernsthaft bearbeitet werden wird, da die Schüler an ihrem eigenen Lernprozeß intrinsisch interessiert waren.

Die nachfolgenden Lernarrangements wurden so abgestimmt, daß die Schüler Gelegenheit erhielten, diese Fragen zu klären.

Der Modellversuch ermöglicht den Zugang zum empirischen Feld und arbeitet mit ganzen Schulen als pädagogische Grundeinheiten. Die gewählte Zugangsweise ermöglicht wie in einem „Blitzlicht" Erkenntnisse auf allen schulrelevanten Ebenen, die von der Schulentwicklungsforschung unter dem Begriff der Schulkultur zusammengefaßt werden.

Literatur

Bayertz K (1991) Wissenschaft, Technik und Verantwortung. Grundlagen der Wissenschafts- und Technikethik. In: Bayertz K (Hrsg) Praktische Philosophie. Grundorientierungen angewandter Ethik. Rowohlt, Reinbek, S 173–209

Bender W, Platzer K, Sinemus K (1995) Zur Urteilsbildung im Bereich Gentechnik. Die Flavr-Savr-Tomate. ETHICA 3:293–303

Brumlik M (1992) Advokatorische Ethik. Zur Legitimation pädagogischer Eingriffe. KT-Verlag, Bielefeld, S 289

Brumlik M, Sutter H (1996) Rekonstruktion sozial-kognitiver und sozio-moralischer Lernprozesse im Rahmen eines demokratisch geregelten Vollzugs als „Just Community". Projektverlängerungsantrag und Zwischenbericht. Projekt der Deutschen Forschungsgemeinschaft (BR 792/5-1). Universität Heidelberg

Conway R, Riggs A (1994) Valuing in technology. In: Banks F (Ed) Teaching Technology, Routledge, London, pp 227–237

Dietrich J (1997) The Role of Ethics for Science Education. (Unveröffentlichtes Manuskript, Vortrag ESERA Konferenz am 05.09.1997, Rom)

Düwell M (1998) Ethik in den Wissenschaften als interdisziplinäres Forschungsunternehmen. (Vortrag an der Dietrich-Bonhoeffer-Schule am 15.01.1998, Rimbach)

Edelstein W (1986) Moralische Intervention in der Schule. Skeptische Überlegungen. In: Oser F, Fatke R, Höffe O (Hrsg) Transformation und Entwicklung. stw, Frankfurt am Main, S 327–349

---

[6] Auszüge aus der Transkription einer Sequenz des angefertigten Videos (Schüleräußerungen).

Friebertshäuser B (1997) Feldforschung und teilnehmende Beobachtung. In: Frieberthäuser B, Prengel A (Hrsg) Handbuch qualitativer Forschungsmethoden in der Erziehungswissenschaft. Juventa, Weinheim München, S 503–534

Kohlberg L (1974) Zur kognitiven Entwicklung des Kindes. Suhrkamp, Frankfurt am Main

Lemmermöhle D (1995) Didaktik! Wozu? In: Nyssen E, Schön B (Hrsg) Perspektiven für pädagogisches Handeln. Eine Einführung in Erziehungswissenschaft und Schulpädagogik. Juventa, Weinheim München, S 259–289

Nunner-Winkler G (1993) Die Entwicklung moralischer Motivation. In: Edelstein W, Nunner-Winkler G, Noam G (Hrsg) Moral und Person. stw, Frankfurt am Main, S 278–303

Nunner-Winkler G (1996) Moralisches Wissen, moralische Motivation, moralisches Handeln. In: Honig MS, Leu HR, Nissen U (Hrsg) Kinder und Kindheit. Juventa, Weinheim München, S 129–156

Piaget J (1947) La psychologie de l'intelligence. Colin, Paris

Schallies M, Wellensiek A (1995) Biotechnologie/Gentechnik. Implikationen für das Bildungswesen. Akademie für Technikfolgenabschätzung in Baden-Württemberg (Arbeitsbericht Nr. 46). Stuttgart

Schallies M, Wellensiek A, Lembens A (1997) Klimafreundliche und energiesparende Schule. Wissenschaftliche Begleituntersuchung im Auftrag des Ministeriums für Umwelt und Verkehr Baden-Württemberg. Deutscher Studien Verlag, Weinheim

Selman RL (1984a) Die Entwicklung des sozialen Verstehens. Entwicklungspsychologische und klinische Untersuchungen. Suhrkamp, Frankfurt am Main

Selman RL (1984b) Interpersonale Verhandlungen, eine entwicklungstheoretische Analyse. In: Edelstein W, Habermas J (Hrsg) Soziale Interaktion und soziales Verstehen. stw, Frankfurt am Main, S 113–166

Skorupinski B (1996) Gentechnik für die Schädlingsbekämpfung. Eine ethische Bewertung der Freisetzung gentechnisch veränderter Organismen in der Landwirtschaft. Ferdinand Enke, Stuttgart, S 280

Sutter H (1996) Moralische Entwicklung und demokratische Partizipation als Ziel der Erziehung. In: Scheiwe N (Hrsg) Mit jungen Menschen auf dem Weg in die Zukunft. Hartung Gorre, Konstanz, S 9–32

6 Die Rolle der Wissenschaftsethik im Ethikunterricht

R. Wimmer
Zentrum für Ethik in den Wissenschaften, Universität Tübingen

6.1 Einleitung

Die folgende Untersuchung hat zwei Teile. Im ersten Teil werden vier Hauptbedeutungen des Ausdruckes „Wissenschaftsethik" bzw. „Ethik in den Wissenschaften" unterschieden. Diese Verwendungsweisen sind, wenn auch mit unterschiedlichem Gewicht, für ein angemessenes Verständnis des Zieles schulischen Ethikunterrichtes, nämlich u. a. des Erwerbes wissenschaftsethischer Urteils- und Handlungskompetenz, bedeutsam. Der zweite Teil beschäftigt sich in allgemeiner Form mit den Hauptaspekten einer solchen Kompetenz, mit den erforderlichen schulischen Bedingungen, ihrer Vermittlung bzw. ihrer individuellen Aneignung und Ausprägung.

6.2 Die verschiedenen Bedeutungen von Wissenschaftsethik

Worüber sprechen wir, wenn wir von „Wissenschaftsethik" sprechen? Die Genitivverbindung „Wissenschaftsethik" oder „Ethik der Wissenschaften" ist vieldeutig. Mit den Wissenschaftstheoretikern Krüger (1985) und Hegselmann (1991) lassen sich folgende Bedeutungen dieses Ausdruckes voneinander abheben, wobei ihre Abfolge die wachsende Stärke der mit ihm ausgedrückten Vermittlung zwischen Wissenschaft und Ethik anzeigt:

(1) „Wissenschaftsethik" kann heißen „Ethik unter Mitwirkung von Wissenschaftlern, insofern sie Wissenschaftler sind". In unserer verwissenschaftlichten und technisierten Lebenswelt wächst die Zahl moralisch bedeutsamer Sachverhalte und die Zahl moralischer Probleme und Konflikte ständig. Sie werden durch Aspekte bestimmt, die ohne die Mitwirkung wissenschaftlicher Experten kaum angemessen darzustellen und zu beurteilen sind, z. B. bezüglich der Eintrittswahrscheinlichkeit eines technischen Ereignisses oder dessen Folgen. So kann der Wissenschaftler wichtige Beiträge im Rahmen der Diskussion das Allgemeinwohl betreffender Belange leisten und seinen Part in der Politikberatung spielen. Das heißt natürlich nicht, daß der Mensch als Wissenschaftler auch die Kompetenz besäße, über das moralisch – oder allgemeiner das normativ – Strittige einer Handlungsweise allgemeinverbindlich zu entscheiden. Als Illustration für das Problem der Urteilskompetenz kann die Frage dienen, in welcher Situation es moralische Pflicht ist, Wiederbelebungsversuche an Menschen durchzuführen, in

welchen Situationen das Unterlassen solcher Versuche zulässig ist und wann sie nicht mehr moralisch zu rechtfertigen sind. Offenkundig können solche Fragen nicht ohne Mediziner, aber auch nicht von Medizinern allein entschieden werden. Der Nimbus des Wissenschaftlers oder des Experten führt ihn bekanntlich manchmal dazu, die Grenzen seiner Fachkompetenz zu überschreiten, und dies natürlich nicht nur in ethischen Belangen, sondern beispielsweise in anthropologischer Hinsicht, wenn etwa die medizinische Profession sich die Entscheidung darüber zutraut oder sie ihr von der Öffentlichkeit zugeschoben wird, wann ein Mensch tot sei. Im Kontext der Frage nach der moralischen und rechtlichen Zulässigkeit der Entnahme von Organen Sterbender zum Zwecke ihrer Transplantation in den Leib Schwerstkranker hat eine solche anthropologische Positionsbestimmung unmittelbar ethische Konsequenzen.

(2) „Wissenschaftsethik" kann heißen „Ethik für die Folgen von Wissenschaft, insofern sie von den Wissenschaftlern zu verantworten sind". Hegselmann (1991) spricht hier von einer von Wissenschaftlern gegebenenfalls zu tragenden „Wertungsverantwortung". Als Beispiel nennt er den Verzicht von Physikern um Heisenberg, während des Zweiten Weltkrieges Forschungen voranzutreiben, die zum Bau einer deutschen Atombombe hätten führen können, oder den Verzicht auf Forschungen an einem Impfstoff zur Immunisierung gegen einen biologischen Kampfstoff, die bei positivem Ergebnis den militärischen Einsatz dieses Kampfstoffes gegen einen Gegner attraktiv erscheinen lassen können. Allgemein gesprochen: Naturwissenschaftler dürfen in unserer naturwissenschaftlich-technischen Zivilisation nicht die Augen vor der Möglichkeit verschließen, daß ihre Tätigkeit moralisch bedeutsame, ja problematische Resultate zeitigt. Sie sind oft jene, die allein oder die früher als andere solche Ergebnisse als möglich oder als mehr oder weniger wahrscheinlich absehen. Deshalb kommt ihnen eine besondere Pflicht zu, diese Fähigkeit zu kultivieren, um die Öffentlichkeit gegebenenfalls warnen zu können. Unter Umständen werden sie sogar, wie beispielhaft angedeutet, mehr oder weniger spektakuläre Entscheidungen gegen bestimmte Forschungsprogramme fällen müssen, Entscheidungen, die auch erhebliche persönliche Konsequenzen, wie Verlust des Arbeitsplatzes oder gar der wissenschaftlichen und persönlichen Reputation, haben können. Krüger (1985) findet für das Erfordernis einer derartigen „Ethik für die Wissenschaftler" deutliche Worte:

> Unsere gegenwärtige Lage zeichnet sich dadurch aus, daß die rasch wachsende technische Komplexität der Wissenschaften schon die Studenten und mehr noch die ausgebildeten Wissenschaftler völlig in ihre Expertentätigkeit hinein absorbiert. Ökonomische Zwänge, über diese Tätigkeit nicht hinaus zu blicken, mögen noch hinzutreten. Hieraus läßt sich die Forderung ableiten, daß eine Konfrontation mit dem Thema „Ethik für Wissenschaftler" unabdingbarer Bestandteil jeden beruflichen Werdegangs eines wissenschaftlichen oder technischen Experten werden sollte. In dieser Konfrontation müßte zumindest das Problembewußtsein geschaffen werden, das eine Voraussetzung für jede mit der spezifischen Berufsrolle verbundene ethische Kompetenz ist. Sowohl die Existenz einer Verantwortung wie auch deren Grenzen würden Gegenstand einer solchen Konfrontation sein.

Offensichtlich hat eine solche Auffassung Konsequenzen auch für den naturwissenschaftlichen Unterricht in den Schulen. Das ist nicht so gemeint, als seien die Schüler direkt auf eine solche Rolle im Wissenschafts- und Forschungsbetrieb vorzubereiten, wo doch nur sehr wenige eine solche Laufbahn einschlagen. Wohl aber müßte nach meiner Auffassung eine Sensibilisierung für diese spezifisch ethischen Problemfelder von Naturwissenschaftlern erfolgen, und zwar zu beidseitigem Nutzen: Die Wissenschaftler erhalten kritische Solidarität aus der Öffentlichkeit; sie werden geschützt gegen Maßnahmen, die ansonsten von seiten der geldgebenden oder sie beschäftigenden Institution verhängt werden könnten. Andererseits stünden sie mit ihrer Verantwortung nicht mehr allein; die gesellschaftliche und politische Öffentlichkeit hätte sich über den Gang der wissenschaftlichen Forschung und ihrer technischen Anwendung Klarheit zu verschaffen und entsprechend ihrer Vorstellungen von den gesellschaftlich zu verfolgenden Endzwecken über alternative Pfade der Entwicklung zu entscheiden. Der Ort, an dem die Sensibilisierung für solche Problemlagen auf breiter Front möglich wäre, ist der naturwissenschaftliche Unterricht in den oberen Klassen der höheren Schulen – und natürlich das naturwissenschaftliche Studium an den Universitäten, hier freilich mit dem genannten Nachteil, daß nur wenige Menschen angesprochen werden, aber zugleich mit dem Vorteil, die potentiellen Träger der Forschungs- und Technikentwicklung selbst auf ihre Verantwortung aufmerksam machen zu können. Aber wer wollte behaupten, daß auf diesen beiden Ebenen der schulischen und der universitären Ausbildung das verantwortungsethisch Erforderliche schon ausreichend bedacht und besprochen würde?

(3) Mit „Wissenschaftsethik" kann man – und das ist vielleicht die häufigste Verwendung des Ausdruckes – das Berufsethos des Wissenschaftlers, seine „Moral" als Wissenschaftler, meinen. Es geht in dieser Hinsicht um die Einhaltung normativer Standards bei der wissenschaftlichen Tätigkeit. Ihre Einhaltung ist ein notwendiges, wenn auch nicht hinreichendes Kriterium für die Beurteilung einer wissenschaftlichen Tätigkeit. Ersichtlich sind diese Standards variabel bezüglich der Disziplinen bzw. Disziplinenbereiche – man denke nur an die psychologischen, die gesellschaftlichen, die historischen, die experimentellen und die formalen Wissenschaften wie Logik, Arithmetik und Geometrie –, aber sie sind, wenigstens teilweise, auch variabel in diachroner Hinsicht: Mit den sogenannten Fortschritten der Wissenschaften ändern sich zum Teil auch ihre Methoden, zu einem geringen Teil auch ihre Methodologien. Nicht variabel sind natürlich Erfordernisse so grundlegender Art wie Wahrheitssuche und Wahrhaftigkeit, die im übrigen für jede Form menschlicher Kommunikation normativ belangvoll sind. Ebensowenig variabel ist das Erfordernis wahrnehmungs- und argumentationsgestützter Intersubjektivität, das wissenschaftliches Handeln und seine Resultate zu einem im Prinzip für jeden nachvollziehbaren, also grundsätzlich kontrollierbaren und in diesem Sinne rationalen Unternehmen macht. Wenn man aber von „Ethos" und „Moral" redet, dann hat man doch zunächst und zumeist das faktische Verhalten, die faktisch gelebte Moral im Auge. Unter „Wissenschaftsethik" kann man aber auch die „Theorie der moralischen Regeln für die wissenschaftliche Arbeit" (Krüger 1985) verstehen. Eine solche Theorie könnte sich unter Umständen kritisch gegenüber der tatsächlichen wissenschaftlichen Praxis bzw. der sich darin äußernden „Moral" verhalten. Eine nur beschreibende Wissenschaftstheorie, die dann nicht leicht von Wissenschaftssoziologie oder Wissenschaftsgeschichte zu unterscheiden wäre, hätte sich der notwendigen Aufgabe kritischer Reflexion des

bestehenden wissenschaftlichen Ethos entzogen. Nun meine ich nicht, daß auf der Ebene des Ethos vieles oder gar alles im argen läge. Die im engeren Sinne methodischen Regeln wissenschaftlichen Arbeitens werden in Kritik und Gegenkritik ständig eingeschärft und ihre Beachtung abverlangt. Auch die Beachtung der im engeren Sinne moralischen Regeln wissenschaftlichen Wettbewerbes, wie Anerkennung von Prioritäten, Kollegialität und Fairneß des Urteiles, ist im großen und ganzen gewährleistet. Natürlich sind Täuschung und Betrug in den Wissenschaften nicht ganz selten; immer wieder dringen spektakuläre Fälle an die Öffentlichkeit, und es ist zu vermuten, daß vieles unentdeckt bleibt. Aber die Sanktionen sind scharf; wer sich hier vergeht, hat mit großen Reputationsverlusten zu rechnen. Anders auf den oben berührten Feldern der Folgen- und Verwertungsverantwortung wissenschaftlicher und technischer Innovationen; hier fehlt es noch weitgehend an dem nötigen Verantwortungsbewußtsein. Das in sogenannten „Verhaltens- und Ethikkodizes" oder „hippokratischen Eiden" niedergelegte berufsspezifische Ethos von Wissenschaftlern, Ingenieuren und Medizinern entbehrt häufig noch dieser Verantwortungsaspekte. Auch die Ethik des Experimentierens hat noch nicht immer Eingang in die relevanten Pflichtenkataloge gefunden. Psychologisch, pharmakologisch und medizinisch-therapeutische Experimente an oder mit Menschen, aber auch an und mit Tieren erfordern die strikte Beachtung einschlägiger moralischer Grundsätze. Dazu sind aber weitergehende Überlegungen, das experimentelle Umfeld einbeziehend, anzustellen: Etwa ob die Zwecke, denen die experimentelle Forschung dienen soll, überhaupt anzustreben sind, und ob es nicht moralisch „preisgünstigere" Alternativen zum Experiment im konkreten Fall gibt. So wie viele internationale Berufsorganisationen und nationale Berufsverbände Verhaltensrichtlinien für die forscherliche und berufliche Praxis ihrer Mitglieder zwar in der Regel nicht rechtlich, wohl aber moralisch verpflichtend gemacht haben, dürften sich solche institutionellen Vorkehrungen aufgrund der ständig wachsenden Bedeutung und Macht der organisierten und zu einem guten Teil schon kommerzialisierten Naturwissenschaft und Technik immer stärker empfehlen; ich denke hier vor allem an nichtstaatliche und nichtregierungshörige Institutionen wie das Öko-Institut e. V. in Freiburg, die unabhängig genug sind, vernachlässigte oder bislang nicht beachtete Gefahrenpotentiale von Forschungen und Techniken aufzudecken und zur Diskussion zu stellen.

(4) Schließlich kann „Wissenschaftsethik" im anspruchsvollsten Sinne dieses Ausdruckes besagen, daß es um eine Ethik geht, die selber wissenschaftlichen Rang hat und die wesentlich zu den Wissenschaften selbst gehört. Dieser Doppelaspekt einer Wissenschaftsethik im emphatischen Sinne, nämlich einer wissenschaftlichen Ethik der Wissenschaften und in den Wissenschaften läßt sich mit Krüger (1985) auch so charakterisieren:

> Erstens, daß diese Ethik selbst auf wissenschaftlicher Grundlage und als eine Wissenschaft entwickelt wird; zweitens, daß sie als eine solche Disziplin ein integrales Bestandstück der Wissenschaften im ganzen ist, derart, daß dieses Ganze ohne sie als unvollständig und entstellt gelten muß. Eine Ethik mit diesen beiden Merkmalen würde Behauptungen enthalten, die als wissenschaftliche Wahrheiten einem verengten Verständnis und einer verfallenden Praxis der Wissenschaften entgegenwirken könnten.

Aber läßt sich Ethik überhaupt wissenschaftlich betreiben und als Wissenschaft etablieren? Krüger läßt diese Frage offen. Nun könnte man der Meinung sein, daß mit dem zuvor, unter (3) genannten Ethos der Wissenschaften oder zumindest mit dem, was dort als Wissenschaftsethik im Sinne einer normativen Wissenschaftstheorie bzw. als „Theorie der moralischen Regeln für die wissenschaftliche Arbeit" bezeichnet wurde, das Geforderte schon habe, zumindest im Ansatz oder zum Teil. Ich halte das für richtig. Doch handelt es sich um ein weitgehend unstrittiges, da unproblematisches Unternehmen, wenn man ein traditionelles, selbst noch von gemäßigten Positivisten oder von Vertretern des kritischen Rationalismus geteiltes Verständnis der internen Normativität wissenschaftlichen Tätigseins vorraussetzt. Man kann dann nämlich der Ansicht sein, daß wissenschaftliche Arbeit ein solch eng gefaßtes Ethos unmittelbar impliziert bzw. durch dieses quasi definiert wird. Über diesen definitorischen Kern hinausreichende Bemühungen – wie diejenigen von Ott (1996, 1997), mit Hilfe der Methode des Aufdeckens von Implikationen der wissenschaftlichen Praxis zu rational gerechtfertigten wissenschaftsethischen Forderungen zu gelangen – sind vielversprechend, bedürfen aber noch der intensiven Diskussion

6.3
Die schulische Vermittlung wissenschaftsethischer Urteils- und Handlungskompetenz

Zunächst will mir scheinen, daß alle aufgeführten Bedeutungen von „Wissenschaftsethik" im Schulunterricht Berücksichtigung finden können, nicht aber unbedingt müssen. Ich formuliere ganz allgemein und spreche von „Schulunterricht" und nicht von vornherein einengend von „Ethikunterricht"; denn so wie Moral und Ethik den Wissenschaftler im Innen- und Außenbezug – das heißt sowohl vor der Scientific Community als auch vor den um das Gemeinwohl besorgten Foren der Öffentlichkeit – zur Rechenschaft fordern, müßte auch der schulische Unterricht im Idealfall die Integration der Perspektiven und Kompetenzen dort besorgen, wo dies von der Sache her erforderlich ist, nämlich von der ethischen bzw. wissenschaftsethischen Problemstellung aus. So wäre dem Ethikunterricht im engen Sinne lediglich die Behandlung solcher Themen der Ethik vorbehalten, die rein philosophisch oder philosophiegeschichtlich behandelt werden können. Grundlagenfragen der Ethik und der Wissenschaftsethik, der Wissenschaftstheorie und der Anthropologie sowie Fragen des Verhältnisses von Moral und Recht sowie von Moral und Politik wären hier anzusiedeln. Dagegen dürfte der genuine Ort von moralischen bzw. ethischen Einzelproblemen oder von exemplarisch herausgehobenen wissenschaftsethischen Problemkonstellationen die jeweilige Wissenschaft – schulisch gesprochen: das jeweilige Unterrichtsfach – sein, für die bzw. für das das Problem oder der Problemkomplex einschlägig ist. Noch angemessener wäre freilich ein Unterricht, der sich nicht mehr an Fächern oder Disziplinen orientiert, sondern an Problemen. Wenn ich recht informiert bin, ist solcher problemorientierter Unterricht in Ansätzen schon möglich und wird praktiziert. Aber wie auch immer der uns hier beschäftigende Unterricht organisiert ist, so wird er in der Regel nur im Teamwork der Lehrenden möglich sein: So wird der Biologielehrer auf die spezifische Kompetenz des Ethiklehrers angewiesen sein, wie natürlich auch umgekehrt, wobei jeder sich die wissenschaftliche Perspektive und Frageintention soweit zu eigen machen muß, daß er auf den Partner verstehend, fragend und problematisierend eingehen kann. Um aber von einer Gleichheit der Kompetenzen sprechen zu können, wäre es unbedingt erforderlich, die Ausbildung von Ethiklehrern endlich auf eine solide wissenschaftliche Grundlage zu stellen; entsprechend sollten Staatsexamenstudiengänge für Ethik an den Universitäten etabliert werden, wie es zu einem guten Teil in den neuen Bundesländern schon geschehen ist. Natürlich kann die Behandlung wissenschaftsethischer Fragestellungen nur exemplarisch erfolgen; nicht einmal die Universitäten sind im allgemeinen in der Lage, eine in inhaltlicher Hinsicht vollständige Behandlung wissenschaftsethischer Problemfelder in Aussicht zu stellen; eine solche Zielsetzung wäre letztlich auch nicht sinnvoll. Und welches Bundesland kann es sich leisten, an jede Fakultät einer jeden Universität einen Ethiker vom Fach zu berufen, ganz davon abgesehen, daß solche Doppelkompetenzen, Fachwissenschaftler und philosophischer Ethiker zu sein, nach wie vor äußerst selten sind? – Weshalb wäre die vollständige inhaltliche Behandlung wissenschaftsethischer Problemlagen in der Schule gar nicht sinnvoll? Damit komme ich zur Frage danach, welches Ziel sich der schulische Ethikunterricht denn überhaupt vernünftigerweise setzen sollte.

Das Ziel läßt sich in seiner allgemeinsten Form als der Erwerb ethischer Urteils- und Handlungskompetenzen beschreiben. Speziell wissenschaftsethische Kompetenz würde entsprechend in der Fähigkeit bestehen, wissenschaftliche Vorgehensweisen und Zwecksetzungen sowie deren technische Umsetzungen und dann auch beider Folgen und Nebenfolgen sowohl in einem konkreten Einzelfall als auch für eine bestimmte gesellschaftliche Einheit angemessen zu verstehen, ethisch zu beurteilen und die jeweils zuständigen Verantwortlichkeiten zu klären. Die schulische Vermittlung einer solchen wissenschaftsethischen Urteils- und Handlungskompetenz kann ersichtlich nur exemplarisch erfolgen, nämlich anhand aktueller, die Schüler beschäftigende oder sie jedenfalls interessierende wissenschafts- und technikethischer Problemlagen. So könnte etwa aus den biologischen und medizinischen Wissenschaften die Fragen nach der moralischen Erlaubnis der Klonierung von Tieren und Menschen, der Experimente mit menschlichen Embryonen oder der Transplantation von Organen eines Menschen, dessen Gehirn schon tot ist, ohne vorausgehende Zustimmung dieses Menschen ein besonderes, auch persönliches Interesse bei Schülern gezeitigt haben. Der Schulunterricht – wie angedeutet als problembezogener und fächerübergreifender, interdisziplinärer Unterricht konzipiert und durchgeführt – hätte dann die Aufgabe, den Sachstand und den Problemstand zu erarbeiten, das heißt die zum Verständnis erforderlichen naturwissenschaftlichen und anthropologischen Sachverhalte und die für eine ethische Beurteilung der fraglichen Handlungsweisen, Zwecksetzungen und Zielvorstellungen nötigen Argumente Pro und Contra bzw. die ihnen zugrundeliegenden moralischen Regeln, Normen und Werte zu erarbeiten. Das Wort „erarbeiten" ist bewußt gewählt und wird betont gesetzt, um die Konsequenz anzudeuten, die ein interdisziplinärer, problem- und interessenorientierter Unterricht hat, daß er tradierte, enge, fachspezifische Sicht- und Unterrichtsweisen hinter sich lassen muß, um die Eigenständigkeit der Schüler nicht erst bei der ethischen Meinungsbildung, sondern schon auf der Ebene des wissenschaftlichen Wissenserwerbes, etwa durch eigenständiges Experimentieren und durch Aufsuchen außerschulischer Lernorte, anzuregen und zu nutzen. Ohne die Erzeugung intrinsischer Motivation läßt sich das komplexe Ziel des Erwerbes von wissenschaftsethischer Urteils- und Handlungskompetenz nicht erreichen.

Der Ausdruck „Kompetenz" ist ebenfalls sehr bewußt gewählt. Interdisziplinär angelegter Ethikunterrricht hat sich vor zwei Extremen zu hüten: Er sollte weder in rein intellektueller Distanz bloß ethische oder moralische Positionen darstellen noch unmittelbar zu moralischem Verhalten und moralischen Haltungen erziehen wollen. Während die erste Strategie das Lernziel des Ethikunterrichtes auf die Ebene des Wissens- und Positionserwerbes ohne genuin ethisches Engagement, das die intellektuelle und moralische Eigenverantwortung betont, herabdrückt und damit nivelliert, versucht letztere unter Umgehung eben dieser intellektuellen und moralischen Eigenverantwortung Unterricht und Leben kurzzuschließen; hier drohen Gewissensdruck und Gesinnungsschnüffelei. Ist das Lernziel aber moralische Urteils- und Handlungskompetenz, so bleibt die Eigenverantwortung des Schülers gewahrt, und sie ist zugleich aufgerufen und herausgefordert. Schließlich wird auf diese Weise eine Fixierung auf bestimmte Problemlagen und auf bestimmte Angebote, sie zu klären und zu lösen, vermieden. Die Ausbildung von Kompetenzen bedarf freilich der Übung und der Bewährung angesichts neuartiger Situationen und Herausforderungen. Das bedeutet, daß der schulische Ethikunterricht eine notwendige, nicht aber schon eine hinreichende Bedingung für die Erlangung wissenschaftsethischer Kompetenz darstellt. Der Erwerb dieser Kompetenz kann und darf nicht allein der Schule überlassen werden. Der öffentliche Raum und die politische Verantwortung übernehmenden gesellschaftlichen Gruppen und Institutionen sind hier ebenfalls in der Pflicht. Das entlastet die Schulen, und sie sollten sich gegen das Ansinnen zur Wehr setzen, hier allein verantwortlich zu sein. Aber nach meinem Eindruck sind vielleicht weniger die Politiker, sehr wohl aber die Öffentlichkeit im ganzen in Deutschland im Unterschied zu vielen anderen Ländern so wach und sensibel für wissenschaftliche Fragen, daß der Ethikunterricht an den Schulen kein Kampf gegen Windmühlen ist. Allerdings stellt die volle Ausbildung ethischer Urteils- und Handlungskompetenzen ein Ideal dar, das nur auf den oberen Jahrgangsstufen weiterführender Schulen erreichbar erscheint. Geht es doch um eine Kompetenz, die einen intellektuell, ethisch und praktisch selbständigen, das heißt in diesem Sinne „erwachsenen" Menschen auszeichnet, der die an bestimmten Fragestellungen erworbenen Fähigkeiten, komplexe Sachverhalte zu verstehen sowie moralische Maßstäbe zu gewinnen und anzuwenden, auf neu auftretende, anders geartete Problemsituationen übertragen kann und sich ihnen intellektuell, ethisch und praktisch, nämlich bezogen auf die eigene Lebensführung und die angeschlossenen Verantwortungsfelder, gewachsen zeigt. Das bedeutet aber nicht, daß die unteren Jahrgangsstufen sowie die Hauptschulen hierzu keinen Beitrag liefern könnten. Er wird aber vielleicht eher indirekt sein, indem man beispielsweise konsumorientierte und gesundheitsschädigende Verhaltensweisen, wie das Rauchen, unter Einbezug unstrittiger wissenschaftlicher und medizinischer Erkenntnisse erörtert. Allerdings halte ich es nicht für meine Aufgabe – und fühle mich auch nicht dazu kompetent –, konkrete Empfehlungen dahingehend zu machen, was in den verschiedenen Schultypen und auf den einzelnen Jahrgangsstufen auch bei bestmöglicher Erfüllung der angedeuteten Bedingungen didaktisch und inhaltlich ins Werk gesetzt werden sollte.

Literatur

Hegselmann R (1991) Wissenschaftsethik und moralische Bildung. In: Lenk H (Hrsg) Wissenschaft und Ethik. Reclam, Stuttgart, S 215–232
Krüger L (1985) Ethik der Wissenschaft – was könnte das sein? Ein Plädoyer für einige Unterscheidungen. In: Baumgartner H-M, Staudinger H (Hrsg) Entmoralisierung der Wissenschaften? Physik und Chemie. Fink/ Schöningh, München Paderborn Wien Zürich, S 88–91
Ott K (1996) Grundzüge und -normen einer paradigmatischen Wissenschaftsethik. In: Ott K (Hrsg) Vom Begründen zum Handeln. Aufsätze zur angewandten Ethik. Attempto, Tübingen, S 195–240
Ott K (1997) Ipso Facto. Zur ethischen Begründung normativer Implikate wissenschaftlicher Praxis. Suhrkamp, Frankfurt am Main

7 Verantwortung als Zielsetzung und Gegenstand des Ethikunterrichtes

M. Sänger
Institut für Philosophie, Universität Karlsruhe

7.1
Die Bedeutung des Verantwortungsbegriffes

Verantwortung ist zu einem neuen Grundbegriff in der ethisch-politischen Diskussion unserer Tage geworden, der mittlerweile alle Bereiche menschlichen Handelns in Technik und Wissenschaft umfaßt. Der in der Geschichte der Ethik nicht eben geläufige Ausdruck – bisher überwiegend im rechtlich-politisch-sozialen Bereich angesiedelt – erhält als moralischer Grundbegriff im 20. Jahrhundert eine Neuauflage, die weit über das hinausgeht, was herkömmliche Moralbegriffe, wie der Pflichtbegriff, zu leisten vermochten.

In fast allen Bereichen unserer gegenwärtigen Lebenswelt breitet sich das Bewußtsein aus, daß wir in einer Epoche leben, in der die gängigen Moralvorstellungen nicht mehr funktionieren, weil überkommene Lebensweisen und Institutionen ihre selbstverständliche Geltung verlieren. Ablesen läßt sich dieser Wandel daran, daß sittliche Grundbegriffe, die einen fraglosen Konsens in Sachen Moral zum Ausdruck brachten, zunehmend fragwürdig werden, wie beispielsweise der gegenwärtige Bankrott des Pflichtbegriffes – besonders bei der jungen Generation – zeigt. Die damit einhergehende beachtliche Karriere des Verantwortungsbegriffes innerhalb eines in ethikgeschichtlichen Maßstäben sehr kurzen Zeitraumes könnte aber gleichzeitig ein Indiz dafür sein, daß hinter dem Abbau der traditionellen Ethik ein neues, gewandeltes moralisches Bewußtsein heraufkommt.

Philosophen, Wissenschaftler und Politiker, die sich mit dem Verantwortungsproblem genauer befassen, führen diese Entwicklung auf eine quantitativ und qualitativ neuartige Situation zurück, in der sich die Menschheit im ausgehenden 20. Jahrhundert befindet. Nie zuvor, so Lenk (Lenk u. Ropohl 1987), habe der Mensch soviel technisch-wissenschaftliche Verfügungsmacht über die nichtmenschliche und neuerdings auch über die menschliche Natur gehabt wie bisher. Durch die Möglichkeit, daß er heute regional oder sogar global seine eigene Art und alles höhere Leben grundlegend verändern, schwer schädigen oder gar vernichten kann, ist der Mensch zum ersten Mal in der Gattungsgeschichte vor die Aufgabe gestellt (Apel 1988), solidarische Verantwortung für die Auswirkungen seines Handelns in weltweitem Maßstab zu übernehmen; Maximalforderungen, wie die Gattungsverantwortung der Menschheit für die Biosphäre, den Lebensbereich der Erde für die jetzt lebenden und die zukünftigen Generationen (Birnbacher 1988), sind an der Tagesordnung. Besonders hervorgehoben wird stets die Verantwortung der Industrienationen für irreversible Umweltschäden, langfristige Klimabeeinträchtigungen, Ressourcenverknappung und Artenschwund, an die auch Jonas (1982) seinen neuen Imperativ richtet, nicht die Bedingungen für den zukünftigen Fortbestand der Menschheit auf Erden zu gefährden. Die bisher traditionellen, wohl bekannten moralischen Pflichten und Verbindlichkeiten, die sich aus dem moralischen Bewußtsein des handelnden Subjektes ergeben, erhalten dann einen neuen Stellenwert angesichts so weit gesteckter Verantwortlichkeiten.

7.2
Verantwortung in der pädagogischen Diskussion

Verantwortung als implizite Zielsetzung für den Ethikunterricht schmückt die Präambeln vieler Lehrpläne; so soll nach dem Bildungsplan für das Gymnasium Baden-Württemberg (1984) ein „umfassendes Verantwortungsbewußtsein für Mensch und Natur" gefördert werden, Schüler sollen die Fähigkeit erlangen, „mit der Vielfalt der Handlungs- und Entscheidungsmöglichkeiten verantwortlich umzugehen" und „Verantwortung für das eigene Leben und seine Auswirkung auf andere zu übernehmen".

Begründet wird diese Zielsetzung durch die oben dargestellte Situation im ausgehenden 20. Jahrhundert, die sich auszeichnet durch den *technisch-wissenschaftlichen Fortschritt*, der auf der einen Seite einen Zuwachs an menschlicher Handlungsmacht, auf der anderen Seite aber einen *Verlust an Humanität* bedeutet. Durch Zuwachs an Komplexität und den *Verlust der Tradition* entsteht eine *Orientierungslosigkeit*, ein *Werteverlust*, der in der Formel von der *Verantwortungslosigkeit der technischen Zivilisation* Ausdruck findet. Die neue *Herausforderung an die Schule* in dieser Situation sei es darum, einen entscheidenden Beitrag zu einer sinnvollen Erziehung zur Verantwortung zu leisten. Der Schutzraum der Schule ermögliche Einübung verantwortlichen Handelns durch *Erziehung zur Selbstbestimmung und Selbstverpflichtung*. Während sich diese Forderungen an die Schule als Erziehungsanstalt schlechthin richten, bleibt zu fragen, worin die spezifische Leistung des werteerziehenden „Ersatz"-Faches Ethik bestehen kann. Sollen dort all jene Probleme abgeladen werden, für die im Fachunterricht kein Platz mehr ist? Werden die Schüler sich nur im Ethikunterricht „der neuen Dimension von Verantwortung in der Ethik der Gegenwart bewußt?" (Bildungsplan für das Gymnasium Baden-Württemberg 1994). Ist hier der Ort zur Behebung individueller und gesellschaftlicher Defizite im verantwortungsethischen Bereich?

Dazu ist vorab einiges kritisch anzumerken: Besteht in der Behandlung verantwortungsethischer *Weltprobleme*, wie sie in Wissenschaft und Technik heute auftreten („Chancen und Risiken der Gentechnologie", „Ethische Probleme der modernen Medizin". Bildungsplan für das Gymnasium Baden-Württemberg 1994), nicht eine *Überforderung der Schule* mit Problemen der Erwachsenengeneration, eine unzulässige Ausweitung des Lernortes durch eine Problemverschiebung von der Politik auf die Schule/die Schüler? Werden die eminenten Schwierigkeiten politischer und moralischer Lernprozesse nicht unterschätzt? Es ist zu befürchten, daß die Belastung des Lernens und Heranwachsens mit einer unzumutbaren moralischen Hypothek (z. B. Lösen von verantwortungsethischen Problemen in Wissenschaft und Technik) gegen das Prinzip der Angemessenheit verstößt. Ethik wird so leicht artifizielles Moralisieren, und das Lernziel *verantwortungsethische Kompetenz* entpuppt sich dann möglicherweise als wohlklingende, unverbindliche Wunschvorstellung, welche die Machtlosigkeit des kognitiven Wissens entlarvt.

7.3
Inhalte des Ethikunterrichtes

Dem entgegen kann der Ethikunterricht den Schülern Fähigkeiten, Fertigkeiten und Kenntnisse vermitteln, die ein ihnen adäquates sachgemäßes Umgehen mit verantwortungsethischen Problemen möglich machen. Indem der Ethikunterricht die Möglichkeit gibt, sich in vielfältiger, nicht nur kognitiver Weise mit dem Verantwortungsproblem auseinanderzusetzen, leistet er sowohl *Orientierungshilfe* als auch *Wert- und Normerziehung*.

Dazu ist es unerläßlich, von der Lebenswirklichkeit der Schüler auszugehen, ihre Lebensprobleme, auch -ängste und Euphorien ernst zu nehmen und ihre Wahrnehmungsfähigkeit und Sensibilisierung für verantwortungsethische Probleme zu schulen (vgl. Sänger 1991, 1996). In einem zweiten Schritt könnte ein ethisches Orientierungswissen erarbeitet werden durch Analyse, Interpretation und Reflexion dieser wahrgenommen Wirklichkeit. Da es sich, der Sekundarstufe II gemäß, um die Förderung der moralischen Urteilsbildung, also überwiegend kognitiver Fähigkeiten handelt, bestimmen neben den Schülerbedürfnissen und Interessen auch andere Inhalte den Unterricht; bezogen auf den Ethikunterricht in Baden-Württemberg sind dies neben Sachproblemen und Fallbeispielen aus Technik und Wissenschaft überwiegend philosophische Themen, die ein verantwortungsethisches Orientierungswissen ausbilden sollen.

So sollte der Ethikunterricht die *anthropologischen Grundlagen* aufzeigen, die Struktur des Verantwortungsbegriffes als mehrstellige Relation bestimmen und seine Wesensherkunft im dialogischen Verhältnis darlegen. Ebenso müßten die Bedingungen der Verantwortung (Identität, Mündigkeit, Freiheit) sowie ihre normativ-ethischen Begründungversuche (intuitiv, emotional, rational, diskursiv) bedacht werden.

Dabei wird sich zeigen, daß der *Verantwortungsbegriff* als formalrechtliche Kategorie – heute populär als *Kausalhandlungsverantwortung,* traditionell bestimmt als Zurechnung – für die pädagosische Dimension nicht zureicht, da er eine unzulässige Einengung auf eine nur formale Gerechtigkeitskategorie darstellt. Dagegen erweist sich der Begriff der Verantwortung als *moralische Kategorie,* der die *subjektive Verpflichtung* zur Grundlage objektiver Verantwortlichkeit macht, pädgogisch fruchtbar, denn er vermittelt zwischen den klassischen gegensätzlichen ethischen Argumentationsweisen der Pflichtethik und Folgenethik und umfaßt in der Zielsetzung so elementare *Grundwerte*, wie *Gerechtigkeit, Wohlwollen, Fürsorge, Solidarität*. Dieser personale Charakter der Verantwortung muß auch als Element einer sinnvollen Erziehung zur Verantwortung in den Vordergrund treten; er würde eine *Einübung verantwortlichen Handelns* ebenso fordern wie eine Erziehung zur *Selbstbestimmung* und *Selbstverpflichtung*.

7.4
Elemente der Verantwortungsrelation

Für die unterrichtliche Behandlung von Verantwortungsproblemen sollte dem Schüler an Beispielen einsichtig werden, daß es sich bei Verantwortung um eine mindestens *dreistellige Grundrelation* (Lenk und Ropohl erweitern auf 7-stellig (Lenk u. Ropohl 1987)) handelt, nämlich der Relation zwischen einem *Subjekt*, das die Verantwortung hat, einem *Objekt/Bereich*, wofür es verantwortlich ist, und einer *Instanz*, der gegenüber oder auch wovor sich das Subjekt verantwortet.

Die einzelnen Elemente dieses mehrstellig relationalen Begriffes „*Jemand* ist *für jemanden/etwas vor jemandem* verantwortlich", können mit Schülern in unterschiedlicher Weise problematisiert werden. So findet sich stets eine Verantwortung *für* Handlungsfolgen, Aufgaben, Mitmenschen, Umwelt, Normen, Werte, Zwecke und weiter gefaßt auch *für* die Menschheit, die Natur, die Geschichte; ferner verantwortet man sich *vor* Gott, dem Gewissen, der praktischen Vernunft, Werten und Normen, aber auch *vor* der Gesellschaft, der Geschichte, der Zukunft, *für* die dann wiederum in einem umfassenden Sinn Verantwortung zu tragen ist.

Ein weiteres Problem ergibt sich aber auch daraus, daß Verantwortung tragen und aus Verantwortlichkeit handeln empirisch schwer manifest zu machen sind. Dennoch ziehen wir jemanden zur Verantwortung wegen einer Tat, einer Verfehlung. „Zur Verantwortung ziehen" heißt aber, dem Täter die Tat zuzurechnen, zurechnen bedeutet aber dann zu behaupten, X sei *Urheber* der zugerechneten Tat, das heißt sie wird ihm als Schuld zugerechnet. Damit wird aber offensichtlich behauptet, daß erstens X etwas für seine Tat konnte, also der Urheber seines Tuns ist, und daß zweitens das Verantwortungssubjekt das einzelne Individuum sei, was aber im neuen technologisch-wissenschaftlichen Handlungsrahmen, in dem das Kollektiv – das heißt das Team als Handlungssubjekt – in den Fordergrund tritt, zunehmend fraglich wird.

Im Zeitalter technischer Großprojekte kann auch eine Einschränkung auf primäre *Handlungsfolgen* nicht mehr zulässig sein, da Verantwortung sich auch auf nicht vorhersehbare Fernwirkungen einer Handlung erstrecken kann, so daß neben dem gegenwartsbezogenen Nahbereich, für den auch alle Vorschriften einer Nächstenethik konzipiert waren, auch der *Fernbereich*, der die Lebenssituation künftiger Generationen umfaßt, zu berücksichtigen ist.

Als ein weiteres wichtiges Element der Verantwortungsrelation in der neuzeitlichen Verantwortungsethik ergibt sich die *Wertgebundenheit* verantwortlichen Handelns. Strittig bleibt hier sicher die Frage, was als letzte Wertmaxime der

Verantwortung anzusehen ist, wie die Vorschläge von Kant (Mensch als Zweck an sich selbst), Schweitzer (Ehrfurcht vor dem Leben), Jonas (Pflicht zur Bewahrung des Seins), Birnbacher (intergenerationeller Nutzensummenutilitarismus) oder Meyer-Abich (Frieden mit der Natur) zeigen. Ropohl schlägt als Maxime *das gute Leben aller* vor, das durch die Prinzipien der Nützlichkeit, des Wohlwollens und der Gerechtigkeit definiert wird (Ropohl 1987).

7.5
Grundarten der Verantworung

Der Gedanke Weischedels, daß ein verantwortungsfähiges Subjekt Antwort geben können muß und daß sich nach dem Adressaten der Antwort, der es in die Verantwortung letztlich nimmt, auch die Arten der Verantwortung unterscheiden, findet sich in vielen Lehrplänen. Ansetzend am dialogischen Prinzip als dem Grundverhältnis jeder menschlichen Existenz und der sprachlichen Analyse des Verantwortungsphänomens entwickelt er drei *Grundarten* der Verantwortung: die *soziale, religiöse* und *Selbst-Verantwortung.* Das äußere Grundverhältnis besteht im zwischenmenschlichen „Mit den anderen sein" und zeigt sich im Gespräch mit anderen Menschen. Hieraus erwächst soziale, aus dem dialogischen Verhältnis zu Gott religiöse Verantwortung; beide aber sind nach Weischedel eine personale Entscheidung, die in der Person ein unabhängiges *Ich selbst* zeigt, das auf ein Tieferliegendes zurückverweist: Auf die Selbstverantwortlichkeit, in der der Mensch ausschließlich im inneren Dialog mit sich selbst steht, und die der Grund aller anderen Formen ist. Der Mensch verhält sich so in allen Verantwortungsarten gegenüber einer Instanz: zu den Mitmenschen, zu Gott und zu sich selbst. Besonders die Struktur der Selbstverantwortung (Ich, als Subjekt, verantworte mich für meine Handlung vor mir selbst, als Instanz) ist für den Schüler nicht nur von theoretischem Interesse, sondern ein Anlaß, über sich selbst nachzudenken.

Aus dem Kern *der Verantwortungsrelation,* der darin besteht, *daß jemand etwas verantwortet,* ergibt sich zunächst die Frage nach dem Träger der Verantwortung, dem Mündigkeit und Freiheit zugesprochen werden müssen. Mit dieser, aus der kantischen Ethik stammenden Begründung des Handelns aus der *Autonomie,* der Selbstgesetzlichkeit des Willen, in dem das Prinzip aller moralischen Gesetze liegt, erhält auch Verantwortlichkeit einen neuen Stellenwert, sie ist unabdingbar – ganz im kantischen Sinne – mit den Problemen der Freiheit und der *Personalität* verknüpft.

Dennoch hat diese Position im technisch-wissenschaftlichen Lebensreich Grenzen, denn als Subjekt der Verantwortung kommt heute nicht mehr nur die individuelle Person, sondern auch das Kollektiv oder die Institution in Betracht. Lenks Konzeption der *Mitverantwortung* (Lenk 1987) als persönliche moralische Verantwortung, die nicht aufgeteilt werden kann, sondern von jedem einzelnen distributiv mitgetragen werden muß, erweitert die gängigen Verantwortungsmodelle entscheidend. Damit ist das Handlungssubjekt in gewisser Hinsicht entlastet, denn niemand ist nach Lenk allein für alles verantwortlich. Gesamtverantwortung ist in diesem Sinne distributiv mitzutragen, ohne mit steigender Trägerzahl zu (ver)schwinden. Sie kann als jeweilige Mitverantwortung, beispielsweise bei Großprojekten oder Teamarbeit, praktikabel feststellbar und persönlich zurechenbar sein, ein Verfahren, das aber in anderen Bereichen kollektiven Handelns – Beispiel: Waldsterben – deutliche Grenzen zeigt.

7.6
Die Verantwortungsethik im 20. Jahrhundert

Die zeitgenössische Verantwortungsethik ist der Versuch, auf die neu aufgetretenen ethischen Probleme im politisch-gesellschaftlichen und wissenschaftlich-technischen Bereich zu antworten; sie versucht es durch eine Verbindung von deontologischer und teleologischer Ethik, die beide den neuen Dimensionen des Handelns nicht mehr gerecht werden. Auf der einen Seite fordert sie, daß jeder die Verantwortung für seine Handlung, die Mittel, die er verwendet, und die entstehenden Folgen und Nebenfolgen übernehmen muß; sie verlangt aber von jedem einzelnen auch eine je konkrete Entscheidung nach bestem Wissen und Gewissen und deren Rechtfertigung vor sich und anderen. Dabei vertritt der Verantwortungsethiker bestimmte positive Werte, Normen oder Ideale, für deren Realisierung er sich einsetzt, die das Motiv seines Handelns sind. Insofern enthält jede Verantwortungsethik auch deontologische Prinzipien.

Philosophische Verantwortungsethik tritt besonders als Gegenstand des Ethikunterrichtes in der Sekundarstufe II in den Mittelpunkt; vorbereitet wird sie aber schon in der Mittelstufe, etwa durch die Gedanken Schweitzers. Die im nachfolgenden kurz angerissenen Positionen liefern interessante Gedanken und Argumentationen für die unterrichtliche Behandlung von verantwortungsethischen Problemen. Ihre Kenntnis könnte den oft betriebenen unverbindlichen Meinungsaustausch auf Talkshow-Niveau verhindern helfen.

Die grundlegenden moralphilosophischen Gedanken Schweitzers gehören zu den einflußreichsten veantwortungsethischen Äußerungen unserer Zeit; sie nehmen deshalb im Ethikunterricht eine zentrale Stelle ein. Er entwickelt ein neues *Grundprinzp des Sittlichen*, das er in der Welt- und Lebensbejahung, die im Willen zum Leben gegeben ist, findet. Der Wille zum Leben ist ein elementares Prinzip, und die *Ehrfurcht vor dem Leben* ist seine unmittelbare und zugleich tiefste Leistung. Da Schweitzer keine Wertunterschiede zwischen den Lebewesen, einschließlich des Menschen, anerkennt, fordert er radikal und kompromißlos die Anerkennung der *Heiligkeit jeglicher Kreatur*. Darum ist die Verantwortung auch nicht auf Mensch und Menschheit eingeschränkt, sondern auf das in der Welt zutage tretende Leben überhaupt gerichtet, wie Schweitzer (1960) in seinem ethischen Grundsatz formuliert: „Ethik ist ins Grenzenlose erweiterte Verantwortung gegen alles, was lebt."

Auf einem metaphysischen Entwurf beruht auch die einflußreichste Verantwortungsethik, die Jonas (1982) unter dem programmatischen Titel *Das Prinzip Verantwortung* veröffentlichte. Grundlage seiner Moralphilosophie ist die Forderung, daß es eine Welt auch für die kommenden Geschlechter der Menschen geben soll. Der grundlegende verantwortungsethische Imperativ ist dann auch ein ontologischer und fordert: *daß eine Menschheit sei.* Aber nicht nur das menschliche Sein legt uns die höchste Pflicht der Bewahrung auf, auch die Naturordnung – metaphysisch begründet – ist ein menschliches Treugut geworden und hat einen moralischen Anspruch an uns, nicht nur um des Lebens und Überlebens der Menschheit, sondern auch um ihrer selbst willen und aus eigenem Recht. Ins Bewußtsein treten muß dieses Axiom als eine moralisch-praktische Verpflichtung zum Dasein und Sosein der *künftigen Menschheit* in einer zweckbestimmten Naturordnung. Der Mensch muß das durch die *Naturordnung* entstandene Leben anerkennen und bewahren, so daß die Natur als Ganzes, die gesamte Biosphäre des Planeten dann zum Gegenstand menschlicher Verantwortung wird.

Die Thesen Jonas (1982) lösten eine neue Richtung in der Philosophie aus, eine Verantwortungsethik, zu deren Vertretern so unterschiedliche Philosophen wie Apel (1988), Lenk (1987), Birnbacher (1988) und Meyer-Abich (1986) gehören und die eine Gattungsverantwortung der Menschheit für die Biosphäre, den Lebensbereich der Erde für die jetzt lebenden und die zukünftigen Generationen fordern. Sie sind insgesamt bemüht, die anthropozentrische Ausrichtung der traditionellen Ethik zu überwinden und zunehmend biozentrische und holistische Grundsätze mit aufzunehmen.

Die Handlungsmaxime, daß den *zukünftigen Generationen* keine irreversiblen Schäden zugemutet werden dürfen, ist auch für Birnbacher zentral in seiner Verantwortungsethik; er stellt sie jedoch in einen utilitaristischen Begründungshorizont, den er durch altruistische Axiome erweitert. Grundlegend ist eine ideale utilitaristische Zukunftsnorm, die *Maximierung des in der gesamten zukünftigen Welt verwirklichten Guten* (Birnbacher 1988), wobei dieses Gut nicht als zu einer bestimmten zeitlichen Schicht der Welt gehörig, sondern als generationenübergreifende, intertemporale Größe gedacht werden muß. Auf dieser Basis entwickelt Birnbacher Praxisnormen, die zwar durch die ideale Norm begründet, aber auf ihre Anwendung hin, also auf ihre politischen Folgerungen und auf die zu erzeugenden Werthaltungen hin reflektiert werden. Daraus ergibt sich eine *angewandte, praxisorientierte Ethik,* die zwar neue Praxisnormen, neue Werthaltungen, neue Tugenden und neue Institutionen verlangt, aber durchaus auf allgemeine moralische Prinzipien zurückgreifen kann, die weitgehend anerkannt sind.

Ein neues und sehr weites Verantwortungskonzept findet sich bei Apel (1988), dem es stets um die *Gattungsverantwortung der Menschheit* geht als 7. Stufe in der Entwicklung des moralischen Bewußtseins. Den menschheitsbedrohenden Folgen von Wissenschaft und Technik kann nur mit einer universalen Ethik der Verantwortung begegnet werden, denn „zum ersten Mal in der menschlichen Gattungsgeschichte sind die Menschen praktisch vor die Aufgabe gestellt, die solidarische Verantwortung für die Auswirkungen ihrer Handlungen im planetarischen Maßstab zu übernehmen."

Meyer-Abich (1986) nimmt in der möglichen Reichweite der Verantwortung die umfassendste Position ein, die allem Natürlichen, auch dem Nichtlebendigen, der unbelebten Materie, einen Eigenwert zuspricht. Er fordert einen *Frieden mit der Natur* als zukunftsethische Maxime, der allerdings, wie auch Schweitzers Prinzip der *Ehrfurcht vor dem Leben*, ein neues Menschenbild und ein verändertes Naturverständnis voraussetzt. Die neuzeitliche Interpretation des Homo-mensura-Satzes ist verantwortlich für unser fehlgeleitetes Verhältnis zur Natur. Bedingt durch den verhängnisvollen Primat der Wirtschaft vor der Politik und Kultur sehen wir die Natur nur unter der verengten ökonomischen Perspektive als Umwelt; als natürliche leidende Mitwelt hat sie aber nach Meyer-Abich einen moralischen Anspruch an uns. Der *Frieden mit der Natur* als politisch-naturphilosophisches Konzept ist allein imstande, die politische und wirtschaftliche Organisation der Industriegesellschaft in Einklang mit der Ordnung der Natur zu bringen (Meyer-Abich 1986).

7.7
Ausblick

Philosophisch verstandener Ethikunterricht bietet so Einübung in verantwortungsethische Argumentationsweisen und Begründungsgänge, durch die ein kritisches Moralbewußtsein entwickelt werden kann. Er enthält allerdings auf seiner letzten Stufe ein über das Kognitive hinausgehendes Moment, das man als *sittliche Kompetenz, Verantwortungsbewußtsein* oder als *moralisches Engagement* bezeichnen kann. Dies wird besonders gefördert durch handlungsorientiertes Lernen, das nicht bei abstrakten Einsichten zum Guten und Richtigen stehenbleibt, sondern diese Einsichten so formuliert, daß konkrete Handlungen auf der Grundlage dieser Einsichten vorstellbar werden. Denn Verantwortungsethik wird für Schüler nur dann sinnvoll, wenn sie sich aus der Lebenspraxis herausentwickelt und sich wieder in sie hinbewegt im Sinne aktiver, engagierter Beteiligung an der verantwortlichen Gestaltung der Lebenswirklichkeit.

Literatur

Apel KO (1988) Diskurs und Verantwortung. Das Problem des Übergangs zur postkonventionellen Moral. Suhrkamp, Frankfurt am Main

Bildungsplan für das Gymnasium Baden-Württemberg (1994). Ministerium für Kultus und Sport in Baden-Württemberg (Hrsg), Stuttgart, S 10–11, 401, 811

Birnbacher D (1988) Verantwortung für zukünftige Generationen. Reclam, Stuttgart

Jonas H (1982) Das Prinzip Verantwortung. Versuch einer Ethik für die technologische Zivilisation. 3. Aufl. Insel, Frankfurt am Main

Kant I (1968) Grundlegung zur Metaphysik der Sitten. Akademische Textausgabe, Bd. 4. De Gruyter, Berlin, S 430

Lenk H (1987) Über Verantwortungsbegriffe in der Technik. In Lenk H, Ropohl G (Hrsg) Technik und Ethik. Reclam, Stuttgart, S 123 ff.

Lenk H, Ropohl G (Hrsg) (1987) Technik und Ethik. Reclam, Stuttgart

Meyer-Abich KM (1986) Dreißig Thesen zur praktischen Naturphilosophie. In: Lübbe H, Ströker E (Hrsg) Ökologische Probleme im kulturellen Wandel. Fink/Schöningh, München Paderborn Wien Zürich, S 100–108

Ropohl G (1987) Neue Wege, die Technik zu verantworten. In: Lenk H, Ropohl G (Hrsg) Technik und Ethik. Reclam, Stuttgart, S. 157

Sänger M (1991) Verantwortung. Arbeitstexte für den Unterricht (Sek.II). Reclam, Stuttgart

Sänger M (1996) Verantwortung. 22 Arbeitsblätter mit didaktisch-methodischen Kommentaren. Sek. II. Klett, Stuttgart

Schweitzer A (1960) Kultur und Ethik. Beck, München, S 332

Weischedel W (1972) Das Wesen der Verantwortung. 3. Aufl., Klostermann, Frankfurt am Main

8 Biotechnologie im Unterricht

U. Harms, H. Bayrhuber
Institut für die Pädagogik der Naturwissenschaften, Universität Kiel

8.1
Einleitung

Bei der Behandlung der modernen Biotechnologie im Unterricht der allgemeinbildenden Schulen lernen die Schüler ein Gebiet mit erheblicher Zukunftsbedeutung kennen. Einerseits weist dieses ein hohes Potential zur Lösung verschiedenster Probleme auf, dessen Anwendung andererseits aber selbst neue Probleme mit sich bringen kann. Aus der hohen Relevanz und dieser Ambivalenz des Themas ergibt sich eine besondere Verantwortung des naturwissenschaftlichen Unterrichtes dafür, die Schüler als Bürger und zukünftige Entscheidungsträger fundiert über diese Technologie zu informieren, um sie in die Lage zu versetzen, sich kritisch an den Auseinandersetzungen über Chancen und Risiken der Biotechnologie beteiligen zu können. Hinzu kommt, daß die Schüler mit der Biotechnologie wichtige biologische Grundlagen der Daseinsvorsorge kennenlernen.

Aus pädagogischer und biologiedidaktischer Sicht hat der Schulunterricht die Aufgabe, Grundlagen und Auswirkungen der Biotechnologie zu behandeln und die Kompetenz der Schüler zu fördern, diese Technologie darüber hinaus sachlich begründet bewerten zu können. Der Unterricht soll die Jugendlichen dazu anleiten, die Verfahren, Leistungen und Auswirkungen der Biotechnologie zu verstehen und auf dieser Basis aufbauend, eigene Urteile in bezug auf dieses Thema zu fällen und – entsprechend dieser Urteile – verantwortlich zu handeln.

Aufgrund des explosionsartigen Wissenszuwachses in allen Biowissenschaften in der jüngsten Vergangenheit ist es für Biologielehrer im Unterricht notwendig, sich auf das Wesentliche im Bereich der Biotechnologie zu beschränken, wobei jedoch die zentralen Anwendungsgebiete (Chemisch-pharmazeutische Industrie, Medizin, Landwirtschaft und Ernährung, Umwelttechnik) und Verfahren (Gentechnik, Zellkulturtechnik, Kultur von Mikroorganismen, Neukonstruktion von Proteinen, Einsatz monoklonaler Antikörper) berücksichtigt werden sollten. Aus der Vielfalt der Verfahren, die unter dem Begriff Biotechnologie zusammengefaßt werden, steht heute vor allem die Gentechnik im Mittelpunkt des öffentlichen Interesses. Über die Medien werden die Jugendlichen mit den verschiedensten Anwendungsfeldern und Aspekten dieser modernsten Form der Biotechnologie konfrontiert. Aufgrund der bereits aktuellen Bedeutung (beispielsweise auf dem Gebiet der Lebensmittelherstellung: die Gen-Tomate und gentechnisch veränderte Sojabohnen) sowie der Zukunftsbedeutung der Gentechnik (z. B. auf dem Gebiet der somatischen Gentherapie) für das Alltagsleben jedes einzelnen ist es unter pädagogischen und didaktischen Gesichtspunkten notwendig, das Thema

Gentechnik im Biologieunterricht zu behandeln. Im Anschluß an einen Überblick über Unterrichtsbeispiele und Materialien für die Behandlung der Biotechnologie im Biologieunterricht der verschiedenen Schulstufen soll in diesem Beitrag vorwiegend auf das Thema Gentechnik im Biologieunterricht eingegangen werden. Es wird ein vom Bundesministerium für Bildung, Wissenschaft, Forschung und Technologie (BMBF) gefördertes Projekt zum Thema der unterrichtlichen Behandlung der Gentechnik unter besonderer Berücksichtigung ethischer Fragen vorgestellt, in dem biologiedidaktische Forschung mit Entwicklungsarbeiten für den Biologieunterricht verknüpft wird.

8.2
Beispiele für den Biologieunterricht über Biotechnologie

Bereits in der Primarstufe (siehe Tabelle 8.1) kann auf traditionelle biotechnische Verfahren eingegangen werden, soweit die so erzeugten Produkte zu den alltäglichen Nahrungsmitteln der Schüler gehören. Diese erfahren dabei, daß Mikroorganismen eine wichtige Rolle bei der Nahrungsmittelproduktion spielen, und sie lernen, diese differenziert zu betrachten. Auch die Bedeutung von Pilzen, Bakterien und anderer Lebewesen beim Abbau organischer Abfälle kann bereits Grundschülern nahegebracht werden, wie z. B. durch die Untersuchung eines Komposthaufens.

In der Sekundarstufe I (siehe Tabelle 8.1) lassen sich biotechnische Verfahren in den Themenbereich „Ökologie und Umwelterziehung" integrieren, beispielsweise im Zusammenhang mit Mikroorganismen als Reduzenten in Stoffkreisläufen. Im Rahmen der Gesundheitserziehung werden Bakterien, Pilze und Viren als Erreger von Infektionskrankheiten thematisiert.

Beim Thema „Physiologie des Menschen" in den Klassen 9 und 10, insbesondere beim Thema „Verdauung", werden Enzyme behandelt. In diesem Zusammenhang könnten auch Aspekte der Enzymtechnik angesprochen werden. Anhand einfacher Versuche, z. B. zum Pektinabbau bei der Herstellung von Fruchtsäften, kann eine Verbindung zu wirtschaftlich besonders bedeutsamen Gebieten der Biotechnologie hergestellt werden. In diesen Klassenstufen bietet auch das Thema „Züchtung" Anknüpfungspunkte an die Biotechnologie. Dabei kann auf die Bedeutung moderner Züchtungsverfahren und den Einsatz der Gewebekulturtechnik im Pflanzenbau eingegangen werden.

Entsprechend der wissenschaftspropädeutischen Zielsetzung der Abschlußklassen des Gymnasiums sollen sich die Schüler außer mit den zentralen Anwendungsgebieten der Biotechnologie auch mit der Genese des biotechnischen Wissens befassen. Sie sollen die wichtigsten Verfahren der Biotechnologie kennen und begründet beurteilen lernen. Aufgrund der Komplexität der einzelnen Themen, die auch nichtnaturwissenschaftliche – wie ethische oder soziale – Aspekte beinhalten, sollten Biologielehrer, wenn nötig, hier auch die Kooperation mit Kollegen anderer Fächer – beispielsweise mit Philosophielehrern – suchen; denn gerade die Darstellung der Biotechnologie in ihrer ganzen Komplexität ist aus didaktischer Sicht eine notwendige Voraussetzung für eine Erziehung der Schüler zu verantwortlichen Entscheidungen auf der Grundlage fundierten, sicheren Wissens.

Tabelle 8.1. Praktische Beispiele für den Unterricht über Biotechnologie (vgl. auch Bayrhuber u. Lucius 1992)

Schulstufe	Unterrichtsbeispiel
Primarstufe	Herstellung von Joghurt und Sauerkraut
Orientierungsstufe	Experimente und mikroskopische Übungen mit Hefe und Hefeteig
Sekundarstufe I	Milchsäurebildung im Sauerteig – ein Modell der Sukzession in mikrobiellen Mischkulturen
	aus Saft wird Wein, aus Wein wird Essig – Herstellung eines Apfelcidres und Essigproduktion
Sekundarstufe II	Zitronensäure produzieren – Produktion im Labormaßstab und Produktprüfung der gebildeten Zitronensäure
	vergleichende Proteinanalyse von Kuhmilch und Muttermilch – geleiektrophoretische Auftrennung der Proteine, Färben und Entfärben der Gele, densitometrische Auswertung der Proteinbanden
	Experimentieren mit dem Lambda-Kit® – Hydrolyse von λ-DNA mit verschiedenen Restriktionsenzymen, gelelektrophoretische Auftrennung der DNA-Fragmente und Färbung der DNA-Banden
	der ELISA-Kit (Enzyme-Linked-Immunosorbent-Assay) – Nachweis des Pelargonium-Flower-Break-Virus in Geranienblättern mit Hilfe immunbiologischer Reaktionen

8.3
Unterrichtsmaterialien der European Initiative for Biotechnology Education (EIBE)

Verschiedene Untersuchungen auf europäischer Ebene haben gezeigt, daß Europäer nur geringes Vertrauen in Regierungen und andere öffentliche Gremien haben, daß diese angemessen mit den Risiken biotechnologischer Anwendungen umzugehen verstehen (vgl. Eurobarometer 1993; Bauer et al. 1997). Als ein Grund für diese Untersuchungsergebnisse wird die mangelnde Information der Öffentlichkeit über biotechnologische Verfahren und Anwendungsgebiete gesehen. Eine Reaktion hierauf ist, daß zur Zeit in mehreren Ländern der Europäischen Union die Einführung des Themas Biotechnologie in den Unterricht geplant ist oder das Thema bereits in die Lehrpläne aufgenommen wurde. Darüber hinaus werden von der Europäischen Union Projekte gefördert, deren Ziel die Aufklärung der Bevölkerung und insbesondere der Schüler über Biotechnologie ist, wie beispielsweise die „European Initiative for Biotechnology Education" (EIBE) (vgl. Grainger 1996). Die Ziele der EIBE sind,

- das Verständnis für Biotechnologie in der Öffentlichkeit zu verbessern,
- Lehrern den Zugang zu Informationsquellen und zu Fort- und Weiterbildungskursen in Bereichen der Biotechnologie zu erleichtern,
- das gegenseitige Verständnis der unterschiedlichen Einstellungen zur Biotechnologie zu fördern,
- das öffentliche Bewußtsein hinsichtlich der Biotechnologie zu schärfen und einen rationalen Diskurs über dieses Themengebiet anzuregen und zu fördern,
- persönliche, soziale, ethische, wirtschaftliche und umweltrelevante Aspekte in der Diskussion über die Biotechnologie zu berücksichtigen.

Diese Ziele werden mit Hilfe unterschiedlicher Aktivitäten verfolgt:

- die Initiierung und Durchführung von Fort- und Weiterbildungskursen für Lehrer,
- die Entwicklung innovativer Unterrichtsmaterialien,
- die Adaptation und Verbreitung von Unterrichtsmaterialien, die in den verschiedenen europäischen Ländern bereits vorliegen,
- die Erleichterung des Zuganges von Lehrern zu Unterrichtsmaterialien über Biotechnologie,
- die Erforschung der Vorstellungen und Einstellungen von Lehrern und Schülern in Hinblick auf Biotechnologie einschließlich neuer Entwicklungen auf diesem Gebiet,
- Etablierung von Kontakten zu Organisationen, die Öffentlichkeitsarbeit in Zusammenhang mit Biotechnologie betreiben,
- Förderung des Informations- und Erfahrungsaustausches zwischen Lehrern und Fachdidaktikern in Europa,
- Förderung der Arbeit von Bildungseinrichtungen in Europa, die sich mit Fragen der Biotechnologie befassen,
- Förderung des Austausches von Ideen, Informationen und Ressourcen bezüglich Biotechnologie in der Europäischen Union.

Eine Übersicht über die in der EIBE entwickelten Unterrichtsmaterialien zeigt Tabelle 8.2.

Tabelle 8.2. In der European Initiative for Biotechnology Education entwickelte Unterrichtsmaterialien. Sie sind bzw. werden in Kürze unter der Adresse http://www.EIBE.reading.ac.uk:8001/ im Internet in englischer Sprache veröffentlicht.

bereits verfügbare Unterrichtseinheiten	in Kürze verfügbare Unterrichtseinheiten
Microbes and Molecules*) (E. R. Lucius, IPN Kiel)	Transgenic Plants II (V. Damen, Universität Antwerpen)
DNA Fingerprinting (D. Hammelev, Educational Biotechnology Group, Søborg)	Transgenic Animals (W. Garvin, NIESU Belfast)
Biscuits and Biotechnology (G. Coutouly, LEGTP Straßburg)	A Model European Council (D. Hammelev, Educational Biotechnology Group, Søborg)
Issues in Human Genetics (W. Garvin, NIESU Belfast)	Novel Food (A. Kroß, IPN Kiel)
Fermentation Technology *) (O. Serafimov, UNESCO/INCS Überlingen)	Human Genome Project (U. Harms, IPN Kiel)
DNA Model *) (W. Garvin, NIESU Belfast)	Biotechnology and 3rd World (O. Serafimov, UNESCO/INCS Überlingen)
Debate of a personal dilemma (D. Hammelev, Educational Biotechnology Group, Søborg)	Environmental Biotechnology (J. Grainger, NCBE Reading)
Practical immunology *) (L. Marcussen, Educational Biotechnology Group, Nyborg)	History of Biotechnology (G. Coutouly, LEGTP Straßburg) The EIBE-Family (J. Schollar, NCBE Reading)
Transgenic plants (V. Damen, Universität Antwerpen)	

*) Diese gekennzeichneten Unterrichtseinheiten sind bereits auch in deutscher Sprache verfügbar.

8.4
Wissenschaftliche Untersuchungen über Interessen und Einstellungen von Jugendlichen zum Thema Gentechnik

Interesse an und Einstellungen gegenüber Unterrichtsinhalten haben deutliche Auswirkungen auf den Lernerfolg der Schüler im Unterricht. Aufgrund dieser Tatsache führten Todt u. Götz (1995) – u. a. als Basis für das unten beschriebene

BMBF-Projekt – quantitative Untersuchungen durch, in denen sie Interessen und Einstellungen von Jugendlichen gegenüber einem Thema aus dem Bereich der Biotechnologie (der Gentechnik) mit Hilfe von Fragebögen erfaßten. Die Ergebnisse dieser Untersuchungen (vgl. Todt u. Götz 1995) zeigen, daß sich das Interesse von Schülern gegenüber der Gentechnik erst beim Übergang von der Sekundarstufe I in die Sekundarstufe II entwickelt. Während für Mädchen eher soziale und ethische Aspekte der Gentechnik im Mittelpunkt des Interesses stehen, sprechen wirtschaftliche und technische Aspekte in diesem Zusammenhang eher Jungen an. Grundsätzlich ist das Interesse der untersuchten Jugendlichen wenig wissensbasiert. Es handelt sich hier eher um Neugier und um Orientierungsoffenheit gegenüber einer neuen Technologie. Das Interesse an der Gentechnik entwickelt sich parallel zum Interesse an anderen gesellschaftlichen Themen. Berichte in öffentlichen Medien sind offensichtlich zur Zeit bedeutsamer für die Entwicklung des Interesses an der Gentechnik als die Kenntnisvermittlung in der Schule. Besonderes Interesse zeigen die Jugendlichen an Vor- und Nachteilen der Gentechnik, an mit dieser verbundenen Risiken, an ihren Anwendungsmöglichkeiten im medizinischen Bereich und im Bereich der Sicherung der Welternährung sowie an ethischen Aspekten. Wenig Interesse zeigen die Jugendlichen an Anwendungen der Gentechnik in der Tier- und Pflanzenproduktion.

Zwischen dem Interesse an und den negativen Einstellungen gegenüber der Gentechnik bestehen weder bei Schülerinnen noch bei Schülern praktisch bedeutsame (negative) Korrelationen. In bezug auf den Einsatz der Gentechnik im Umweltschutz und zur Diagnose von Erbkrankheiten überwiegen die Hoffnungen die Befürchtungen, in bezug auf den Einsatz der Gentechnik in der Tier- und Pflanzenproduktion sowie im Zusammenhang mit der Freisetzung gentechnisch veränderter Lebewesen sind die Befürchtungen der Jugendlichen größer als ihre Hoffnungen. Dem „Human Genome Project" (HUGO) gegenüber sind ihre Hoffnungen und Befürchtungen ambivalent. Risiken der Gentechnik sehen die Jugendlichen vielmehr in der Möglichkeit des gezielten Mißbrauches gentechnischer Erkenntnisse als in der Möglichkeit, daß die Gentechnik der Kontrolle des Menschen sowohl in der Forschung als auch in ihren verschiedenen Anwendungsbereichen entgleiten könnte. Die Akzeptanz gentechnischer Aktivitäten ist bei den befragten Jugendlichen sehr differenziert. Die meisten Jugendlichen fordern vor einer Entscheidung für oder gegen eine gentechnische Veränderung eine umfassende Aufklärung über mögliche Risiken, über den aktuellen Erkenntnisstand, über die staatliche Kontrolle, über Argumente von Befürwortern und Gegnern sowie über ethisch-moralische Aspekte. Verschiedene Quellen zur Information über die Gentechnik genießen bei Schülern sehr unterschiedliches Vertrauen. Während Experten aus Universitäten, Lehrern der Biologie und Chemie, wissenschaftlichen Dokumentationen im Fernsehen sowie Fachzeitschriften und Vertretern von Umweltschutzgruppen großes Vertrauen entgegengebracht wird, sind für die Jugendlichen Illustrierte, Vertreter der Kirche und der Industrie sowie Gewerkschaften und politische Parteien weniger vertrauenswürdig. Insgesamt sind die Interessen und Einstellungen der Jugendlichen gegenüber der Gentechnik ausgesprochen differenziert. Sie sind offensichtlich an einer umfassenden Aufklärung über dieses Thema interessiert. Eine detaillierte Übersicht über die Hoffnungen und Befürchtungen der Schüler in bezug auf die Gentechnik gebenTodt u. Götz (1997).

8.5
Ein didaktisches Konzept für den Unterricht zum Thema Gentechnik und die ethische Analyse

Bei der Behandlung des Themas Gentechnik im Biologieunterricht geht es neben biologischem Grundlagenwissen und dem Verständnis molekularbiologischer Methoden um nichtnaturwissenschaftliche wie ethische, soziale und juristische Fragen. Gerade diese beschäftigen die Schüler im Zusammenhang mit der Gentechnik ganz besonders. Für die Aufbereitung des Themas Gentechnik für den Biologieunterricht bedeutet dies, daß es nicht bei einer rein naturwissenschaftlichen Betrachtungsweise bleiben kann. Zur Strukturierung des Unterrichtes über das Thema Gentechnik lassen sich zwei Dimensionen unterscheiden: Die deskriptive Ebene, auf der es um naturwissenschaftliches Faktenwissen geht, das als richtig oder falsch beurteilt werden kann, und die normative Dimension, die die Bewertung menschlicher Handlungen als moralisch gut oder schlecht umfaßt. Mit dieser normativen Ebene ist das Lernziel verbunden, die moralische Urteilsfähigkeit der Schüler zu fördern. Der Begriff moralisches Urteilsvermögen meint in diesem Zusammenhang die Fähigkeit, sich in einer Dilemmasituation begründet zwischen zwei Werten entscheiden zu können. Um die verschiedenen Argumentationsweisen zu strukturieren, werden diese in zwei übergeordnete Kategorien eingeteilt; in die eine, bei der das Wohlergehen des Menschen und/oder der Natur den Bezugspunkt darstellt, und in eine zweite, bei der der Bezugspunkt die Würde des Menschen ist.

Um dem Biologielehrer eine Hilfe zu geben, normative Fragestellungen im Unterricht – im Zusammenhang mit dem Thema Gentechnik – zu thematisieren und zu diskutieren, wurde ein Verfahren der ethischen Analyse für den Unterricht entwickelt (Bayrhuber 1994; Hößle, bisher unveröffentlicht). Sie soll dem Lehrer als eine Strukturierungshilfe für die Behandlung ethischer Fragen im Bereich der Gentechnik an die Hand gegeben werden. Mit Hilfe der ethischen Analyse soll erreicht werden, die Schüler zu einer begründeten Meinung über einzelne Themen aus dem Gebiet der Gentechnik zu führen. Darüber hinaus sollen die Schüler mit der ethischen Analyse einen gedanklichen Weg zur Entwicklung einer eigenen Meinung über einzelne Gebiete der Gentechnik und der Argumentation für diese Meinung zu normativen Fragen kennenlernen und erkennen, daß es im Bereich normativer Fragestellungen keine eindeutigen Antworten gibt.

Die ethische Analyse läßt sich in die folgenden Gedankenschritte einteilen:

1. Formulierung der Entscheidungssituation oder des Dilemmas,
2. Benennung der verschiedenen möglichen Handlungsoptionen in dieser Situation,
3. Zuordnung der verschiedenen Handlungen zu Werten, die hiervon berührt werden, und Reflexion der aus diesen Handlungen folgenden Konsequenzen,
4. Treffen einer begründeten Entscheidung für eine der Handlungsoptionen,

5. Zuordnung der Gründe für diese Entscheidung zu den übergeordneten Argumentationskategorien,
6. Beschreibung der Konsequenzen der individuellen Entscheidung.

Eine Frage, die in Form der ethischen Analyse bearbeitet werden könnte, ist beispielsweise, ob menschliche DNA-Sequenzen patentiert werden dürfen oder nicht. Das zur Diskussion stehende Dilemma wird von den Schülern zunächst präzise formuliert. Sie erhalten Hintergrundinformation darüber, was ein Patent ist. Anschließend werden von den Schülern die drei Handlungsoptionen für diese Frage genannt. Es ist möglich

1. alle DNA-Sequenzen patentierbar zu machen, gleich ob ihre Funktion bekannt ist oder nicht;
2. nur solche DNA-Sequenzen patentierbar zu machen, deren Funktion bekannt ist und
3. Patentierung von DNA-Sequenzen generell nicht zu legalisieren.

Im nächsten Schritt ordnen die Schüler diese verschiedenen Handlungen Werten zu, die von ihnen berührt werden, wie das Recht auf Selbstbestimmung, wirtschaftlicher Gewinn oder persönliche Gesundheit. Anschließend treffen die Schüler jeweils eine begründete Entscheidung für eine der Handlungsoptionen und ordnen diese den beiden Argumentationskategorien zu. Bei dem Recht auf Selbstbestimmung stellt beispielsweise die Würde des Menschen den Bezugspunkt dar; das Wohlergehen des Menschen ist der Bezugspunkt bei einer Argumentation für den wirtschaftlichen Gewinn oder die menschliche Gesundheit. Im folgenden beschreiben die Schüler die Konsequenzen ihrer individuellen Entscheidung. Abschließend werden die verschiedenen Meinungen und die ihnen zugrundeliegenden Argumentationswege vergleichend diskutiert.

8.6
Entwicklung von Unterrichtsmaterialien zum Thema Gentechnik für den Biologieunterricht im Rahmen des BMBF-Projektes „Wissenschaftliche Untersuchungen und Entwicklungsarbeiten zur unterrichtlichen Behandlung der Gentechnik unter besonderer Berücksichtigung ethischer Fragen"

Auf der Basis der beschriebenen didaktischen Konzeption werden sowohl philosophische als auch biologiedidaktische Forschungsarbeiten und damit in Zusammenhang stehende Entwicklungsarbeiten zum Thema Gentechnik für den Schulunterricht durchgeführt. Im Bereich der philosophischen Forschungsarbeiten wird an der Universität Münster in der Arbeitsgruppe von K. Bayertz im Rahmen der Dissertation von C. Runtenberg ein System von ethischen Prinzipien erarbeitet (vgl. Runtenberg u. Ach 1997), die das Thema Gentechnik berühren. In einer biologiedidaktischen Dissertation, die von C. Hößle am Institut für die Pädagogik der Naturwissenschaften der Universität Kiel (IPN) durchgeführt wird, werden die affektiven Voraussetzungen und Wirkungen, die der Unterricht über Gentechnik hat, untersucht. Darüber hinaus wurden Schülervorstellungen zur Gentechnik und das moralische Urteilsvermögen der Schüler in bezug auf die Gentechnik untersucht.

In den entwickelten Materialien zum Thema Gentechnik wurde das beschriebene didaktische Konzept umgesetzt, und erste Ergebnisse der Forschungsarbeiten wurden berücksichtigt. Thematisch gliedern sich die Materialien in drei Gruppen:

- Gentechnik und Nutzpflanzen,
- Gentechnik und Nutztiere,
- Gentechnik und Humanmedizin.

Darüber hinaus werden zwei Basismodule entwickelt. Im ersten geht es um grundlegende Methoden der Gentechnik, im zweiten um einen Überblick über die verschiedenen Anwendungsbereiche der Gentechnik. Die Themen der einzelnen Module zeigt Tabelle 8.3. In den Modulen, die sich mit den verschiedenen Anwendungsmöglichkeiten der Gentechnik auseinandersetzen, werden jeweils deskriptive und normative Aspekte des Themas behandelt.

Tabelle 8.3. Themen der einzelnen Module für den Bereich Gentechnik

Modul	Themen der Bereiche Gentechnik
Basismodule	Methoden der Gentechnik (GT)
	Überblick über die Anwendungsbereiche der GT
Gentechnik und Nutzpflanzen	Ziele und Anwendungen der GT in der Rapszüchtung
	Agrobacterium tumefaciens als Genfähre
	gentechnische Veränderung der Kartoffel
	gentechnisch veränderte Lebensmittel
	Erzeugung von Resistenzeigenschaften und Probleme der Freisetzung transgener Pflanzen
	Analyse des pflanzlichen Genoms
Gentechnik und Nutztiere	Steigerung der Milchproduktion bei Kühen mit Hilfe des Rinderwachstumshormons
Gentechnik und Humanmedizin	Bedeutung der GT für die Humanmedizin
	Herstellung des Blutgerinnungsfaktors VIII
	somatische Gentherapie
	Kartierung und Sequenzierung des menschlichen Genoms
	ethische Analyse der Gentherapie an Keimbahnzellen des Menschen

Auf der deskriptiven Ebene geht es vor allem um molekularbiologische und gentechnische Methoden im Zusammenhang mit biologischem Grundwissen (z. B. Aufbau der DNA, Erbgänge bestimmter Erbkrankheiten). Auf der normativen Ebene geht es um die Anwendung der ethischen Analyse in bezug auf bestimmte mit dem jeweiligen Thema zusammenhängende Dilemmata. Wie das oben beschriebene didaktische Konzept und die ethische Analyse in Unterrichtsmaterialien praktisch umgesetzt wird, zeigt die folgende Beschreibung des Moduls „Das ACGT[1] des Lebens – die Kartierung und Sequenzierung des menschlichen Genoms" aus dem Themenbereich „Gentechnik und Humanmedizin".

8.7
Das ACGT des Lebens – die Kartierung und Sequenzierung des menschlichen Genoms

Dieses Modul setzt sich mit den Methoden, Ergebnissen und der Anwendung der Ergebnisse, die aus dem Human Genome Project hervorgehen, auseinander. Indem die Schüler sich mit dem Human Genome Project eingehend beschäftigen, werden sie mit dem größten, vermutlich teuersten und am kritischsten diskutierten Gentechnik-Projekt konfrontiert, das zur Zeit weltweit durchgeführt wird. Von den Ergebnissen des Projektes erhofft man sich unter anderem eine Verbesserung des Verständnisses genetisch bedingter Krankheiten sowie mögliche Hinweise für neue Diagnose- und Therapiemöglichkeiten genetisch bedingter Krankheiten. Gegner des Projektes jedoch befürchten, daß die Genomanalyse zu einer neuen Form der Eugenik führen könnte, zur Diskriminierung Behinderter und zu pränataler Selektion. Darüber hinaus lehnen sie das Projekt wegen seiner unvorhersehbaren Folgen für das biologische und soziale Leben des Menschen ab. So setzen sich die Schüler anhand des Human Genome Projects mit einem der kritischsten Themen aus dem Bereich der Gentechnik auseinander, das, wenn es seine Ziele erreicht, spürbare Folgen für das zukünftige Leben des Menschen haben wird.
Bei der Benutzung des Moduls stehen die folgenden kognitiven und affektiven Lernziele im Vordergrund. Die Schüler sollen erläutern können, was im Rahmen des Human Genome Projects gemacht wird und den aktuellen Stand der Forschungsarbeiten beschreiben können. Darüber hinaus lernen sie die bedeutendsten Methoden, die bei der Kartierung und Sequenzierung des Genoms angewendet werden, kennen. Neben der Beschäftigung mit diesen biologischen und technologischen Aspekten werden soziale und ethische Konsequenzen, die aus der Anwendung der Ergebnisse des Human Genome Projects resultieren, thematisiert. In diesem Zusammenhang führen die Schüler die ethische Analyse zum einen an der Frage „Gendiagnostik ja oder nein?" und zum zweiten an der Frage „Sollen menschliche DNA-Sequenzen patentiert werden oder nicht?" durch. Die Schüler sollen hierbei lernen, ihren eigenen Standpunkt bei der Bewertung der jeweiligen Frage sachlich begründet zu vertreten.

---

[1] A – Adenin, C – Cytosin, G – Guanin, T – Thymin.

Das Modul setzt sich aus vier Abschnitten zusammen:

1. Der genetische Fingerabdruck in der forensischen Medizin,
2. molekularbiologische Methoden, die bei der Kartierung und Sequenzierung des menschlichen Genoms verwendet werden,
3. Gendiagnostik – ein Anwendungsbereich der Ergebnisse des Human Genome Projects,
4. Patentierung menschlicher DNA-Sequenzen.

1. Der genetische Fingerabdruck in der forensischen Medizin. Der Einstieg in das Thema des Moduls erfolgt über eine Zeitungsnotiz, in der es um die Identifikation eines Mörders mit Hilfe des genetischen Fingerabdruckes geht. Die Schüler lernen, was ein genetischer Fingerdruck ist, sie erfahren die Bedeutung des Restriktionsfragmentlängenpolymorphismus für diese Methode und finden anhand eines Autoradiogramms selbständig den Mörder heraus. Die Funktion dieses, die rein deskriptive Ebene des Themas betreffenden Unterrichtsabschnittes, ist vor allem, die Schüler zunächst einmal für das Thema zu motivieren und ihr Interesse hierfür zu wecken.

2. Molekularbiologische Methoden. Von der Methode des genetischen Fingerabdruckes ausgehend, wird zum Human Genome Project übergeleitet. Hier werden zunächst rein deskriptiv die Methoden Polymerasekettenreaktion, genetische und topographische Kartierung sowie die Sequenzierung nach Sanger et al. (1977) vermittelt. Dieses geschieht teils auf expositorische Art und Weise, teils in Eigenarbeit der Schüler. Anhand der Arbeit mit einem Papiermodell entdecken die Schüler selbständig die Sequenzierungsmethode nach Sanger et al. (1977).

3. Gendiagnostik. Dieser Unterrichtsabschnitt enthält neben rein deskriptiven Elementen normative Aspekte. Thematisch steht im Zentrum die genetisch bedingte Krankheit „Mukoviszidose". Anschließend an das Vorwissen der Schüler über verschiedene Möglichkeiten der Vererbung (rezessive, dominante sowie gonosomale und autosomale Erbgänge) sowie über die Möglichkeit genetische Profile von Menschen herzustellen, werten die Schüler verschiedene Autoradiogramme aus und finden so heraus, welche der untersuchten Personen Träger des Mukoviszidose-Gens sind. Darüber hinaus können sie diagnostizieren, welche Fehler in der Proteinbiosynthese bei den Betroffenen durch den genetischen Defekt hervorgerufen werden. An diesen deskriptiven Unterrichtsabschnitt anschließend, führen die Schüler eine ethische Analyse zu der Frage „Gendiagnostik ja oder nein?" und „Wenn ja, in welchen Fällen?" durch.

4. Patentierung menschlicher DNA-Sequenzen. Im Zentrum dieses Unterrichtsabschnittes steht die ethische Analyse der Frage „Sollen menschliche DNA-Sequenzen patentiert werden oder nicht?". Die Schüler erhalten als Ausgangspunkt der Arbeit zunächst Informationen darüber, was ein Patent ist, und werden über Texte mit den verschiedenen in der öffentlichen Diskussion vertretenen Argumenten und Meinungen zu dieser Frage konfrontiert. Im Anschluß an die eigene ethische Analyse der Schüler werden die in diesen Texten vertretenen konträren Positionen bewertet.

Literatur

Bauer M, Durant J, Gaskell G (1997) Europe ambivalent on biotechnology. Nature 387:845–847

Bayrhuber H, Lucius ER (1992) Biotechnologie der Nahrungs- und Genußmittelproduktion. In: Bayrhuber H, Lucius ER (Hrsg) Handbuch der praktischen Mikrobiologie und Biotechnologie, Bd 1. Metzler Schulbuchverlag GmbH, Hannover, S 110–167

Bayrhuber H (1994) Ethische Analyse im Unterricht über Biotechnik. In: Bayrhuber H et al. (Hrsg) Interdisziplinäre Themenbereiche und Projekte im Biologieunterricht, 9. Fachtagung der Sektion Fachdidaktik im VDBiol vom 19.9–24.9.1993 in Ludwigsfelde. IPN, Kiel

Eurobarometer 39.1 (1993) Biotechnology and genetic engineering – what europeans think about it in 1993. INRA (Europe) European Coordination Office

Grainger JM (1996) Needs and means for education and training in biotechnology: perspectives from developing countries and Europe. World Journal of Microbiology & Biotechnology 12:451–456

Runtenberg C, Ach JS (1997) Laßt uns (k)einen Menschen klonieren. Ethische Argumente gegen die Klonierung von Menschen. In: Ach JS, Bedenbecker-Busch M, Kayß M (Hrsg) Grenzen des Lebens – Grenzen der Medizin, Bd. 3. Edition Volkshochschule, Münster, S 121–136

Sanger F, Niklen S, Coulson AR (1977) DNA sequencing with chain terminating inhibitors. In: Proceedings of the National Academy of Science USA 74:5463–5468

Todt E, Götz Ch (1995) Interessen und Einstellungen von Jugendlichen gegenüber der Gentechnologie, Bericht über eine Untersuchung an Schülerinnen und Schülern der Jahrgangsstufen 10, 11 und 12. Justus-Liebig-Universität, Gießen

Todt E, Götz Ch (1997) Hoffnungen und Befürchtungen von Jugendlichen gegenüber der Gentechnik. Zeitschrift für Didaktik der Naturwissenschaften 3(2):15–22

9 Alltagsmythen und Metaphern – Phantasien von Jugendlichen zur Gentechnik

U. Gebhard
Institut für Didaktik der Mathematik, Naturwissenschaften, Technik und des Sachunterrichts, Universität Hamburg

9.1
Latente Sinnstrukturen beeinflussen den rationalen Diskurs zur Gentechnik

Die Gentechnik nimmt in der gegenwärtigen öffentlichen Technik- und Wissenschaftsdiskussion eine zentrale Stellung ein. Sie ist eine Schlüsseltechnologie und das in mehrfacher Hinsicht: in wissenschaftlicher und ökonomischer Hinsicht und auch – das interessiert hier vor allem – in bezug auf Einstellungsmuster gegenüber der technischen und wissenschaftlichen Entwicklung moderner Gesellschaften. Denn die Gentechnik rührt an dem „Kern" des Lebens und der lebendigen Natur. Damit aktiviert und formt sie ein weites Spektrum an Vorstellungen, Phantasien, Hoffnungen und Ängsten. Es werden einerseits Bilder und Metaphern evoziert, durch die die Gentechnik für die Subjekte gewissermaßen adaptierbar wird. Andererseits werden die Möglichkeiten und Gefahren der Gentechnik in Geschichten – in gewisser Weise in „Alltagsmythen" – eingebettet. Diese Konstruktionen sind nicht notwendig manifest, sondern treten bei den verschiedensten Anlässen aus ihrer Latenz heraus. Sie sind jedoch wirksam und bedeutsam, auch und gerade, wenn sie den Subjekten nicht bewußt sind. Latente, unbewußte Sinnstrukturen beeinflussen den infolgedessen irrational unterfütterten rationalen Diskurs zur Gentechnik.

Das ist im übrigen weder als kritische Anmerkung zur begrenzten Reichweite rationaler Argumentation noch als eine Diffamierung latenter Sinnstrukturen zu verstehen. Im Gegenteil: Die unauflösliche gegenseitige Verzahnung beider Bereiche gehört zu den Grundbedingungen des menschlichen Seelenlebens. Das bewußte Denken wird wesentlich aus unbewußten Quellen gespeist. Reflexion und Erkenntnis der äußeren Welt tragen immer auch die Spuren unbewußter Prozesse. Bereits in der Traumdeutung formulierte Freud dieses als einen Grundgedanken der Psychoanalyse (Freud 1900):

> Das Unbewußte muß [...] als allgemeine Basis des psychischen Lebens angenommen werden. Das Unbewußte ist der größere Kreis, der den kleineren des Bewußten in sich einschließt; alles Bewußte hat eine unbewußte Vorstufe, während das Unbewußte auf dieser Stufe stehenbleiben und doch den vollen Wert einer psychischen Leistung beanspruchen kann.

Wir sind gewissermaßen nicht Herr im eigenen Haus, wie Freud sehr pointiert formuliert. Jedoch – und das ist für eine an Aufklärung und Mündigkeit orientierte Vermittlungstätigkeit wichtig (Freud 1938):

> „Bewußtheit [...] bleibt das einzige Licht, das uns im Dunkel des Seelenlebens leuchtet und leitet".

Dieses Implikationsverhältnis von Bewußtsein und Unbewußten, von rationalen und irrationalen Prozessen, von inneren Phantasien, Bildern, latenten Sinnstrukturen und äußeren Gegebenheiten erfährt bei der rasanten Entwicklung der Gentechnik eine besondere Brisanz, da die „schöne neue Welt" der Gen- und Reproduktionstechnologie eben kein Zukunftsroman mehr ist. Deutlich wird dies in der rasanten Ausweitung der Anwendungsgebiete, die sich auch in Schlagworten wie genetischer Fingerabdruck, Gentherapie, Genomanalyse, Retortenbaby, Klonen oder Genfood in der Tagespresse widerspiegelt. Fortpflanzungstechnische Eingriffe sind in der Gynäkologie geradezu selbstverständliche Routine, ebenso humangenetische Beratung und pränatale Diagnostik. Die Gentechnologie ist eine Basistechnologie, die vergleichbar mit der Dampfmaschine im 19. Jahrhundert die Wirklichkeit der Menschen grundlegend verändern wird. Phantasien, Metaphern, Mythen erhalten insofern fast täglich neues Anregungspotential aus der Realität bzw. aus der Medienwelt. Die Subjekte sind somit vor die Aufgabe gestellt, diese neue Realität bzw. die Phantasien darüber in ihre bewährten Vorstellungsmuster zu integrieren. Es wird sich zeigen, daß hierbei Metaphern und Mythentransformationen eine wichtige Rolle spielen. Dieser gewissermaßen individuellen Vermittlungsaufgabe hat eine professionelle Vermittlungstätigkeit – und als eine solche begreife ich didaktische Bemühungen – Rechnung zu tragen und die geeigneten Rahmenbedingungen bereitzustellen.

9.2
Vorstellungen von Jugendlichen zur Gentechnologie – Zusammenfassung der Ergebnisse einer Fragebogenstudie

Angesichts dieser Situation ist die starke affektive Beteiligung (das heißt nicht immer Ablehnung) in der Bevölkerung nicht verwunderlich. Nach Untersuchungen, die im Auftrag der Kommission der Europäischen Union (EU) durchgeführt wurden, beurteilen die Bürger der Bundesrepublik Deutschland die Gentechnik im Vergleich zu anderen europäischen Ländern am negativsten (Eurobarometer 1993).

Wie wir in einer früheren Fragebogenstudie (Gebhard et al. 1994) belegen konnten, sind entsprechende Affekte und Phantasien bei Jugendlichen oft ängstlich getönt, wobei sich rationale Elemente und biologisches Wissen mit irrationalen Elementen vermischen. Dasselbe trifft auf hoffnungsvoll getönte Phantasien zu: Auch hier verbinden sich biologische Kenntnisse mit (bisweilen persönlich motivierten) irrationalen Anteilen. In dieser Fragebogenuntersuchung haben wir vor allem Ängste und Hoffnungen von Jugendlichen angesichts der Gentechnologie und zusätzlich Vorstellungen und Phantasien zu einigen ausgewählten Anwendungsbereichen erfaßt. Es wurden Statements (z. B. zur Gentherapie, grünen Gentechnik, zu Gentests) vorgelegt, und die Jugendlichen (Teilnehmer katholischer Bildungseinrichtungen; n = 586) wurden aufgefordert, möglichst unzensiert ihre Gedanken, Phantasien und Assoziationen dazu aufzuschreiben. Es handelt sich um eine ziemlich homogene Altersgruppe. Über die Hälfte der Personen sind 17 bis 19 Jahre alt. Etwa 80% sind unter 21 Jahren. 46% sind Männer, 53% Frauen; 55% sind Schüler, 11% Studenten und 26% befinden sich in einer Berufsausbildung.

Die Ergebnisse zeigten folgendes Bild: Die Ängste (40%) gegenüber der Gentechnik überwiegen die Hoffnungen (30%), wobei ein Teil weder Ängste noch Hoffnungen äußert, was vor allem durch geringe Kenntnisse erklärt werden kann. Mädchen und Frauen äußern eindeutig stärkere Ängste, während bei den Hoffnungen keine signifikanten Geschlechtsunterschiede auftreten. Ein höherer Bildungsstand ist auch mit stärkeren Ängsten verbunden. Die Bereitschaft, selbst einen Gentest durchzuführen, hängt signifikant von den Hoffnungen, aber nicht von den Ängsten ab. Die freien Antworten zu den Hoffnungen beziehen sich zentral auf die Heilung von Krankheiten und in zweiter Linie auf die Möglichkeit, durch eine ausgefeilte, gentechnisch optimierte Umwelttechnik und Landwirtschaft die ökologische Krise zu überstehen. Ein wesentlicher Grund für Befürchtungen ist absichtlicher Mißbrauch (vgl. Todt u. Götz 1997).

Informationen zur Gentechnik werden hauptsächlich durch die Medien und die Schule vermittelt. Das Wissen, das aus Büchern gewonnen wird, wird allerdings als zuverlässiger eingeschätzt. Zwischen der Einschätzung der eigenen Informiertheit und den Hoffnungen zeigt sich ein starker Zusammenhang, der sich in bezug auf die Ängste nicht zeigt. Dieser Befund dürfte im Hinblick auf Vermittlungsbemühungen (vom Schulunterricht über die Tätigkeit von genetischen Beratungseinrichtungen bis zur Öffentlichkeitsarbeit von Industrieunternehmen) nicht uninteressant sein: Je höher die befragten Jugendlichen ihr Wissen über die Gentechnik einschätzen, desto ausgeprägter scheint die damit verknüpfte Hoffnung zu sein, wobei noch einmal hervorzuheben ist, daß sich die Hoffnung vor allem auf die potentielle Heilung von Krankheiten bezieht.

Die Jugendlichen verwenden häufig Argumente, in denen auf unterschiedlichste Weise Naturkonzepte enthalten sind. Zur Auswertung wurden die freien Antworten, in denen der Begriff „Natur" explizit genannt wurde, Kategorien zugeordnet, die verschiedene Naturbegriffe repräsentieren (vgl. ausführlich Gebhard 1997). Auffällig ist insgesamt die Warnung vor gravierenden Eingriffen in das natürliche Geschehen; die Instrumentalisierung der Natur wird in den meisten Stellungnahmen moralisch negativ beurteilt. Eine Ausnahme sind allerdings die erhofften Möglichkeiten der Gentherapie.

Die „gefährdete Natur" erweist sich in der Vorstellungs- und Phantasiewelt der Jugendlichen als zentral; als Ausdruck der ökologischen Krise stellt sie das modernste, historisch jedenfalls neueste Naturkonzept dar. Auch die Konzepte der „guten" und der „objektivierten" Natur weisen deutliche Bezüge zur Gefährdung der Natur auf: Die „gute Natur" als – bisweilen nostalgisch verklärter – normgebender Maßstab, angesichts dessen die Gefährdung der Natur besonders eklatant erscheint, und der naturwissenschaftlich-technische Umgang mit der Natur als Grund für die Krise und als Rettungsmöglichkeit zugleich. Gleichzeitig wird eine (gentechnische) Veränderung der Natur auch mit einer „Entmenschlichung" verbunden; das kann als ein Exempel für die philosophische Einsicht verstanden werden, wie eng Naturbild und Menschenbild, Naturverständnis und Selbstverständnis des Menschen zusammenhängen.

Insgesamt kann man sagen, daß „Natur" als eine krisenhaft gefährdete erfahren wird, und zwar als eine durch den Menschen bzw. seine Technik gefährdete. Dies und die normative Verwendung des Naturbegriffes *(„Gibt es nicht bestimmte Regeln der Natur, die man einfach einhalten sollte?"[1])* zeigt die grundlegende ethische Orientierung im Hinblick auf die Natur bei den Jugendlichen: Die Natur erscheint erstens als zu schützen, und zwar um ihrer selbst willen. Zweitens wird die Natur als eine normgebende Instanz behandelt. Die Jugendlichen argumentieren also in ihrem Rückgriff auf Natur physiozentrisch bzw. naturalistisch; anthropozentrische Positionen werden zumindest verbal abgelehnt. Am deutlichsten wird diese Position, wenn naturwissenschaftliche Theorieelemente – wie Gleichgewicht oder Selektion – zu Orientierungswissen und damit zu normativen Sollenssätzen umgedeutet werden. So gibt es bei der Bewertung der Gentherapie nicht selten biologistische Positionen, wie z. B. die folgenden: *„Für das Individuum eine optimale Lösung. Für die Menschheit als Ganzes, aber an sich nicht nur gut. Bisher gelten die Gesetze des Stärkeren – er überlebte."* *„… aber die Krankheiten sind von der Natur eingeführt worden, um eine Selektion durchführen zu können, diese wird dadurch aber unterbrochen, verhindert."* *„Gut, aber was ist mit natürlicher Auslese (Evolution) und Überbevölkerung?"*

Die harmonische, sich selbst überlassene Natur ist gemäß diesen Vorstellungen allein in der Lage, einen Ausweg aus der Krise zu weisen. Man sollte der Natur *„ihren natürlichen Lauf lassen"* und das *„Hungerproblem in Afrika"* kann *„die Natur lösen"*. Der Mensch – auch, wenn er als Teil der Natur gesehen wird – erscheint als Störfaktor des natürlichen Kreislaufes und Gleichgewichtes und wird aus der Natur exkommuniziert, damit diese geschützt werde.

9.3
Phantasien, Alltagsmythen und Metaphern

Für die Aktivierung und Modifizierung von Phantasien, von irrationalen Elementen, von Metaphern und Alltagsmythen wesentlich ist vielleicht der Umstand, daß

---

[1] Bei den kursiv gedruckten Äußerungen handelt es sich um Antworten der Jugendlichen, die in der oben genannten Studie befragt wurden. Es sind Jugendliche, die an offenen Seminarangeboten von katholischen Akademien teilnahmen.

die Gentechnik an die „Wurzeln des Lebens" heranzugehen scheint. Mit der Gentechnologie, die die Grundlagen des Lebens und der menschlichen Existenz berührt, den Menschen sozusagen im Kern seines Selbstverständnisses trifft, verbinden sich demzufolge auch höchst kontrovers geführte Wertedebatten, die es in einem rational geführten ethischen Diskurs auszuhandeln gilt. So hat die Gentechnik die Risikodebatte in den Industriestaaten erweitert, und sie könnte die Atomkriegsmetapher als Toprisiko in Zukunft ablösen. Allerdings geht es auch in der Risikodiskussion nicht primär um technische oder naturwissenschaftliche Probleme. Risikoforschung fragt nämlich, „aufgrund welcher Faktoren bestimmte Meinungen zu technischen Risiken innerhalb bestimmter sozialer Einheiten dominant werden und wodurch Polarisierungen und Kontroversen entstehen" (Bechmann 1993). Zu diesen Faktoren gehören auch die hier thematisierten Bilder und Geschichten, die die Gentechnologie auslösen und formen kann.

So geht es nicht lediglich um die besagte rational geführte Debatte über Chancen und Risiken der Gentechnologie, die sich durch biologische Informiertheit einerseits und ethisch verantwortliche Argumentation andererseits auszeichnet. Natürlich ist bei der öffentlichen Diskussion (wie übrigens auch bei didaktischen Vermittlungsbemühungen) auf diese rationale Ebene zu insistieren, doch darf dabei nicht übersehen werden, daß diese rationale Ebene nur vor dem Hintergrund und in Verknüpfung mit bewußten und unbewußten Strukturen des Alltagsbewußtseins Bedeutung erlangt bzw. verstanden werden kann. Um es noch genauer zu sagen: Es geht nicht um einen Verzicht von Rationalität und Aufklärung. Im Gegenteil: Die Hereinnahme der un- und vorbewußten Strukturen des Alltagsbewußtseins in die Reflexion gibt dem rationalen Diskurs größere Tiefe. Zudem können dadurch einige Aporien und fundamentalistisch anmutende Zuspitzungen der Gentechnikdebatte zumindest verstehbar werden. So kann die Einbeziehung der latenten Sinnstrukturen geradezu zu einer radikalisierten Aufklärung führen.

Wissenschaft und Technik einerseits und Mythen, Phantasien und Metaphern andererseits werden oft als Gegensatz empfunden und auch behauptet. Doch die „Entzauberung", die zweifellos durch Wissenschaft und Technik bewirkt wurde, hat doch häufig für neue „Verzauberungen" Platz geschaffen. Zudem ist die Dichotomie von tatsächlicher, wissenschaftlicher Redeweise und erzählender, metaphorischer Redeweise nur eine scheinbare. Das Denken in Bildern, in Metaphern, in Mythen ist vielmehr als ein unhintergehbares Prinzip der menschlichen Sprache, ja menschlicher Kognition überhaupt anzusehen.

Bei der Rekonstruktion der Phantasien, Metaphern und Alltagsmythen, in die das Alltagsbewußtsein die Gentechnik einbettet, soll erstens untersucht werden, in welchen narrativen Formen die Informationen zur Gentechnik im Alltagsbewußtsein im Rahmen von „Mythen" und im Sinne von „Legitimationserzählungen" eingeordnet werden können oder zur Modifikation dieser Mythen einen Beitrag leisten. Zweitens soll metaphernanalytisch untersucht werden, welche Bilder und Symbole dabei verwendet werden und welche Bedeutungszuschreibungen damit verbunden sind. Diese beiden Fragehaltungen sind nicht unabhängig voneinander, da zum einen die Sprache des Mythos notwendig eine symbolische ist, und da zum anderen das Alltagsbewußtsein Metaphern in narrative Strukturen einbettet. Metaphern stiften Sinn und Bedeutung dadurch, daß sie in sozial und biographisch sinnvolle Geschichten integriert sind. Das Alltagsbewußtsein ist ein narratives, Bruner (1997) spricht sogar von einer narrativen Ich-Identität. „Wir sind der Mittelpunkt unserer Geschichten und können nie sicher sein, wie sie enden werden. Wir müssen ständig die Handlungsstruktur dieser Geschichte ändern, wenn neue Ereignisse in unserem Leben auftreten" (Polkinghorne 1988).

Indem die Informationen zur Gentechnik in persönliche und kollektive Geschichten eingebaut werden, werden diese Informationen über ihren objektivierenden Gehalt hinausgehend subjektiviert (vgl. Boesch 1980). Bei diesen Subjektivierungen heften sich an sachliche Informationen (wie beispielsweise die Genetik) subjektive Phantasien, Werte, Konnotationen sowie Metaphern. Erst durch derartige Symbolisierungprozesse werden die objektivierbaren Fakten der Wissenschaft zu Elementen der Lebenswelt (s. Gebhard 1998b). Es sind nie die Dinge der Welt, die unmittelbar zu uns sprechen, stets sind es unsere metaphorischen Deutungsmuster, die die Welt auf eine menschliche Weise zu verstehen suchen. „Nicht die Dinge selbst beunruhigen den Menschen, sondern die Meinungen über die Dinge", sagt der römische Philosoph Epiktet.

Metaphern sind also nicht lediglich Ausdruck von noch nicht klar und logisch zu fassenden Phänomenen. Sie sind nicht nur vorläufige und überholungsbedürftige, „übertragene" Rede, sondern unhintergehbares Prinzip menschlichen Denkens und Sprechens. Das gilt übrigens für die Alltagswelt ebenso wie für den Bereich der Wissenschaften, wie die Metapherntheorie der kognitiven Linguistik überzeugend darlegt (Lakoff u. Johnson 1980).

Blumenberg geht davon aus, daß durch Metaphern einer unbegreiflichen Welt Sinn verliehen werden kann. Sprachliche und nichtsprachliche Bilder, die uns vertraut sind, die gewohnten traditionellen Kontexten entstammen, können Unsicherheit reduzieren. Die Analyse von Metaphern hat die Aufgabe, „an die Substruktur des Denkens heranzukommen, an den Urgrund, die Nährlösung der systematischen Kristallisationen" (Blumenberg 1998). Durch Metaphern ist eine Bezugsetzung zur Welt erst möglich. Metaphern organisieren als Deutungsmuster die Aneignung von der Welt. Auf diese Weise wird die Welt vertraut, nicht zuletzt, weil wir uns in ihr wiederfinden können. Durch Metaphern finden wir einerseits einen Zugang zu den Dingen der Welt, andererseits zeigt der metaphorische Charakter unseres Weltbezuges an, daß wir keinen unmittelbaren Zugang zu den Dingen haben. In Symbolen offenbaren und verbergen sich die Dinge zugleich. Symbole markieren einen „Ort komplexer Bedeutung", „wo in einem unmittelbaren Sinn ein anderer Sinn sich auftut und zugleich verbirgt; diese Region des Doppelsinns wollen wir Symbol nennen" (Ricoeur 1969).

Ich habe bereits darauf hingewiesen, daß Metaphern als Elemente von Geschichten, eben von Alltagsmythen auftauchen. Natürlich ist nicht jede Geschichte ein Mythos oder ein notwendiger Teil eines Mythos. Mythen sind zwar nicht mehr allgemeinverbindliche kulturelle Systeme, doch ihre kulturelle Einbettung ist auch gegeben, wenn sie nur von Minderheitsgruppen vertreten werden und in variablen Gestalten auftreten. Auch in der Gegenwartskultur werden solche „Mythen des Alltags", wie Barthes (1964) sie genannt hat, produziert und vor allem transformiert. Über Mythen wird soziale Realität konstruiert, und gerade der naturwissenschaftliche Fortschritt begünstigt die Mythenproduktion. Denn Geschichten ermöglichen eine Transformation naturwissenschaftlicher Erkenntnisse ins Alltagsbewußtsein. Sie dimensionieren diese Erkenntnisse (vor allem durch Emotionalisierung) und reduzieren die Komplexität. Sie rekodieren aus einer fremden Sprache in eine bekannte; sie subjektivieren und humanisieren die kalte, objektivierende Naturtechnik. Damit wird auch eine Gewichtung vollzogen, das heißt sozial und persönlich relevante Aspekte werden verstärkt, andere ignoriert oder entwertet. So ist es sicherlich kein Zufall, daß im Hinblick auf die Gentechnik die erhoffte Möglichkeit der Heilung einiger Krankheiten die zentrale Stellung im Alltagsbewußtsein einnimmt. Das zeigt sich sowohl in der bereits genannten Fragebogenstudie als auch in der im nächsten Abschnitt zu interpretierenden Gruppendiskussion über den „Doppelgänger". Auf der anderen Seite werden an die Gentechnologie oft auch Symbole und Kollektiverinnerungen mit stark negativer Valenz (gläserner Mensch, Künstlichkeit, Frankenstein, Nazi-Eugenik u. v. m.) herangetragen.

Im übrigen „passieren" Phantasieproduktionen, Mythenbildungen und Spekulationen keineswegs nur im Laienbewußtsein. So bezeichnet der Nobelpreisträger Gilbert (1992) die vollständige Sequenzierung des menschlichen Genoms als den „Gral der Humangenetik" – wahrlich eine mythologisch starke Aussage.

Nach Analysen von Nelkin u. Lindee (1995) vermitteln die Forscher des Human Genome Projects (HUGO) in ihren populärwissenschaftlichen Schriften und Medienbeiträgen drei ideologische Botschaften:

- In den Genen liegt die Identität und das Wesen der Unterschiede zwischen den Menschen.
- Die Fortschritte der genetischen Forschung werden die Vorhersage und Kontrolle menschlichen Verhaltens und menschlicher Krankheiten verbessern.
- Das Genom der Menschen kann als Text gelesen werden, in dem eine natürliche Ordnung festgelegt wurde.

Anhand einer Fülle von Materialien aus den Massenmedien, Stellungnahmen von Wissenschaftlern, Politikern und anderen Personen in der Öffentlichkeit, literarischen und anderen künstlerischen Produkten wird gezeigt, daß stets ein Geflecht von wissenschaftlichen und nichtwissenschaftlichen Annahmen über die Bedeutung der Gene im Bewußtsein der einzelnen und in der öffentlichen Diskussion vorhanden ist. Die Bedeutung eines durch Genetik beeinflußten Denkens in der Gesellschaft habe zugenommen. Genetik bzw. Gene seien „der Schlüssel zu menschlichen Beziehungen", „das Wesen der Identität" und „das säkulare Äquivalent der Seele" geworden. Nelkin u. Lindee (1995) sehen aufgrund ihrer Analysen die Gefahr, daß ein „genetischer Essentialismus" entstehen könne, der in Zukunft auch politische Konsequenzen haben könne. Wichtig scheint mir allerdings in diesem Zusammenhang der Hinweis, daß sich solche ideologischen Aussagen keineswegs zwangsläufig aus den Forschungsergebnissen der Genetik ergeben und daß dies auch reflektierte Genetiker wissen.

So ist die Mythen- und Phantasieproduktion nicht nur ein vorübergehendes Phänomen einer „noch nicht adäquat gebildeten Öffentlichkeit", sondern ein Phänomen, das prinzipiell einen wesentlichen Einfluß auf den Umgang mit der Gentechnik hat. Diese begrenzte Reichweite von rationalen Diskursen, von rationalen Bildungsprozessen, ja von Aufklärung überhaupt, ist ein Umstand, der für schulische und außerschulische Bildungs- und Vermittlungstätigkeit bedacht werden muß. Die Konsequenz daraus ist freilich nicht – darauf habe ich bereits hingewiesen – die Abkehr von Aufklärungsbemühungen, sondern eben die bereits geforderte Radikalisierung von Aufklärung, die die latenten Sinnstrukturen mit dem rationalen Diskurs in Verbindung bringt und vermittelt (s. Gebhard 1998b).

9.4
„Der Doppelgänger" – eine Gruppendiskussion zum Klonen

Um auf die Ebene der Phantasien und der latenten Sinnstrukturen zu gelangen, bedarf es besonderer methodischer Zugänge. Der offene Fragebogen zu Vorstellungen und Phantasien zur Gentechnik der früheren Studie war dafür nur begrenzt geeignet. Deshalb haben wir ein Gruppendiskussionsverfahren als qualitative Forschungsmethode entwickelt, erprobt und angewandt, das Anregungen aus der Kinderphilosophie aufgreift (vgl. Gebhard et al. 1997). Vorstellungen, Phantasien, Einstellungen und Werthaltungen von Kindern und Jugendlichen sind nicht nur quasi naturwüchsige Ergebnisse der je individuellen kognitiven Entwicklung, sondern auch Ergebnisse von sozialen Verständigungsprozessen. Insbesondere der von Matthews (1989) gut dokumentierte Ansatz, durch das Vorlesen einer im Ausgang offenen Geschichte eine eigenständige Diskussion unter Kindern anzuregen, hat sich in unseren bisherigen Forschungserfahrungen gut bewährt. Verschiedene, begründbare Positionen werden durch ein kontrovers geführtes Gespräch zwischen zwei Jugendlichen in der Geschichte repräsentiert. Im folgenden die Geschichte „Doppelgänger":

> Wie jeden Morgen bei Familie Paulsen Gerangel um die Zeitung.
> „Mirka, immer mußt du die ganze Zeitung horten. Gib mir auch was ab", mault Christina, worauf ihr Mirka die Sportseite überläßt. Christina schnaubt verächtlich: „Vielen Dank, was soll ich denn damit?" Und angelt nach Mirkas Seiten. Ein Ruck und die Zeitung ist ihre. Sich wohlig räkelnd und ihre wutschnaubende Schwester nicht beachtend, fängt Christina an, die Klatschseite zu studieren. „Wow", ruft sie plötzlich. „Abgefahren! Hör dir mal das an."
> Klon Dolly: Das unsterbliche Schaf
> SAD London – Britischen Genforschern ist es erstmals gelungen, den Doppelgänger eines erwachsenen Säugetieres zu züchten: Klon. Entstanden ist das Klonschaf aus Zellen, die einem Spenderschaf aus dem Euter entnommen wurden. Diese wurden in eine Eizelle implantiert, deren eigenes genetisches Material vorher entfernt worden war. Die so manipulierte Zelle wuchs zu einem Embryo heran, der in den Uterus einer Leihmutter verpflanzt wurde. Ergebnis: Klon Dolly. Weitere Vervielfältigungen jeder-

zeit möglich. Ein Bock wird nicht gebraucht. Vorteil: Eigenschaften von Nutztieren können beliebig oft reproduziert werden.

„Na und?" Mirka rührt wenig beeindruckt in ihrem Joghurt. „Kannst du doch jeden Tag lesen: Manipuliertes Erbmaterial, Gen-Tomaten, Gentherapie – all sowas. Über diesen Kram wird ja wohl überhaupt nur noch berichtet. Ich kann das ganze Gejammer schon nicht mehr hören."

Christina reißt die Augen auf: „Wieso – das ist doch wichtig, daß man das erfährt. Stell' dir das doch mal vor: Die entnehmen dir dein Erbgut, hier aus Zellen deiner Haut oder so – und dann töten die das genetische Material in so 'ner Eizelle ab und pflanzen da deins rein. Und daraus wächst dann 'n Embryo, der dir hundert Prozent gleicht. Das ist doch total gruselig, daß es dich dann plötzlich doppelt gibt."

„Ach was." Mirka vollführt einen kühnen Schwung mit ihrem Löffel. „Das neue Wesen da wäre doch ganz anders als ich. Das wäre doch 18 Jahre jünger und würde doch ganz anders aufwachsen als ich und so. Wovor sollte ich denn da Angst haben. So ein Klon, das ist doch einfach nur ein Mensch mehr auf der Welt."

Die Gruppendiskussion zu dieser Geschichte wurde mit vier Jugendlichen (zwei Mädchen und zwei Jungen im Alter von 17 Jahren) an einem Hamburger Gymnasium geführt, auf Tonband aufgezeichnet und wörtlich transkribiert. Die Auswertung erfolgte in Anlehnung an Verfahrensweisen der qualitativen Sozialforschung (vgl. z. B. Bohnsack 1989). Ziel der Datenauswertung nach den Vorschlägen der Grounded Theory (Strauss u. Corbin 1996) ist, empirisch begründete und theoretisch gehaltvolle Aussagen zu Phantasien, Metaphern und Mythentransformationen über die Gentechnik bei Jugendlichen zu formulieren. Die Hauptschritte der Datenauswertung sind die folgenden: Zunächst wird die Diskussion gemäß der Methode des offenen Kodierens nach Strauss u. Corbin (1996) Satz für Satz analysiert. Es interessieren dabei die verschiedenen Aspekte, die die Jugendlichen zu dem vorgelegten Problem erörtern (thematischer Verlauf). Auf der Basis des Kodierprotokolls wird eine inhaltlich nach Ober- und Unterthemen gegliederte, nicht mehr chronologische Übersicht über die Diskussion erstellt. Gesprächspassagen, die sich theoretisch als relevant erweisen und in denen sich die Jugendlichen in besonderer Weise engagieren, werden einer Feinanalyse unterzogen. Tabelle 9.1 zeigt eine Übersicht über die thematischen Hauptaspekte.

Tabelle 9.1. Übersicht über die thematischen Hauptaspekte der Gruppendiskussion zum Klonen

Oberthemen	Unterthemen	Antworten der Jugendlichen
I. Gesundheit	Medikamentenher-stellung hilft kranken Menschen und ist gut	*„Ist doch gut, wenn alle Menschen gesund sind." „Wenn man nur daran forscht, Krankheiten zu besiegen, dann ist das gut. Dann kann man gewisse Teile von gesunden Menschen übernehmen." Aber Verweis auf Nebenwirkungen: „Das ist so wie ein Teufelskreis alles."*
	Gentherapie für unheilbare Krankheiten	*„Kann man dadurch nicht Krankheiten vorbeugen, irgendwie in den Genen alles ausmerzen?" Genmanipulation ist okay, „sofern Leben erhalten wird, aber nicht identisches Leben geschaffen wird oder an der Person herumgepfuscht wird. Es wird hierbei das Leben der Person nur verlängert. Die Person wird ja nicht von Grund auf verändert. Es werden ja nicht Eigenschaften, die diese Person besitzt, verändert. Krankheiten sind ja keine Eigenschaften."*
	Tod, Lebensver-längerung und Unsterblichkeit	*„Wieso steckt man dort nicht mehr Geld und Zeit rein, daß die Menschen länger leben können? Da hat man auch länger was von ihnen." „Manche Leute wollen auch sterben."* *„Einigen Leuten wird das ja auch angeboren, daß sie keine Organe haben. Das ist doch gut, daß Organe nachproduziert werden können. Das finde ich halt okay. Das ist wieder eine Sache, die das Leben halt verlängert, aber nicht in den Menschen eingreift." „Ich denke, länger leben hat schon seine Vorteile."*
II. Identität	Selbstbegegnung	*„...und auf einmal gibt es noch einen zweiten von einem selbst. Schwer zu sagen, wie man darauf reagieren soll. Es wird ziemlich Probleme geben für denjenigen, für die beiden, wenn auf einmal man selbst sich begegnet – nur eben zehn Jahre jünger, weil das ja erst verpflanzt werden muß."*
	Probleme bei Auflösung der Einzigartigkeit	*„Schlimm ist es erst recht, wenn es die nächste Generation gibt, wenn es schon eine Generation gibt, die einmal geklont wurde, und diese Klone dann wieder selber entscheiden, ob wieder welche geklont werden. Dann sollte es eine Welt von Menschen geben, die alle gleich sind. Das ist die Abschaffung des Individualismus."*

	Wiederholung	*„Ich finde es sowieso bescheuert, Menschen zu verdoppeln. Ich denke, jeder Mensch ist ein Individuum. Niemand sollte wiederholt werden."*
	Selbstwert	*„Das ist doch schlimm für einen zu wissen: Ich bin menschlicher Abfall, weil: Ich werde nicht geklont. Ich bin nicht gut genug dafür."*
III. Der Mensch hat gegenüber der Natur eine Sonderstellung		*„Ich denke, man muß da auch Unterschiede machen zwischen Menschen und Tieren. Bei Pflanzen ist es ja wohl kein Problem. Da kann man sagen, die leben ja nicht bewußt. Bei Menschen ist das schon ein anderes Problem. Man ist ja ein bewußt lebender Mensch."* *Also, ich würde auf die Straße gehen, wenn sie auf einmal anfangen, einen kompletten Menschen zu klonen. Oder das Hirn eines Menschen zu klonen. Weil – ein Herz ist halt nur ein Organ – aber das Hirn, das ist mehr als das."*
IV. Verbesserung des Menschen	Perfektion versus Behinderung	*„Die Menschen werden versuchen, sich immer perfekter zu machen. Und die Menschen, die Fehler haben oder irgendwelche Behinderungen, die sinken dann immer tiefer und werden dann immer weiter ins Abseits geschoben."*
	Körper/Schönheit	*„Wer möchte denn nicht gerne gut aussehen? Nur, das würde nach der dritten, vierten, fünften Generation nicht mehr auffallen, weil es dann keine anderen Menschen mehr gibt, die nicht gut aussehen."* *„Die meisten Menschen haben eben so ein gewisses Bild vom perfekten Körper. ... Eigentlich würden wir uns äußerlich dann immer weniger von einander unterscheiden. Es würden gar keine individuellen Merkmale am Körper mehr vorhanden sein. Man würde sich eben ähneln: ähnlich perfektes Gesicht, ähnlich perfekte Brust, ähnlich perfekter Hintern, alle super lange Beine oder muskulös."*
V. Allmacht – Macht		*„Und wenn Menschen anfangen, Gott zu spielen, das finde ich ..."* *„Und was ist, wenn man so was wie Hitler klont?"* *„Den einzigen Nutzen, den ich da sehe, wäre für gewisse Diktatoren, sich da unendlich viele gut trainierte Männer, Soldaten oder so was herzustellen. Oder irgendwie, wenn es zu wenig Frauen gibt, mehr Frauen zu haben."*

VI. Genetizismus	Gene determinieren das Verhalten	*„Was ist, wenn man so was wie Albert Einstein klont, dann hat man zwei Menschen mit einem IQ von 230. Das ist doch nur von Vorteil. Wenn es zwei Leute gibt, die solche Sachen erfinden."* *„Ein Albert Einstein reicht doch. Und dieser jenige kann doch jede Menge erfinden. Was würden denn zwei nutzen? Sie können noch mehr erfinden? Glaube ich nicht. Die haben ja dieselben Ideen, dasselbe, was in ihrem Kopf da rumgeistert."* *„Also wenn jemand eine Leseratte ist, also unheimlich gerne liest, dann wird der Klon, auch wenn er unter anderen Umständen aufwächst – der eine bei Reichen, der andere bei Armen – wird er dennoch lesen...."*
	Umwelteinflüsse/ Erziehung	*„Aber das frage ich mich: Wenn es von einem Menschen zwei Formen gibt, handeln die dann gleich, oder wie benehmen die sich dann? Das liegt doch auch daran, wo du aufwächst und so."* *„Das hängt auch ein bißchen von der Erziehung, von den ersten Jahren, von der Pubertät und so ab."*
VII. Natur als normativer Maßstab		*„Ich denke auch, daß die Natur das ja auch nicht so gemacht hat. Die manipulieren rum, wie sie wollen."* *„Aber das ist keine natürliche Evolution. Natürliche Evolution ist, wenn z. B. dein Zeh, den brauchst du nicht mehr, dann geht der immer weiter zurück. Das ist für deinen eigenen Vorteil. Aber wenn das jetzt Menschen machen, dann ist das ja nicht mehr natürlich, dann kommt das ja nicht mehr von der Natur."*
VIII. Grenzüberschreitungen		*„Aber was ist mit den Grenzen bei der Genforschung? Die Leute haben immer die Neigung zu übertreiben. Man versucht ja jetzt nicht nur Krankheiten zu verhindern. Sondern man muß jetzt noch Schönheit da rein bringen und Geld. All so'nen Dreck."* *„Die Grenzen liegen einfach darin, daß an der Person nichts verändert werden darf. Daß ein längeres Leben geschaffen wird."*

9.5
„Ich denke, länger leben hat schon seine Vorteile." – Interpretation ausgewählter Passagen

Angesichts der präsentierten Geschichte vom „Doppelgänger" verwundert es nicht, daß das Thema „Identität" bei den Vorstellungen der Jugendlichen zentral ist. Wenn es eine Welt von Menschen gibt, die alle gleich sind, ist das „die Abschaffung des Individualismus". Mit der drohenden Auflösung des individuellen Selbst, die freilich in modernen Gesellschaften nicht nur durch Gentechnik und Klonen droht, ist eine der zentralen Konstrukte der abendländischen Tradition in Gefahr, nämlich die Bedeutung des einzigartigen Individuums. Genmanipulation und Klonen auf der einen Seite, ebenso wie Kulturindustrie und soziale Anpassungsmechanismen auf der anderen Seite bedrohen die Konstitution des Selbst, und es werden entsprechende psychische Probleme phantasiert: *„...und auf einmal gibt es noch einen zweiten von einem selbst. Schwer zu sagen, wie man darauf reagieren soll. Es wird ziemlich Probleme geben für denjenigen, für die beiden, wenn auf einmal man selbst sich begegnet – nur eben zehn Jahre jünger, weil das ja erst verpflanzt werden muß." „Schlimm ist es erst recht, wenn es die nächste Generation gibt, wenn es schon eine Generation gibt, die einmal geklont wurde, und diese Klone dann wieder selber entscheiden, ob wieder welche geklont werden. Dann sollte es eine Welt von Menschen geben, die alle gleich sind. Das ist die Abschaffung des Individualismus. "*

Vielleicht ist diese Gefährdung des Selbst analog zu den drei großen Kränkungen des abendländischen Menschen (kopernikanisches Weltbild, Evolutionstheorie, Psychoanalyse) als vierte narzißtische Kränkung zu interpretieren – nun freilich als narzißtische Kränkung im engeren Sinne, weil zentral die Konstruktion des Selbst berührt ist. Jedenfalls wird dieser Kontext die skeptische Haltung gegenüber der Gentechnik zumindest mitbedingen. Denn die Individualität wird in modernen Gesellschaften in historisch bisher einmaligem Maße hochgeschätzt. Andererseits wird vor allem die Identitätserhaltung immer mehr zum Problem. Moderne Menschen erleben immer mehr biographische Brüche, die sich durch räumliche, berufliche, soziale und kulturelle Mobilität und durch den beschleunigten sozialen Wandel ergeben. Die psychologischen und sozialwissenschaftlichen Forschungen weisen auf wechselnde Konstruktionen von Identität und tragen somit auch zum Zweifel an einer Stabilität in diesem Bereich bei.

Die Annahme einer genetisch feststehenden Identität kann somit der Entlastung von solchen Zweifeln und der ideologischen Absicherung der Individualität des Menschen dienen. Das Individuum ist damit von der Geburt bis zum Tod auch bei gewaltigen Änderungen des Phänotyps einmalig, festgelegt und „unverwüstlich". Es handelt sich gewissermaßen um einen naturgegebenen Identitätsausweis. Und eben diese Identitätsgarantie ist in Gefahr. Wenn schon die Identität des modernen Menschen durch mannigfache Vermassungsphänomene fragwürdig geworden ist, sollen zumindest auf der Ebene des individuellen Genoms die Grenzen des Selbst gewahrt bleiben. *„Ich finde es sowieso bescheuert, Menschen zu verdoppeln. Ich denke, jeder Mensch ist ein Individuum. Niemand sollte wiederholt werden."* Das Einzigartige wird durch das Klonen perpetuiert, fixiert und zugleich aufgehoben, es wird – wie Jonas es formuliert – „aus seiner Einzigartigkeit erlöst und zur Wiederholung sichergestellt" (Jonas 1985).

Interessanterweise droht allerdings eine Gefahr des Selbstwertes auch in umgekehrter Richtung. Dabei geht es nicht primär um die Grenzen des individuellen Selbst, sondern um dessen Qualität. *„Das ist doch schlimm für einen zu wissen: Ich bin menschlicher Abfall, weil: Ich werde nicht geklont. Ich bin nicht gut genug dafür."*

Im Zusammenhang mit der narzißtischen Thematik stehen auch Phantasien über eine mögliche Verbesserung des Menschen. Zentral dabei ist der Aspekt der körperlichen Schönheit. Der Gedanke der Perfektionierung des Menschen hat einerseits faszinierende Anziehungskraft, andererseits bedeutet die technisch hergestellte Schönheit auch eine Entwertung. Diese Ambivalenz wird besonders deutlich bei der Verknüpfung mit der hohen Bewertung des Individualismus:

„Wer möchte denn nicht gerne gut aussehen? Nur, das würde nach der dritten, vierten, fünften Generation nicht mehr auffallen, weil es dann keine anderen Menschen mehr gibt, die nicht gut aussehen."

„Die meisten Menschen haben eben so ein gewisses Bild vom perfekten Körper. ... Eigentlich würden wir uns äußerlich dann immer weniger von einander unterscheiden. Es würden gar keine individuellen Merkmale am Körper mehr vorhanden sein. Man würde sich eben ähneln: ähnlich perfektes Gesicht, ähnlich perfekte Brust, ähnlich perfekter Hintern, alle super lange Beine oder muskulös."

Wie schon in unserer früheren Untersuchung sind Phantasien hinsichtlich körperlicher Unversehrtheit, Gesundheit, Verlängerung des Lebens, ja Unsterblichkeit besonders häufig (vgl. Gebhard et al. 1994). Ewige Gesundheit und Unsterblichkeit sind in der Tat Kategorien, die im Sinne von Blumenbergs Metaphernbegriff den „Urgrund" des menschlichen Denkens berühren. Als der motivierende Motor für solche Phantasie- und Symbolbildungen ist die zentrale Thematik um Leben und Tod anzusehen.

Der Mensch ist das einzige Lebewesen, daß ein Bewußtsein vom Tod besitzt. Dies hat zur Folge, daß mannigfache Abwehrmechanismen entwickelt werden (müssen), dieses Bewußtsein vom Tod unbewußt zu machen. Der Tod, das Bewußtsein und die Angst vor dem Tod wirken gemäß dem italienischen Sozialpsychologen Marchi (1988) als ein „Urschock", der die Menschen zur Verdrängung und in der Folge davon zu sehr differenzierten Kulturleistungen gleichsam nötigt. Die spezifisch menschlichen Eigenarten bzw. Fähigkeiten des Bewußtseins – Selbstreflexion, Erinnerung, Einfühlungsvermögen und (für den Fall des Todes besonders wichtig) die Fähigkeit zur Antizipation – machen den Schrecken angesichts unmittelbarer Todesgefahr, der natürlich auch für Tiere gilt, zu einer psychisch ständig wirksamen Bedrohung. Marchi interpretiert die aus dieser Situation erwachsene Notwendigkeit der Todesverdrängung als den Ursprung aller Kultur, die letztlich die Funktion habe, das unabwendbare Schicksal des Todes aushaltbar zu machen, psychoanalytisch gesprochen: abzuwehren bzw. zu verdrängen. Die zentralen Erscheinungsformen der Kultur – Mythen, Religionen, philosophische und wissenschaftliche Systeme, Kunst, Alltagskonventionen – lassen sich Marchi zufolge als eine Umformung bzw. Abwehr dieser zentralen menschlichen Angst verstehen. Der Kern dieses Gedankenganges stammt übrigens von Schopenhauer (1819):

> Das Tier lebt ohne eigentliche Kenntnis des Todes. ... Beim Menschen fand sich mit der Vernunft notwendig die erschreckende Gewißheit des Todes ein. Wie aber durchgängig in der Natur jedem Übel ein Heilmittel oder wenigstens ein Ersatz beigegeben ist, so verhilft dieselbe Reflexion, die darüber trösten und deren das Tier weder bedürftig noch fähig ist. Hauptsächlich auf diesen Zweck sind alle Religionen und philosophischen Systeme gerichtet, sind also zunächst das von der reflektierenden Vernunft aus eigenen Mitteln hervorgebrachte Gegengift der Gewißheit des Todes.

Die hoffnungsvollen Vorstellungen in bezug auf die Gentechnik werden also eingebettet in Phantasien zur Überwindung des Todes. Entsprechende Mythenbildungen sind freilich nicht mehr religiös getönt, sondern wissenschaftlich und technisch. Und in der Tat ist das Problem des Alters, der genetisch prädisponierten Endlichkeit aller mehrzelligen Lebewesen Thema von konkreten Forschungsprojekten, die von der Phantasie der Überwindung des Todes inspiriert sind und diese Phantasien ihrerseits antreiben. Auch Bloch (1970) apostrophierte im „Prinzip Hoffnung" die Abschaffung des Todes als den „endgültigen Plan", den „letzten medizinischen Wunschtraum" und umgekehrt den Tod als die „stärkste Nicht-Utopie". Natürlich erhebt sich dabei die Frage, ob durch die angestrebte bzw. erhoffte biotechnische Bewältigung des Todes Religion und Metaphysik – zumindest in ihrer traditionellen Form – ihre Funktion verlieren. Angesichts des Todes haben insofern Religion und Wissenschaft zumindest vergleichbare Funktionen: Nämlich die Angst angesichts des Todes aushaltbar zu machen bzw. zu verdrängen. Vor diesem Hintergrund erscheint die Polarität von Mythos auf der einen Seite und Wissenschaft auf der anderen Seite seinerseits als ein Mythos. Diese Variante der Dialektik der Aufklärung besteht nicht nur darin, daß die Ergebnisse der aufgeklärten Wissenschaft weiterhin Mythen und Metaphern transportieren, sondern auch darin, daß wissenschaftliche Erkenntnisse in Mythos umschlagen können. Der verdrängende Umgang mit dem Tod ist dafür ein Beispiel (Gebhard 1998a). Denn vorläufig kann der Tod noch als „ewige Naturkonstante" (Fuchs 1969) gelten, angesichts derer auch der technische Fortschritt ohnmächtig bleibt. Anderslautende Phantasien nähren sich insofern eher aus mythologischen Quellen als aus realen technischen Möglichkeiten. In gewisser Weise aktualisiert sich hier ebenfalls ein narzißtisches Thema, nämlich die Nichtanerkennung der Abhängigkeit von natürlichen Gegebenheiten und der Begrenzung menschlichen Lebens. In narzißtischer Omnipotenzillusion werden diese „unangenehmen Wahrheiten" verleugnet.

Ähnliches gilt für die Hoffnungen auf Gesundheit, wobei Gene als Schlüssel für die Gesundheit angesehen werden. Der Gesundheitsmythos hat die Nachfolge des christlichen Heilsmythos angetreten, das heißt jenseitiges wurde durch diesseitiges Heilsversprechen ersetzt. Die Einlösung dieses Versprechens wird von den modernen Menschen vom Staat und von der Wissenschaft erwartet. Damit ist ein normativer Bereich in modernen Gesellschaften gegeben, in dem sich die Gentechnik entfalten kann. In dieser Hinsicht (der Krankheitsbekämpfung) werden die meisten Hoffnungen geäußert und die Gegner sind in der Minderheit. Dadurch wird die Suche nach den „schädlichen Genen" legitimiert. Die Hoffnungen, die sich an diesen Heilsmythos binden, betreffen letztlich auch wieder Vorstellungen von der Überwindung des Todes. Religiös motivierte Jenseits- und Todesvorstellungen werden transformiert in wissenschaftlich orientierte Bilder. Und zwar deutliche Bilder, z. B. zur Gentherapie: *„Kann man dadurch nicht Krankheiten vorbeugen, irgendwie in den Genen alles ausmerzen?"*

Auffällig ist die Verknüpfung des aggressiv getönten Begriffes „ausmerzen" mit der Heilsvorstellung der ewigen Gesundheit. Die Geschichten, in die die Gentechnik eingebettet werden, sind eben höchst ambivalent. Eben das ist ja u. a. auch die Funktion von Symbolen: Sie können zwanglos Widersprüche und Ambivalenzen in sich aufnehmen. So kann der „Teufelskreis" der Genetik neben der allumfassenden und ewigen Gesundheit stehen. Besonders interessant ist, wie die narzißtische Bedrohung der Auflösung des Individuums zwanglos an die Todes- und Krankheitsthematik angeschlossen wird. Zwei Geschichten verschmelzen zu einer und Widersprüche werden in den Metaphern aufgehoben: *„Es wird hierbei das Leben der Person nur verlängert. Die Person wird ja nicht von Grund auf verändert. Es werden ja nicht Eigenschaften, die diese Person besitzt, verändert. Krankheiten sind ja keine Eigenschaften." „Einigen Leuten wird das ja auch angeboren, daß sie keine Organe haben. Das ist doch gut, daß Organe nachproduziert werden können. Das finde ich halt okay. Das ist wieder eine Sache, die das Leben halt verlängert, aber nicht in den Menschen eingreift."*
„Ich denke, länger leben hat schon seine Vorteile."

Ich breche an dieser Stelle die Interpretation dieses Gespräches ab. Was Sie jedoch bereits an diesen wenigen Gesprächspassagen sehen können, ist, daß und wie der Diskurs über die Gentechnik von Bildern, Geschichten und Metaphern durchzogen und unterlegt ist. Auf wichtige Aspekte bin ich nicht eingegangen: Bedeutung der Gene, fundamentalistische Grenzsetzungen und vor allem die Bedeutung von Naturvorstellungen. Zum letzten Aspekt noch ein abschließender Gedanke. Dann, wenn es um ordnungsethische Normsetzungen geht, wenn trotz der metaphernreichen Geschichten und auch trotz des ethischen Diskurses die Ambivalenzen nicht ausgehalten werden können, wird die „Natur" als normativer Maßstab herangezogen (vgl. Gebhard 1997) und scheidet gleichsam als „deus ex machina" das Gute vom Bösen: *„Aber das ist keine natürliche Evolution. Natürliche Evolution ist, wenn z. B. dein Zeh, den brauchst du nicht mehr, dann geht der immer weiter zurück. Das ist für deinen eigenen Vorteil. Aber wenn das jetzt Menschen machen, dann ist das ja nicht mehr natürlich, dann kommt das ja nicht mehr von der Natur."*

Literatur

Barthes R (1964) Mythen des Alltags. Suhrkamp, Frankfurt am Main

Bechmann G (Hrsg) (1993) Risiko und Gesellschaft. Westdeutscher Verlag, Opladen, S XV

Bloch E (1970) Das Prinzip Hoffnung. Suhrkamp, Frankfurt am Main

Blumenberg H (1998) Paradigmen zu einer Metaphorologie. Suhrkamp, Frankfurt am Main, S 13

Boesch EE (1980) Kultur und Handlung. Einführung in die Kulturpsychologie. Huber, Bern Stuttgart Wien

Bohnsack R (1989) Generation, Milieu und Geschlecht. Ergebnisse aus Gruppendiskussionen mit Jugendlichen. Leske & Budrich, Opladen

Bruner J (1997) Sinn, Kultur und Ich-Identität. Auer, Heidelberg

Epiktet (1992) Wege zum glücklichen Handeln. Insel, Frankfurt am Main, S 12

Eurobarometer 39.1 (1993) Biotechnology and genetic engeneering – what europeans think about it in 1993. INRA. European Coordination Office

Freud S (1900) Die Traumdeutung. GW Band II/III, Frankfurt am Main, S 1–642

Freud S (1938) Abriß der Psychoanalyse. GW Band XVII, Frankfurt am Main, S 63–139, 147

Fuchs W (1969): Todesbilder in der modernen Gesellschaft. Suhrkamp, Frankfurt am Main

Gebhard U (1997) Die Rolle von Naturkonzeptionen bei Vorstellungen von Jugendlichen zur Gentechnik. In: Bayrhuber H et al. (Hrsg.) Biologieunterricht und Lebenswirklichkeit. IPN, Kiel, S 301–305

Gebhard U (1998a) Todesverdrängung und Umweltzerstörung. In: Becker U, Feldmann K, Johannsen F (Hrsg) Sterben und Tod in Europa. Neukirchener Verlag, Neukirchen-Vluyn, S 145–158

Gebhard U (1998b) Weltbezug und Symbolisierung. Zwischen Objektivierung und Subjektivierung. In: Marquardt-Mau B, Schreier H, Gärtner H, Baier H (Hrsg) Umwelt, Mitwelt, Lebenswelt. Klinkhardt, Bad Heilbrunn

Gebhard U, Feldmann K, Bremekamp E (1994) Hoffnungen und Ängste. Vorstellungen von Jugendlichen zur Gentechnik und Fortpflanzungsmedizin. In: Bremekamp E (Hrsg) Faszination Gentechnik und Fortpflanzungsmedizin. Klinkhardt, Bad Heilbrunn, S 11–25

Gebhard U, Billmann-Mahecha E, Nevers P (1997) Naturphilosophische Gespräche mit Kindern. Ein qualitativer Forschungsansatz. In: Schreier H (Hrsg) Mit Kindern über Natur philosophieren. Agentur Diek, Heinsberg, S 130–153

Gilbert W (1992) The Vision of the Holy Grail. In: Kevles D, Hood L (eds) The Code of the Code. Scientific and Social Issues on the Genome Project. Cambridge/Mass

Jonas H (1985) Technik, Medizin und Ethik. Insel, Frankfurt am Main, S 183

Lakoff G, Johnson M (1980) Metaphors we live by. The University of Chicago Press, Chicago London

Matthews GB (1989) Philosophische Gespräche mit Kindern. Freese, Berlin

Marchi L (1988) Der Urschock. Unsere Psyche, die Kultur und der Tod. Luchterhand, Darmstadt

Nelkin D, Lindee MS (1995) The DNA Mystique. The Gene as a cultural Icon. Freeman and Company, New York

Polkinghorne D (1988) Narrative Knowing and the Human Sciences. Suny Press, Albany, S 150

Ricoeur P (1969) Die Interpretation. Ein Versuch über Freud. Suhrkamp, Frankfurt am Main, S 19

Schopenhauer A (1819) Die Welt als Wille und Vorstellung. Brockhaus, Leipzig, S 1038

Strauss A, Corbin J (1996) Grounded Theory. Grundlagen qualitativer Sozialforschung. Psychologie Verlags Union, München

Todt E, Götz Chr (1997) Hoffnungen und Befürchtungen von Jugendlichen gegenüber der Genetik. Zeitschrift für Didaktik der Naturwissenschaften 3(2):15–22

10 Gentechnik aus der Sicht von Schülern

G. Keck, O. Renn
Akademie für Technikfolgenabschätzung in Baden-Württemberg

10.1
Zielsetzung der Studie

Mitarbeiterinnen und Mitarbeiter der Akademie für Technikfolgenabschätzung in Baden-Württemberg haben stets darauf hingewiesen, daß eine Technikpolitik gegen den Willen der Betroffenen zu Reibungsverlusten, wenn nicht gar zu ökonomischen Fehlentwicklungen führen kann (vgl. Kliment et al. 1994). Das Wissen um die Wahrnehmungsmuster der Bevölkerung zur Gentechnik und ihren möglichen Anwendungsfeldern erhält damit für die gesellschaftliche Beurteilung der Voraussetzungen und Folgen der Gentechnik eine zentrale Bedeutung. Technikakzeptanz hat entscheidenden Einfluß auf die soziale Diffusion und die wirtschaftliche Durchsetzung neuer Technologien. In diesem Kontext mag das vielfach gängige Stereotyp der technikfeindlichen deutschen Jugend alarmierend klingen. Um die Frage, ob es sich bei der Technikfeindlichkeit der Deutschen – und speziell bei den Jugendlichen – um eine Tatsache oder um ein Phantom handelt, ist in den letzten Jahren innerhalb der Sozialwissenschaften teilweise heftig gestritten worden. Die Datenlage ist immer noch zu unsicher, um in diesem Streit eine eindeutige Antwort zu finden[1]. Entsprechende Untersuchungen sind also vonnöten.

Der Frage, ob sich in der deutschen Bevölkerung ein sozial und kognitiv gefestigtes Einstellungsmuster zur Gentechnik identifizieren läßt, ist die Akademie für Technikfolgenabschätzung nachgegangen und hat den Forschungsverbund „Chancen und Risiken der Gentechnik aus der Sicht der Öffentlichkeit" ins Leben gerufen[2]. An der Schnittstelle unterschiedlicher sozialwissenschaftlicher Ansätze sind die Einstellungen, Wertorientierungen und Kommunikationsmuster zum Thema „Gentechnik und Öffentlichkeitsarbeit" untersucht worden. Die in diesem Beitrag beschriebene Studie ist ein Teilprojekt in diesem Forschungsverbund und beschäftigt sich mit dem Bereich „Schule". Warum ist die Einstellungsmessung zur Gentechnik in diesem Bereich notwendig? Die Gründe sind vielschichtig. Einen zentralen Bedeutungsaspekt von Schule unterstreicht folgende These: Schule als *die* entscheidende sekundäre Sozialisationsinstanz übt Einfluß aus in

---

[1] Zur Frage, ob die Deutschen technikfeindlich sind, vgl. Jaufmann u. Kistler 1988, Renn u. Zwick 1997 und speziell zur Einstellung bei der Jugend vgl. Jaufmann et al. 1989. Bezüglich der Gentechnik-Einstellung siehe Kliment et al. 1994.

[2] Der Forschungsverbund wurde vom Bundesministerium für Bildung, Wissenschaft, Forschung und Technologie (BMBF) gefördert.

einem Lebensabschnitt, der gleichbedeutend ist mit den „Formative Years" (Inglehart 1979), von der Jugend bis hin zum zwanzigsten Lebensjahr. Hierin werden – glaubt man der Sozialisationshypothese von Inglehart – grundlegende soziale und politische Werthaltungen verinnerlicht. Die Beeinflussungen in späteren Lebensabschnitten prägen einen Menschen bei weitem nicht so stark wie die in den „Formative Years" (Generationeneffekt). Demzufolge untersuchen wir mit den Schülern Gesellschaftsmitglieder, die quasi gerade eine nachhaltige Weichenstellung erfahren. In diesem Prozeß der Sozialisation übernimmt die Schule zentrale Aufgaben, indem sie Kognitionen vermittelt (Qualifikationsfunktion) und auf die Persönlichkeitsbildung der Sozialisanden einwirkt (Integrationsfunktion). Sie ist darüber hinaus Austragungsort von Emotionen. Vor diesem Hintergrund besteht das Anliegen unserer Untersuchung darin, schrittweise bei Schülern erstens den Kenntnisstand zur Gentechnik zu erfragen und zweitens die Einstellungen zur Gentechnik zu erheben und im Lichte sozialpsychologischer Konzepte zu interpretieren. Dabei wird analysiert, wie im Schulsystem Einstellungen ursächlich entstehen und von welchen Faktoren sie beeinflußt werden. Im Verlauf schulischer Sozialisation stehen drei mögliche Einflußpfade im Vordergrund:

- An der Entwicklung von Einstellungen und Weltbildern von Schülern wirken kognitiv kompetente Erwachsene (Lehrer) mit, die über eigene Einstellungen und Weltbilder verfügen.
- Neben dem reinen Wissensstoff werden – in einem Beziehungsgeflecht bestehend aus Lehrern, Schülern und Eltern – auch Bewertungsmaßstäbe vermittelt.
- Losgelöst von sachlichen schulspezifischen Zielen können Schüler in Aktivitäten mit Gleichaltrigen (Peer Groups) zu kohärenten Einstellungsmustern gelangen.

Konkret untersuchen wir sowohl die jeweilige persönliche Einstellung der Befragten als auch das Bild der Schüler bzgl. der Gentechnik-Einschätzung ihrer Lehrer. Schließlich ist noch die von den Schülern wahrgenommene Tendenz des Unterrichtes Gegenstand der Untersuchung. Die Leitfrage des Forschungsvorhabens lautet: Welches sind aus der Sicht der Schüler und Lehrer die bedeutsamen Faktoren bei der Bildung oder Veränderung von Einstellungen gegenüber Gentechnik? Das bedeutet, wir müssen herausfinden, welche individuellen Ressourcen (Technikbilder, Naturbilder, Risiko- und Nutzenabwägung usw.) aktiviert werden, wenn diese Bevölkerungsgruppen eine Meinung bzw. Einstellung zur Gentechnik entwickeln. Die Studie will Einstellungen nicht nur beschreiben, sondern darüber hinaus zu deren Erklärung beitragen und herausarbeiten, worauf Unterschiede in der Gentechnik-Bewertung zurückzuführen sind.

Neben der Frage nach den Ursachen für eine bestimmte Einstellung zur Gentechnik interessiert uns die Rolle der Sozialisationsinstanz Schule bei der Entstehung und Veränderung von Einstellungen. Die entscheidenden Fragen, die es daher zu untersuchen gilt, lauten: Wie wirkt die Einflußgröße Schule? Beziehen die Schüler ihre Bewertungsressourcen aus dem Unterricht und gegebenenfalls direkt von ihren Lehrern (die ebenfalls eine individuelle Haltung gegenüber diesen Technologien einnehmen und Schüler dadurch – bewußt oder unbewußt –

beeinflussen können)? Auf der Basis dieser Fragen wurden für die Studie die folgenden Arbeitshypothesen formuliert:

Arbeitshypothese 1. Unterschiedliche Fachlehrer äußern unterschiedliche Meinungen bzw. Bewertungen zur Gentechnik. Die Lehrer naturwissenschaftlicher Fächer werden vermutlich der Gentechnik weniger kritisch gegenüberstehen als die Lehrer geisteswissenschaftlicher Fächer.

Arbeitshypothese 2. Die Meinungen der Lehrer haben Effekte auf die Einstellungen der Schüler

Arbeitshypothese 3. Bezüglich der (Gen-)Technikeinstellung gibt es auffällige Unterschiede zwischen Mädchen und Jungen[3].

Nachfolgend werden wir zuerst die Methode der Studie vorstellen und dann einige wesentliche Ergebnisse beschreiben. Im Anschluß daran werden die Ergebnisse hinsichtlich ihrer jeweiligen Einflußstärken auf die Bildung bzw. Veränderung von Gentechnik-Einstellung statistisch überprüft. Im letzten Teil des Aufsatzes liefern wir eine Zusammenfassung und Diskussion der Ergebnisse.

10.2
Untersuchungsdesign und Methode

Im Rahmen einer Querschnittsuntersuchung sind in den Regierungsbezirken Stuttgart und Tübingen 410 Schüler an elf verschiedenen, zufällig ausgewählten Schulen befragt worden. Es galt, (Aus-)Bildungsbereiche zu untersuchen, die heuristisch eine inhaltliche Verbindung mit dem Themenfeld „Gentechnik" vermuten lassen: Altenpflege, Landwirtschaft und Sozialpädagogik (in den beruflichen Schulen) sowie Ernährungswissenschaft, Betriebswirtschaft und Technik (in den Gymnasien)[4]. Die in den Schulen per Zufallsstichprobe ermittelten Schulklassen wurden vollerhoben (mehrstufiges Auswahlverfahren). Insgesamt haben wir Schüler in verschiedenen Schulen befragt, an denen unterschiedliche Fächer von unterschiedlich qualifizierten Lehrern unterrichtet werden. Hinzu kommt, daß es sich gelegentlich um (fast) reine Mädchen- oder Jungenklassen handelt.

Parallel dazu hat eine Untersuchung bei 51 Lehrern stattgefunden. Es handelt sich größtenteils um diejenigen Lehrer, die zur selben Zeit die ausgewählten Schulklassen unterrichtet hatten. Die Lehrerbefragung kann aufgrund der geringen

---

[3] Im Zuge seiner Untersuchung der „Bestimmungsgründe für Technikakzeptanz" hat E. K. Scheuch konstatiert, daß Frauen doppelt so häufig zum Technik-Skeptizismus neigen wie Männer, was er in den „traditionellen Leitbildern männlicher und weiblicher Lebensführung" (Scheuch 1990) ursächlich begründet sieht.

[4] Eine prospektive gründliche Prüfung der aktuellen Lehrpläne für Baden-Württemberg hat gezeigt, daß die Unterrichtung von gentechnischen Themen im Gymnasium erst ab der Klassenstufe 11 erfolgt.

Fallzahl lediglich explorativen Charakter haben[5]. In beiden Erhebungen wurde als Befragungsinstrument ein umfangreicher standardisierter Fragebogen eingesetzt.

Die Befragung ist nicht repräsentativ für das gesamte Bundesgebiet. Die Grundgesamtheit setzt sich zusammen aus den Regionen Stuttgart und Neckar-Alb (mit den Regierungsbezirken Stuttgart und Tübingen). Die Ergebnisse sind höchstens generalisierbar für diesen geographischen Bereich und für die beiden untersuchten Schultypen mit ihren speziellen Bereichen.

10.3
Deskriptive Ergebnisse

10.3.1
Segen-Fluch-Indikator

In der bekannten Allensbach-Frage, ob Gentechnik eher als Segen oder eher als Fluch wahrgenommen wird, fallen in unserer Studie 8,4% der Antworten auf „eher ein Segen", während 18,6% in der Gentechnik „eher einen Fluch" sehen. 58,4% der Schüler entscheiden sich für „gleichermaßen Segen wie Fluch". 14,6% kreuzen „weder noch" an. Das unterschiedliche Antwortverhalten von Jungen und Mädchen kommt in der Segens-Frage deutlich zum Ausdruck. Die Quote derjenigen, die im Kontext von Gentechnik eher an einen Segen denken, ist bei den Männern um ein etwa Dreifaches höher als bei den Frauen ($p < 0,01$, $N = 399$, Cramers $V = 0,17$).

10.3.2
Gentechnik im Alltag

Exakt zwei Drittel der Befragten sind der Meinung, sie hätten im täglichen Leben „eher selten" oder „gar nie" mit gentechnischen Produkten oder Anwendungen zu tun[6]. Dies ist umso erstaunlicher, zumal die Antworten zu einem Zeitpunkt abgegeben werden, da wenige Tage vor der Befragung die ersten Schiffe mit Produkten aus transgenen Sojapflanzen aus den USA in deutschen Häfen eingelaufen waren. Die Verbraucherschützer und Umweltschutzorganisationen hatten schon im Vorfeld darauf hingewiesen, daß in mehreren tausend Lebensmitteln Produkte aus transgenen Sojapflanzen enthalten sein werden.

10.3.3
Subjektives und objektives Wissen über Gentechnik

Insgesamt sind lediglich 0,7% der Befragten der Meinung, über Gentechnik „sehr gut Bescheid" zu wissen, 28,5% wissen „eher gut Bescheid", 70,3% wissen „eher

---

[5] Das bedeutet, daß wir die Ergebnisse der Lehrerbefragung nicht auf einem höheren statistischen Abstraktionsniveau weiterführen wollen, da wir die Daten nicht zuverlässig interpretieren könnten.

[6] Es treten hier keine geschlechtsspezifischen Unterschiede auf.

schlecht" oder „sehr schlecht Bescheid". Bei der Ermittlung von objektivem Wissen über Fragen zur Gentechnik haben wir insgesamt acht Wissensfragen zusammengefaßt und in einem sogenannten Wissensindikator abgebildet[7]. Die Fragen wurden nicht der schwierigen Terminologie der Molekuarbiologie oder der Biochemie entlehnt; sie wurden in einer einfachen Sprache verfaßt und erforderten keine speziellen biologischen Kenntnisse. Bei der Auswertung konnten wir feststellen, daß die Befragten – objektiv gesehen – insgesamt über Gentechnik eher schlecht Bescheid wissen: Auf einer Neun-Punkte-Skala mit den Endpunkten „0" für „sehr schlecht Bescheid wissen" und „8" für „sehr gut Bescheid wissen" liegt ein arithmetisches Mittel von 3,2 und ein Median von 3,0 vor (bei einem Skalenmittelpunkt von „4").

Für objektives Gentechnik-Wissen konnten wir sowohl (1) geschlechtsspezifische Unterschiede (η = 0,20) und besonders (2) schulspezifische Unterschiede (η = 0,35) feststellen als auch (3) einen Zusammenhang mit Gentechnik-Interesse (γ = 0,24)[8]. Konkret bedeutet dies: Jungen wissen tendenziell besser über Gentechnik Bescheid als Mädchen (ad 1); der höchste Wissensstand zur Gentechnik ist jeweils in den Klassenstufen 13 der unterschiedlichen Gymnasien sowie im Berufsschulbereich „Landwirtschaft" vorhanden (ad 2); und je stärker das Interesse an Gentechnik ist, desto größer ist tendenziell auch das jeweilige Gentechnik-Wissen (ad 3).

10.3.4
Informationsquellen zur Gentechnik und deren Glaubwürdigkeit

Das Vertrauen in die öffentliche Kontrolle und Beherrschung von Risiken und die damit verknüpfte Glaubwürdigkeit von Organisationen und Institutionen ist ein entscheidendes qualitatives Merkmal der Risikowahrnehmung. Die folgenden Zahlen geben Aufschluß über die Frage nach Vertrauen und Glaubwürdigkeit verschiedener Institutionen im Kontext von Gentechnik: *Naturwissenschaftler* genießen die höchste Glaubwürdigkeit mit 81,5%. Dann folgen *Lehrer der Fächer Biologie und Chemie* (69,5%) und *Umweltschützer* (52,0%). *Sozialkunde- und Religionslehrer* (41,4%) sowie *Sozialwissenschaftler* (35,4%) liegen im mittleren Bereich, während *Industrievertreter* (6,0%) und *Politiker* (5,5%) mit deutlichem Abstand die letzten Plätze belegen.

Bei den Personengruppen bzw. Institutionen „Politik" und „Industrie" gehen die Befragten eindeutig auf Distanz. Wenn man sich verdeutlicht, daß „Glaubwürdigkeit" nicht nur für Kompetenz und Evidenz, sondern darüber hinaus auch für Fairneß steht, ist dies ein klares Indiz für den Vertrauensverlust traditioneller Autoritäten und ein Indiz für Systemverdrossenheit. Mit Blick auf das gute Abschneiden von Lehrern naturwissenschaftlicher Fächer ist das Thema „Gentechnik" zumindest in diesem Bereich – emotional wie didaktisch – sinnvoll angesiedelt.

---

[7] Dabei wurde über alle Fälle das Auftreten der richtigen Antworten gezählt.

[8] Die Unterschiede sind jeweils hochsignifikant: $p < 0,01$.

10.3.5
Schulische Beschäftigung mit Gentechnik

Insgesamt antworten 48% der Befragten auf die Frage, ob an der jetzigen Schule Gentechnik schon einmal behandelt wurde, mit „ja". Am stärksten wird die Thematisierung von Gentechnik im Fach Religion (31%) wahrgenommen, gefolgt von Biologie (27%). Alle übrigen Fächer liegen unter 10%. Unter sonstige Fächer kommt noch am stärksten Ernährungsökologie (6%) zum Ausdruck. Hierzu muß allerdings berücksichtigt werden, daß dieser Prozentsatz über alle Schularten ermittelt wurde, also auch über Bereiche (wie Technisches Gymnasium, Wirtschaftsgymnasium und Landwirtschaftliche Berufsschule), in denen Ernährungsökologie gar nicht unterrichtet wird.

10.3.6
Äußerungen verschiedener Fachlehrer gegenüber Gentechnik

Nach den Wahrnehmungen der Schüler haben sich die Religionslehrer am stärksten zur Gentechnik geäußert (über 30%), gefolgt von den Biologielehrern (ca. 26%). Mit deutlichem Abstand folgen Deutsch- und Ethiklehrer (ca. 12%) sowie Chemie- und Physiklehrer (10%). Die Schüler sollten darüber hinaus angeben, welche Bedeutung ihre jeweiligen Lehrer der Gentechnik beimessen. Danach ist Gentechnik (indirekt gemessen durch die Wahrnehmung der Schüler[9]) in erster Linie für

- Biologielehrer wichtig (79,0%), modern (82,7%) und wissenschaftlich (85,4%),
- Chemie- und Physiklehrer modern (87,8%) und wissenschaftlich (82,9%),
- Deutsch- und Ethiklehrer gefährlich (83,0%), risikoreich (85,1%) und unnatürlich (62,5%) und für
- Religionslehrer risikoreich (91,2%!) und unnatürlich (84,9%).

Wir haben diesen Daten die direkten Antworten der Lehrer (aus dem Lehrerfragebogen) gegenübergestellt und konnten feststellen, daß die perzipierten Einstellungen von Lehrern und die tatsächlichen Einstellungen stark übereinstimmen.

Auf einer nächsten Stufe – ebenfalls zu der Frage nach der perzipierten Gentechnik-Einstellung ihrer jeweiligen Fachlehrer (dazu wurden aus den entsprechenden Item-Batterien aggregierte Einstellungsskalen gebildet) – haben die Schüler wie folgt geantwortet, siehe Tabelle 10.1.

---

[9] Als Meßinstrument haben wir bipolare Sieben-Punkte-Skalen zugrunde gelegt. Der Wert „4" markiert jeweils den Skalenmittelpunkt. Die Werte, die links und rechts vom Mittelpunkt liegen, wurden jeweils zusammengefaßt.

Tabelle 10.1. Perzipierte Gentechnik-Einstellungen der jeweiligen Fachlehrergruppen

Fachlehrergruppen	arithmetisches Mittel	Median	Anzahl der Antworten
Biologielehrer	38,8	39,0	98
Chemie-/Physiklehrer	38,3	38,0	41
Deutsch-/Ethiklehrer	54,0	54,5	46
Religionslehrer	54,4	54,0	121

Der Wert „1" würde „extrem positiv" bedeuten, der Wert „91" „extrem negativ"; der Skalenmittelpunkt liegt bei „46". Demnach bewerten die Lehrer der naturwissenschaftlichen Fachbereiche Biologie, Chemie und Physik nach Einschätzung ihrer Schüler eher positiv, während die Lehrer der Fachbereiche Deutsch/Ethik und Religion eher in die negative Richtung tendieren. (Die Ergebnisse belegen Arbeitshypothese 1.) Auffällig ist, wie dicht die Mittelwerte der Fächer desselben Bereiches beieinanderliegen.

Mit dem Auseinanderklaffen der perzipierten Einstellungen von naturwissenschaftlichen und geisteswissenschaftlichen Lehrern drängt sich die Frage auf: Welchen Effekt hat die Kluft auf die Einstellung der Schüler? Neutralisieren sich die Meinungen bzw. Äußerungen von Fachlehrern oder glaubt man diesbezüglich eher der einen oder der anderen Aussage? Auf diese Frage gibt der nächste Abschnitt eine Antwort.

10.3.7
Hat sich die Meinung zur Gentechnik geändert, seit dieses Thema im Unterricht behandelt wurde?

Um zu überprüfen, ob sich die Meinungen der Lehrer quasi neutralisieren, wenn sie in unterschiedliche Richtungen gehen, haben wir die Gruppe der Schüler, die eine Bewertung der Gentechnik ausschließlich durch ihre Biologielehrer wahrgenommen haben, getrennt von den übrigen Schülern betrachtet. Gleiches haben wir jeweils für Schüler unternommen, die ausschließlich Äußerungen durch ihre Chemie-, Deutsch-/Ethik- bzw. Religionslehrer erfahren haben. Die Merkmalsgruppen, die wir im einzelnen gebildet haben, sind:

Gruppe 1: Diejenigen, die weder durch Biologie-, noch durch Chemie-, Deutsch- (bzw. Ethik-) oder Religionslehrer eine Äußerung zur Gentechnik erfahren haben.

Gruppe 2: Diejenigen, die von allen vier Lehrergruppen Äußerungen zur Gentechnik erfahren haben.

Gruppe 3: Diejenigen, die ausschließlich von *Biologielehrern* Äußerungen zur Gentechnik erfahren haben.

Gruppe 4: Diejenigen, die ausschließlich von *Chemielehrern* Äußerungen zur Gentechnik erfahren haben.

Gruppe 5: Diejenigen, die ausschließlich von *Deutsch- oder Ethiklehrern* Äußerungen zur Gentechnik erfahren haben.

Gruppe 6: Diejenigen, die ausschließlich von *Religionslehrern* Äußerungen zur Gentechnik erfahren haben.

Gruppe 7: Diejenigen, die *entweder* von Lehrern der Fächer Biologie *oder* Chemie Äußerungen zur Gentechnik erfahren haben.

Gruppe 8: Diejenigen, die *entweder* von Lehrern der Fächer Deutsch/Ethik *oder* Religion Äußerungen zur Gentechnik erfahren haben.

Tabelle 10.2. Gruppenspezifische Gentechnik-Einstellungen auf der Basis einer 97-Punkte-Likert-Skala[10]

Gruppe	arithmetisches Mittel	Median	Anzahl der Antworten
1	54,7	55,0	179
2	55,0	51,0	9
3	52,1	51,5	44
4	60,9	67,0	7
5	57,5	57,0	10
6	54,0	54,0	59
7	52,4	51,0	111
8	53,4	53,0	130

Ist die Gentechnik-Einstellung der Schüler abhängig davon, ob sich Lehrer aus naturwissenschaftlichen Fachgebieten oder aus geisteswissenschaftlichen Bereichen zur Gentechnik geäußert haben? Tabelle 10.2 gibt Aufschluß: Wir erhalten konsistente Ergebnisse über alle Gruppen hinsichtlich des arithmetischen Mittels und des Medians (lediglich die Gruppe derjenigen, die ausschließlich von ihren Chemielehrern Äußerungen zur Gentechnik erfahren hat, weicht etwas von den anderen Ergebnissen ab). Die Mediane bewegen sich – mit Ausnahme der Chemiegruppe – in einem Skalenwert-Intervall von 51,0 bis 57,0. In diesem Bereich liegt auch die überwiegende Anzahl der Fälle. Das bedeutet, bei einem Skalenmittelpunkt von „49" („1" bedeutet „extrem positive Einstellung", „97" steht für „extrem negative Einstellung"), daß alle Gruppen die Gentechnik (als Globalindikator) tendenziell eher negativ wahrnehmen. Am negativsten ist die Gentechnik-Einstellung bei Schülern, die das Thema „Gentechnik" ausschließlich durch Lehrer des Fachgebietes *Chemie* erfahren haben. (Diese Auswertung stützt sich allerdings lediglich auf sieben Fälle.) Aber im großen und ganzen haben die einzelnen

---

[10] Zu diesem Zweck haben wir, basierend auf einem Semantischen Differential mit 16 bipolaren Items, eine bipolare 97-Punkte-Skala gebildet. Die Skalen wurden zusammengefaßt, indem die Werte der einzelnen Sieben-Punkte-Skalen addiert wurden. Um Endpunkte von „1" und „97" zu erhalten, haben wir von den Scores jeweils den Betrag „15" subtrahiert.

Fachbereiche keine besonderen Auswirkungen auf die Gentechnik-Einstellungen
– jedenfalls nicht in der Form, daß Schüler tendenziell positive Gentechnik-
Bewertungen ihrer Lehrer annehmen. Wir können somit die Arbeitshypothese 2,
wonach die jeweiligen Fachlehrer die Einstellungen der Schüler in bestimmte
Richtungen lenken (ob bewußt oder unbewußt), verwerfen.

10.3.8
Gentechnik-Einstellung in Abhängigkeit der verschiedenen Schularten

Wir konnten feststellen, daß die Gruppen „Altenpflege", „Landwirtschaft" und
„Sozialpädagogik" trotz ihrer spezifischen Merkmale – Schüler im Bereich
„Altenpflege" sind im Durchschnitt wesentlich älter als die anderen Bereiche
(67% sind älter als 30), während im Bereich „Landwirtschaft" eindeutig die jungen Männer überwiegen (mit 79%) – eine nahezu identische Gentechnik-
Einstellung aufweisen[11]. Für Schüler der „Altenpflege"-und „Sozialpädagogik"
können inhaltliche Effekte der schulischen Wissensvermittlung so gut wie keine
Rolle spielen, da in einem Fall (Altenpflege) lediglich zwei von 28 Schülern meinen, sie hätten Gentechnik im Unterricht behandelt, während im anderen Fall
(Sozialpädagogik) überhaupt niemand diese Thematik im Unterricht wahrgenommen hat. Im Unterschied dazu steht der Bereich „Landwirtschaft": Hier antwortet knapp ein Drittel der Befragten (31%) mit „ja" auf die Frage, ob Gentechnik im Unterricht behandelt wurde. Auch in den gymnasialen Bereichen ließen
sich keine nennenswerten Unterschiede bzgl. der Gentechnik-Wahrnehmung feststellen. Für alle Bereiche aus beruflicher Schule und Gymnasium können wir
konstatieren, daß insgesamt – ohne nennenswerte spezifische Unterschiede – die
Einstellung zur Gentechnik eher negativ verläuft[12].

10.3.9
Akzeptanz verschiedener gentechnischer Anwendungsbereiche

Bei der Untersuchung von Gentechnik-Akzeptanz haben wir nach Anwendungsgebieten sowie Objektklassen getrennt. Dabei wurde deutlich, daß *gentherapeuti-
sche Anwendung zur Behandlung von Krankheiten* (beispielsweise *Krebs, AIDS*)
sowohl nach Meinung der Schüler (88%) als auch der Lehrer (78%) *akzeptabel* ist
und aktiv unterstützt werden sollte. Eindeutige Zustimmung beider Personengruppen findet sich auch für *gentechnische Anwendung zur Aufklärung von kriminali-
stischen Tatbeständen (" genetischer Fingerabdruck")*. Ganz anders hingegen
sieht das Antwortverhalten im Fall der Anwendung an Tieren aus. Ganz gleich, ob
Nutztiere (Tiere, die in die Nahrungskette des Menschen einfließen) oder Ver-
suchstiere (z. B. „Labormaus") gentechnisch behandelt werden sollen, die überwiegende Mehrheit der Befragten findet, solche Verfahren seien *inakzeptabel* und

---

[11] Hier haben wir ebenfalls eine bipolare 97-Punkte-Skala zugrunde gelegt.

[12] Die Mediane bewegen sich zwischen 50,0 (niedrigster Wert, Wirtschaftsgymnasium) und
56,0 (höchster Wert, Ernährungswissenschaftliches Gymnasium), bei einem Skalenmittelpunkt von „49".

sollten ihrer Meinung nach *verboten werden.* Die strikte Ablehnung liegt jeweils bei Schülern bei ca. 80% und bei Lehrern bei ca. 90%. Die Anwendung von Gentechnik im Bereich der Nutzpflanzen wird ebenfalls negativ bewertet. Während diesbezüglich Schüler *eher* dagegen sind, sprechen sich Lehrer *eindeutig* dagegen aus. Die Ablehnung gentechnischer Anwendung an Tieren wird in den Hintergrund gedrängt, wenn es darum geht, der Humanmedizin zum Durchbruch zu verhelfen.

10.4
Determinanten der Einstellungen zur Gentechnik

Nachdem wir die wichtigsten Ergebnisse in Typen und Häufigkeitsauszählungen beschrieben haben, wollen wir im folgenden mögliche Einflüsse und Zusammenhänge statistisch überprüfen. Zu Beginn der statistischen Auswertungen geht es darum, die sowohl theoretisch als auch statistisch bedeutsamen Bedingungen (Variablen) von Einstellungen zur Gentechnik (GT) zu identifizieren. Zu diesem Zweck haben wir einige Variablengruppen gebildet und mittels Regressionsrechnungen die jeweilige Stärke ihrer Einflüsse auf die GT-Einstellung überprüft.

Getestet wurden zwei Modelle: Im ersten Modell haben wir einen Akzeptanz-Indikator (AK) zugrunde gelegt, der die Akzeptanz von Gentechnik, und dabei speziell die Objektklassen „Nutzpflanzen, Nutztiere und Mikroorganismen", abbildet (die Dimensionen „Anwendungsbereich: Gesundheit" bzw. „Objektklasse: Mensch" hatten einen geringeren Anteil erklärter Varianz und wurden daher nicht berücksichtigt) und somit einen eher kognitiven Indikator darstellt.

Im zweiten Modell haben wir auf einen Indikator vertraut, der seinem Wesen entsprechend eher affektiv-emotional ist und aus einem Semantischen Differential (SD) (Gentechnik ist „positiv – negativ", „schädlich – nützlich", „gefährlich – sicher", „moralisch – unmoralisch" usw.) abgeleitet wurde.

Als nächster Schritt wurden die möglichen Bedingungen von „GT-Einstellung" aufgelistet. In dieser Liste finden sich diejenigen Größen wieder, die sich erstens als signifikant ergaben und zweitens die höchsten Regressionswerte aufwiesen. Herausgefallen sind alle schulspezifischen Variablen, wie z. B. GT-Unterrichtung und Äußerungen von Lehrern. (Dies gilt sowohl für quantitative als auch für qualitative Aspekte.) Diese Erkenntnis korrespondiert mit den Ergebnissen aus Abschnitt 10.3.7. Dort wurde bereits deutlich, daß die wahrgenommenen Meinungen unterschiedlicher Fachlehrer (als qualitative Aspekte) keine spürbaren Auswirkungen auf die GT-Einstellungen der Schüler hatten. Auch Klassenarbeiten zu Themen der GT mit ihrem spezifischen Anreizsystem der Schulnoten bleiben ohne nennenswerte Auswirkungen auf das Einstellungsmuster. Das heißt: Diejenigen Variablen, die uns unter der theoretischen Fragestellung dieser Studie ganz speziell interessiert haben, können hier kaum etwas zu der Erklärung von Einstellungsbildung oder -veränderung gegenüber GT beitragen. Für diese Variablen läßt sich statistisch kein Zusammenhang mit der abhängigen Variable „GT-Einstellung" nachweisen.

Tabelle 10.3. Einfluß verschiedener Faktoren der GT-Einstellung (abhängige Variable). Ausgewiesen sind die bivariaten Korrelationskoeffizienten (Pearsons r) und die standardisierten Regressionskoeffizienten (β) als Zusammenhangsmaße zwischen abhängiger und unabhängiger Variable am Beispiel zweier multipler linearer Regressionen (R).

x		Semantisches Differential			Akzeptanz-Indikator		
		r	β		r	β	
1	Gentechnik und Moral	-0,66	-0,43	**	-0,39	-0,16	**
2	Hoffnungen bzgl. GT	0,48	0,31	**	0,38	0,23	**
3	Befürchtungen bzgl. GT	-0,48	-0,29	**	-0,38	-0,26	**
4	Technikoptimismus				0,37	0,15	*
5	Umweltbewußtsein				-0,23	-0,13	*
6	politische Orientierung				0,18	0,19	**
7	Technikrisikowahrnehmung				-0,16	-0,12	*
multiples R^2		0,58			0,46		

$**p < 0,01, *p < 0,05.$

Es zeigt sich in Tabelle 10.3, daß der wichtigste Prädiktor (unabhängige Variable x zur Vorhersage der abhängigen Variable y) für die GT-Einstellungbildung (y) im *SD-Modell* die Variable „Gentechnik und Moral"[13] (x_1) ist (in diesem Fall liegt auch ein hoher bivariater Zusammenhang vor, $r = -0,66$). Es folgen die Einflüsse von „Hoffnungen bzgl. GT"[14] (x_2) und „Befürchtungen bzgl. GT"[15] (x_3). Die mathematischen Vorzeichen der β-Werte von x_1 und x_3 sind negativ. Das ist in beiden Fällen plausibel, denn je stärker behauptet wird, daß GT unmoralisch ist, desto negativer fällt die Einstellung gegenüber dieser Technologie aus. Und je stärker Befürchtungen gegenüber negativen Technikfolgen wahrgenommen werden, desto negativer ist die Einstellung. Hoffnungen bzgl. der GT hingegen bewegen sich im Einklang mit GT-Einstellung: Je größer die subjektive Wahrscheinlichkeit positiver GT-Folgen ist, desto positiver ist die Einstellung.

---

[13] Der Variablen liegt folgende Fragestellung zugrunde: „Stellen Sie sich einmal vor, Sie sitzen bislang unbeteiligt in einem Zugabteil mit einigen Personen, die über das Thema Gentechnik diskutieren. Und einer dieser Fahrgäste äußert sich lauthals: *Gentechnik ist unmoralisch!* Halten Sie seine Aussage *für richtig, für eher richtig, für eher falsch* oder *für falsch?*

[14] Dahinter verbergen sich positive Auswirkungen von GT, verbunden mit unterschiedlichen Graden von Eintrittswahrscheinlichkeit.

[15] Die Basis sind negative Auswirkungen von GT, verbunden mit subjektiven Eintrittswahrscheinlichkeiten.

Im *AK-Modell* konnten sieben Bedingungen von GT-Einstellungsbildung iden-
tifiziert werden. Und zwar in folgender Reihenfolge: Stärkster Prädiktor ist
„Befürchtungen bzgl. GT" (x_3), vor „Hoffnungen bzgl. GT" (x_2), den beiden
Variablen „Politische Orientierung" (x_6) und „Gentechnik und Moral" (x_1), dann
folgen „Technikoptimismus" (x_4), „Umweltbewußtsein" (x_5) und
„Technikrisikowahrnehmung" (x_7).

Negative β-Vorzeichen haben x_1 und x_3 (wie oben schon interpretiert) sowie x_5
und x_7. „Umweltbewußtsein" und die Werthaltung „Technikrisikowahrnehmung"
stehen in einer negativen Beziehung zur GT-Einstellung. Das heißt, je individuell
bedeutsamer diese Variablen sind, desto negativer ist die GT-Einstellung.

Im Regressionsmodell mit der größeren Varianzerklärung, dem *SD-Modell* (mit
58%), ist die Variable „Moral/Ethik" die zentrale Größe. Bivariate Korrelationen
der Variablen x_1, x_2 und x_3 haben gezeigt, daß Moral und Ethik bereits in den
Größen „Hoffnungen bzgl. GT" *(r = 0,37)* und „Befürchtungen bzgl. GT" *(r = -
0,30)* aufgeht. Die geringe Korrelation von „Hoffnungen bzgl. GT" und
„Befürchtungen bzgl. GT" *(r = -0,11)* macht noch einmal deutlich, daß GT nicht
pauschal positiv oder negativ gesehen, sondern kritisch und differenziert beurteilt
wird.

Drei entscheidende Faktoren markieren somit das Regressionsmodell: die Moral, positive „Beliefs" (Vorstellungen) und negative „Beliefs". Alle drei Faktoren
haben direkte Einflüsse auf GT-Einstellung, gemessen als Stärke der Einstellung.
Die von uns identifizierten Haupteinflußfaktoren sind eng an die Einstellung an-
gelehnt, die Korrelationswerte überraschen deshalb nicht.

Inhaltlich läßt sich das Modell folgendermaßen deuten: Die Wahrnehmung von
Gentechnik hängt mit einer moralischen Bewertung der GT eng zusammen. Personen orientieren sich an Hoffnungen (gemessen als positive probabilistische
Vorstellungen), die sie mit der GT verbinden. Nach dem gleichen Prinzip verhält
sich die GT-Einstellung im Hinblick auf negative Vorstellungen: Überwiegen die
Befürchtungen, die an GT-Folgen geknüft sind, dann fällt die GT-Wahrnehmung
negativer aus.

10.5
Zusammenfassung und Diskussion der Ergebnisse

Die Jugendlichen in der Region Stuttgart/Neckar-Alb stehen der Gentechnik nicht
fundamental feindlich gegenüber. Allerdings kann man auch nicht von einer positiven Gentechnik-Aufnahme bei den Jugendlichen sprechen. Der überwiegende
Teil der in unserer Studie befragten Schüler steht der Gentechnik *ambivalent*
gegenüber und nimmt diese Technologie als *janusköpfig* wahr.

Entsprechend der Arbeitshypothese 3 (siehe oben) haben wir in den meisten
Fällen hochsignifikante Unterschiede (p < 0,01) zwischen Mädchen und Jungen
feststellen können. Es ist allerdings plausibel, daß diese geschlechtsspezifischen
Unterschiede ursächlich im allgemeinen Technikbegriff und in der Technikein-
stellung begründet liegen. Sinnfragen der Technik durchlaufen bei Mädchen selektive Filter in eine andere Richtung als bei Jungen und werden demnach anders

bewertet. Die statistischen Kennzahlen (Cramers V, η, γ) deuten allerdings darauf hin, daß die inhaltlichen Zusammenhänge zwischen „Geschlecht" und den Variablen der (Gen-)Technikeinstellung in den meisten Fällen eher gering ausfallen. Insgesamt hat „Geschlecht" nur einen kleinen Einfluß auf die Gentechnik-Einstellung. Dies gilt auch für das Merkmal „Schultyp".

Des weiteren befindet sich unsere Studie im Einklang mit der mehrfach empirisch bestätigten Hypothese, daß differenzierte Bewertungsmuster bei unterschiedlichen gentechnischen Anwendungen vorherrschen (vgl. Hampel et al. 1997). Folgerichtig erfahren bestimmte Anwendungsfelder, wie z. B. Gentechnik in der Landwirtschaft und Ernährung, eine breite ablehnende Haltung, wohingegen andere Bereiche, wie beispielsweise Medizin oder Pharmazie, positiv von den Schülern bewertet werden. Die Befürchtung eines Mißbrauches der Gentechnik wurde von den Befragten (in der *offenen Frage* des Fragebogens) nicht explizit geäußert. Wir müssen allerdings davon ausgehen, daß solche Befürchtungen in den häufig gefallenen Nennungen „Manipulation", „Klonen" oder „Züchtung" latent vorhanden sind.

In der Perzeption ihrer Lehrer machen die Schüler eine deutliche Unterscheidung zwischen den naturwissenschaftlichen und den nicht-naturwissenschaftlichen Bereichen. Einstellungen der Lehrer aus den Fachgebieten Religion, Ethik und Deutsch werden von ihren Schüler in bezug auf die Gentechnik die Attribute „risikoreich" und „gefährlich" zugeschrieben, während Einstellungen der Biologie-, Chemie- oder Physiklehrer mit den wenig wertbeladenen Attributen „modern" und „wissenschaftlich" assoziert werden.

Allerdings bleiben Einflüsse durch die Fachlehrer weitgehend aus. Das haben sowohl Überprüfungen, die auf selbstwahrgenommenen Gentechnik-Einstellungsänderungen der Schüler basieren, als auch andere objektive Einstellungsindikatoren gezeigt. Damit bleibt es (in der Logik dieser statistischen Interpretation) relativ unbedeutend, ob die Lehrer nun positiv oder negativ über Gentechnik berichten.

Wider vieler Erwartungen können Unterschiede in der Gentechnik-Bewertung weder auf objektiv abgefragtes Gentechnik-Wissen noch per Selbsteinschätzung erfragtes, subjektives Gentechnik-Wissen direkt zurückgeführt werden. Dies korrespondiert mit den Erkenntnissen einer europäischen Forschungsgruppe (Biotechnology and the European Public Concerted Aktion Group 1997), die zeigen konnte, daß eine Intensivierung von naturwissenschaftlich-technischem Gentechnik-Wissen bei den Betroffenen zwar zu dezidierteren Urteilen führt, nicht jedoch zu einer anderen Gentechnik-Einstellung. Auch Interesse für die Themen der Gentechnik bilden nach den Ergebnissen dieser Studie keine Basis für bestimmte Ausprägungen der Einstellung zur Gentechnik. Nicht einmal das wahrgenommene Risiko(management) vermag die Bewertung von Gentechnik entscheidend zu beeinflussen. Es werden auch keine volkswirtschaftlichen Kosten-Nutzen-Rechnungen zugrunde gelegt (Beispiel „Arbeitsplätze").

Nach den Erkenntnissen dieser Studie sind „moralische Erwägungen" eine zentrale Einflußgröße zur Vorhersage der Gentechnik-Einstellung. Aus der Sicht der befragten Schüler bedeutet dies: Die affektive wie kognitive Beurteilung von Gentechnik ist in erster Linie eine ethisch-moralische Angelegenheit[16].

Das legt den Schluß nahe, daß individuelle (moralische) (Vor-)Einstellungen gegenüber der Gentechnik darüber entscheiden, welche Informationen zur Gentechnik überhaupt verarbeitet werden (selektive Wahrnehmung). Dagegen kann die Hypothese verworfen werden, daß Informationen und die gezielte (schulische) Vermittlung von Gentechnik-Wissen die Einstellung zur Gentechnik verändern werden.

Die Invarianz der Einstellung gegenüber der schulischen Vermittlung darf nicht fehlinterpretiert werden. Die Schule kann die Entwicklung moralischer Urteilsfähigkeit gefördert haben, ohne daß sich dies direkt auf die Einstellung zur Gentechnik ausgewirkt hat. Aus diesem Grund erscheint es uns wichtig, das Themenfeld „Gentechnik" weiterhin im Unterricht zu behandeln. Erstens erlaubt die wahrgenommene Glaubwürdigkeit von Lehrern der naturwissenschaftlichen Bereiche eine kompetente Wissensvermittlung über Gentechnik in Biologie und Chemie. Zweitens unterstreicht die Verbindung zwischen Gentechnik und Moral die Relevanz des Themas für geisteswissenschaftliche Fächer. Die Komposition beider Aspekte ist ein eindeutiges Votum für eine fächerübergreifende Behandlung des Themas „Gentechnik" in der Schule.

Literatur

Biotechnology and the European Public Concerted Action Group (1997) Europe ambivalent on biotechnology, Nature, 387:845–847

Hampel J, Keck G, Peters HP, Pfenning U, Renn O, Ruhrmann G, Schenk M, Schütz H, Sonje D, Stegat B, Urban D, Wiedemann PM, Zwick MM (1997) Einstellungen zur Gentechnik. Tabellenband zum Biotech-Survey des Forschungsverbunds „Chancen und Risiken der Gentechnik aus der Sicht der Öffentlichkeit". Arbeitsbericht Nr. 87 der Akademie für Technikfolgenabschätzung in Baden-Württemberg, Stuttgart

Inglehart R (1979) Wertwandel in den westlichen Gesellschaften: Politische Konsequenzen von materialistischen und postmaterialistischen Prioritäten. In: Klages H, Kmieciak P (Hrsg) Wertwandel und gesellschaftlicher Wandel. Campus, Frankfurt am Main, S 279–316

Jaufmann D, Kistler E (1988) Sind die Deutschen technikfeindlich? Leske & Budrich, Opladen

Jaufmann D, Kistler E, Jänsch G (1989) Jugend und Technik. Wandel der Einstellungen im internationalen Vergleich. Campus, Frankfurt am Main

Kliment T, Renn O, Hampel J (1994) Chancen und Risiken der Gentechnologie aus der Sicht der Bevölkerung. In: von Schell T, Mohr H (Hrsg) Biotechnologie – Gentechnik. Eine Chance für neue Industrien. Springer, Heidelberg, S 558–583

Renn O, Zwick MM (1997) Risiko- und Technikakzeptanz. Springer, Heidelberg

Scheuch EK (1990) Bestimmungsgründe für Technikakzeptanz. In: Kistler E, Jaufmann D (Hrsg) Mensch – Gesellschaft – Technik. Leske & Budrich, Opladen, S 101–139

---

[16] Anders ist das bei der Erklärung von Gentechnik-*Interesse*. Hierzu dominiert das Interesse an naturwissenschaftlichen Themen als erklärende Variable eindeutig über das Interesse an geisteswissenschaftlichen Themen.

11 Gentechnik und ethische Urteilsbildung – ein Beispiel aus der Landwirtschaft[1]

B. Skorupinski
Ethik-Zentrum, Universität Zürich

11.1
Einleitung

Die gesellschaftliche Debatte um die Freisetzung von gentechnisch veränderten Organismen, insbesondere im Zusammenhang mit der Erzeugung von Lebensmitteln, ist nach wie vor geprägt von weit auseinander liegenden Pro- und Contra-Positionen. Es verbinden sich mit der Verwendung gentechnischer Methoden in der Landwirtschaft sowohl Hoffnungen und Erwartungen auf der einen Seite als auch Befürchtungen auf der anderen Seite. Letztere beziehen sich auf die Realistik der Ziele und auf Risikopotentiale von Freisetzung und Kommerzialisierung der Organismen. Die innerwissenschaftliche wie die gesellschaftliche Debatte über bio- bzw. gentechnologische Innovationen machen deutlich, daß sich Fragen der Verantwortung stellen. Diese Verantwortungsprobleme übersteigen aber ersichtlich einzelwissenschaftliche Kompetenzen. Die Abwägung des zu erwartenden Nutzens gegen mögliche Risiken muß auf der Basis des verfügbaren Fachwissens erfolgen. Die Formulierung und Begründung von Kriterien, anhand derer Abwägungen vorgenommen werden, gehören zum Gegenstandsbereich der Ethik. Um zu fundierten Aussagen zu kommen, muß eine ethische Bewertung in bezug auf wissenschaftlich-technische Innovationen etwas in besonderer Weise leisten, was der zunehmenden methodischen Spezialisierung von Teildisziplinen entgegenläuft, nämlich eine Übersicht der Ergebnisse und Problemlösungsansätze verschiedener Wissensgebiete. Offensichtlich ist ein interdisziplinärer Zugang notwendig.

Im folgenden sollen kurz die wichtigsten Schritte zur ethischen Bewertung einer Anwendung von gentechnisch veränderten Organismen in der Landwirtschaft beschrieben werden. Als Fallbeispiel wurde die Freisetzung von Mikroorganismen und Pflanzen ausgewählt, die Toxine der Bakterienart *Bacillus thuringiensis* produzieren. Die methodische Sequenz ist übertragbar. Es werden die relevanten Aspekte der Entscheidung unter Verantwortungsgesichtspunkten verdeutlicht, und

---

[1] Diese Überlegungen enstammen einem interdisziplinären Forschungsprojekt zur ethischen Bewertung gentechnischer Strategien in der Landwirtschaft, das von 1991 bis 1995 am Zentrum für Ethik in den Wissenschaften der Universität Tübingen durchgeführt wurde. Die Ergebnisse des Forschungsprojektes sind unter dem Titel „Gentechnik für die Schädlingsbekämpfung – Eine ethische Bewertung der Freisetzung gentechnisch veränderter Organismen in der Landwirtschaft" (Skorupinski 1996) veröffentlicht.

es wird eine ethisch abgestützte Kriteriologie für die Bewertung entwickelt. Diese Kriteriologie hat einen allgemeineren Status, sie kann zur Bewertung anderer Fälle herangezogen werden.

Bacillus thuringiensis wird in der Landwirtschaft seit mehreren Jahrzehnten erfolgreich für die Bekämpfung von Schadinsekten eingesetzt. Die Besonderheit der Bekämpfung mit *Bacillus thuringiensis* liegt darin, daß ein spezifisches Wechselverhältnis zwischen pathogenen Bakterien und ihren Wirten ausgenutzt wird. Die Bakterien produzieren Toxinkristalle, die jeweils spezifisch gegen eine Reihe von Schadinsektenarten wirken, so daß schädigende Auswirkungen auf die umgebende Tierwelt und die menschliche Gesundheit, wie sie von den chemischen Insektiziden bekannt sind, vermieden werden können. In Untersuchungen während der letzten 15 Jahre zeigte sich eine große Vielfalt von Toxingenen. Neben der Suche nach weiteren, neuen Toxingenen mit noch nicht bekannten Eigenschaften werden gentechnisch Veränderungen an diesen Genen vorgenommen. Die Bakterien selbst werden verändert, um die Wirkung von *Bacillus thuringiensis* zu beeinflussen. Außerdem werden die Toxingene in Bakterien und in Pflanzen kloniert, die dann in der Schädlingsbekämpfung eingesetzt werden sollen.

11.2
Methode der interdisziplinären ethischen Urteilsbildung

Für die interdisziplinäre ethische Urteilsbildung wurde ein sogenanntes „induktives" Vorgehen gewählt. Der Begriff „induktiv" wird hier nicht in dem Sinn verstanden, wie er in der Wissenschaftstheorie und in der Logik gebraucht wird. Ebensowenig ist damit gemeint, daß die Vorfindlichkeit bestimmter moralischer Überzeugungen und Handlungsziele schon deren Geltung implizieren würde. Vielmehr wird mit dem „induktiven" Vorgehen die Erhebung des ethisch relevanten Sachstandes – ausgehend von der biologischen Fachkompetenz – bezeichnet und nicht umgekehrt die Formulierung von Kriterien und Normen, um diese auf komplexe Probleme anzuwenden. Die in den Forschungsbeiträgen enthaltenen Bewertungen, Maßstäbe und Sinnziele werden erhoben und in eine vergleichende und kritische Relation zueinander gesetzt. Erst an einem späteren Zeitpunkt im Verfahren wird ethische Kriteriologie eingeführt. Die „induktive" Methode beinhaltet sowohl auf der Ebene der naturwissenschaftlichen Fragen als auch auf der Ebene der ethischen Problemstellungen die Integration von Teilperspektiven der fachwissenschaftlichen Forschung. Bereits auf der Ebene der Sachfragen ist eine interdisziplinäre Herangehensweise erforderlich. Die Ergebnisse aus Molekularbiologie, Genetik, Entomologie, Ökologie, Evolutionsbiologie und die landwirtschaftlichen Fachfragen sind miteinander ins Verhältnis zu setzen. Auch für die ethischen Problemstellungen bedeutet die Integration von Teilperspektiven eine Erweiterung des Fragebereiches: Es sind nicht nur Risiko- bzw. Sicherheitsfragen zu bewerten, sondern es ist eine Bewertung von *Zielen, Folgen* und *Alternativen* zu leisten (vgl. Mieth 1993).

11.3
Forschungs- und Entwicklungsziele

Begründungen für den Einsatz der gentechnisch veränderten Organismen setzen in der Regel bei deren besonderer ökologischer Verträglichkeit an. Besonders die Umwelt- und Gesundheitsschäden durch chemische Insektizide und die schnelle Entstehung von Resistenz bei den Schädlingen werden als Motive genannt, biologische Methoden bzw. gentechnisch veränderte Organismen einzusetzen. In allen Argumentationen wird implizit die normative Vorannahme deutlich, daß der Schutz der menschlichen Gesundheit und der Umwelt geboten sei und Anstrengungen unternommen werden sollen, diesen zu gewährleisten (z. B. Carlton 1988). Im Gegensatz zur Bekämpfung mit chemischen Insektiziden werden die Vorteile der biologischen Mittel in deren Spezifität, schneller biologischer Abbaubarkeit und möglicher Vermeidung von Resistenzentstehung gesehen. Demgegenüber deuten Forschungs- und Entwicklungsziele eher in die Richtung, daß zugunsten einer optimierten Anwendung die angegebenen Vorteile eingeschränkt werden. Der gentechnischen Optimierung liegt eine andere Kriteriologie zugrunde, nämlich die der Praktikabilität und Rentabilität, ausgerichtet an den Gegebenheiten einer konventionellen Lebensmittelproduktion. Alle direkten Widersprüche zwischen ökologischer Verträglichkeit und landwirtschaftlicher Praktikabilität werden in den Forschungsansätzen zugunsten der letzteren gelöst. Eigenschaften aufgrund derer die Organismen ökologisch verträglich sind, werden aufgegeben. Das Argument der ökologischen Verträglichkeit erweist sich so als inkonsistent. Eine solche Inkonsistenz der Argumentation nachgewiesen zu haben, soll aber weder eine unkritische Be- bzw. Abwertung des Zieles implizieren, umsatzstarke und rentable Produkte herzustellen, noch erweisen sich die mit den moralischen Ansprüchen vertretenen Argumente aufgrund ihrer mangelnden Vereinbarkeit mit ökonomischer Effizienz als belanglos. Im Sinne der induktiven Methode werden die normativ gehaltvollen mit Variationen wiederholten Zielvorstellungen einer umweltverträglichen und der menschlichen Gesundheit förderlichen Landwirtschaft als Ausgangspunkt für die ethische Diskussion aufgegriffen. Die wichtigsten Forschungs- und Entwicklungsziele sind:

- Die Erweiterung des Wirtsspektrums und die Verstärkung der toxischen Wirkung an *Bacillus thuringiensis* selbst.
- Die Übertragung der Toxingene auf Bakterien, die in Lebensräumen vorkommen, die von *Bacillus thuringiensis* nicht besiedelt werden.
- Die Übertragung der Toxingene auf Nutzpflanzen, so daß diese selbst insektizide Wirkung haben.

Bei den Mikroorganismen beschränken sich Experimente derzeit auf einige Arten. Die Anzahl der mit *Bacillus thuringiensis*-Genen erfolgreich transformierten Nutz- und Zierpflanzenarten hat indessen fünfzig bereits überschritten (Gelernter u. Schwab 1993; Ely 1993; Carozzi u. Koziel 1997; Schuler et al. 1998). Die Analyse der vielfältigen Forschungsansätze und prognostizierten

Marktanteile verweist auf eine beabsichtigte großflächige und breitangelegte Freisetzung der rekombinanten Mikroorganismen und Pflanzen.

11.4
Mögliche Folgen von Freisetzung und Kommerzialisierung; Grenzen der Prognostizierbarkeit

Die Frage nach möglichen Folgen des Einsatzes der gentechnisch veränderten Organismen hat grundsätzlich zwei Ansatzpunkte: Folgen können erwünscht oder unerwünscht sein. Die erste Kategorie – die erwünschten Folgen – sind die zu erreichenden Ziele. Dies sind im gegebenen Fall die Anwendung der Organismen im Sinne einer umweltverträglicheren Landwirtschaft. Als am wenigsten im Sinne einer umweltverträglichen Landwirtschaft wird offensichtlich die Anwendung von Pflanzenschutzmitteln im konventionellen Anbau gesehen; dies motiviert die Suche nach alternativen Lösungen. Pflanzenschutzmittel bringen bei Produktion und Anwendung Gefahren mit sich, die die menschliche Gesundheit in Form akuter und chronischer Schäden und die Tier- und Pflanzenwelt in verschiedenster Weise (z. B. durch Vernichtung von natürlichen Feinden, Kontamination von Grund- und Oberflächenwasser usw.) beeinträchtigen. Die gentechnisch gestützte biologische Schädlingsbekämpfung soll zur Vermeidung dieser Gefahren beitragen. Zu untersuchen ist nicht nur, ob dieses Ziel mit den gegebenen Mitteln zu erreichen ist, sondern weiterhin, ob damit verbundene mögliche unerwünschte Folgen und Nebenwirkungen legitimiert werden können. Die Beurteilung der Folgen und Nebenwirkungen – hinsichtlich ihrer Prognostizierbarkeit und hinsichtlich ihrer Relevanz – hat Konsequenzen für ein gebotenes Handeln unter Verantwortungsgesichtspunkten. Für eine Prognose möglicher unerwünschter Folgen der Freisetzung und Kommerzialisierung von gentechnisch veränderten Mikroorganismen und Pflanzen, die *Bacillus thuringiensis*-Gene exprimieren, liegen die relevanten Daten in drei Bereichen: Dies sind die Eigenschaften der Elternorganismen, die Erfahrungen mit bisher erfolgten Freisetzungen und Analogiebeispiele, wie das Verhalten eingeführter Pflanzenarten in ein neues Habitat. Dabei sind in jedem der drei Bereiche die Grenzen der Aussagefähigkeit dringend zu beachten. Anhand der erhobenen Daten können Szenarien beschrieben werden. Szenarien dieser Art sind dann keineswegs Spekulationen, sondern zumeist hypothetisch beschreibbare Folgeerscheinungen, extrapoliert aus experimentell ermittelten Eigenschafen.

Zusammenfassend läßt sich aussagen: Unerwünschte Folgen der gentechnisch veränderten Organismen werden hauptsächlich auf ökosystemarer Ebene erwartet. Aufgrund der Vielzahl der möglichen Wechselwirkungen (intragenomisch, intrazellulär, zwischen Organismen und zwischen Populationen und ihrer Umwelt) ist es nur begrenzt möglich, Folgen zu prognostizieren bzw. unerwünschte Auswirkungen, wie das Abtöten von Nicht-Zielorganismen oder die unkontrollierte Ausbreitung, auszuschließen. Dabei unterscheiden sich die Probleme wesentlich, je nachdem ob man Mikroorganismen oder Pflanzen freisetzt.

11.4.1
Mikroorganismen

Mit den gentechnischen Veränderungen (beabsichtigte Wirtsbereichserweiterung, Steigerung der Toxizität) können unerwünschte Veränderungen der Eigenschaften der Bakterien verbunden sein. Das Genom von *Bacillus thuringiensis* ist nicht sehr gut bekannt. Eine Ausnahme sind die Toxingene, von denen man weiß, daß das genetische Material höchst beweglich ist und durch Umlagerungen eine Vielzahl genetischer Kombinationen möglich ist. Wenn man dazu in Betracht zieht, daß die Freisetzung der Organismen in die Umwelt eine große Anzahl von Interaktionen mit möglichen Wirtsinsekten nach sich zieht, so führt dies zu der Schlußfolgerung, daß durch gentechnische Veränderungen neue, unvorhergesehene und unerwünschte Wechselwirkungen mit anderen als den Zielorganismen möglich sind, über die dazu noch keine genauen Voraussagen gemacht werden können. Über die ökologische Bedeutung von *Bacillus thuringiensis*, ihre Rolle im natürlichen Ökosystem, gibt es nur vage Vermutungen, die auf wenigen Experimenten in den letzten 20 Jahren basieren (Meadows 1993). Wenn andere Mikroorganismen mit rekombinanten *Bacillus thuringiensis*-Genen freigesetzt werden, verkompliziert sich die Situation weiterhin, da diese wiederum andere Interaktionen eingehen. Diese Möglichkeit ist für die Beurteilung unter ethischen Gesichtspunkten bedeutsam. Zumindest für die gentechnisch veränderten Organismen relativiert sich das Argument ihrer besonderen ökologischen Verträglichkeit.

11.4.2
Nutzpflanzen

Der Schwerpunkt der Forschung und Entwicklung liegt auf der Züchtung von Nutzpflanzen, denen mit *Bacillus thuringiensis*-Toxingenen die Eigenschaft der Insektentoxizität vermittelt wurde. Fast alle Freisetzungen der letzten Jahre betrafen Pflanzen. Seit 1995 sind Pflanzen mit *Bacillus thuringiensis*-Genen auf dem Markt. Unerwünschte ökologische Auswirkungen der transgenen Nutzpflanzen werden in erster Linie in einer unkontrollierten Ausbreitung von Kreuzungsprodukten zwischen transgenen Pflanzen und wildlebenden Verwandten gesehen, wenn es solche im Freisetzungsgebiet gibt. Die unkontrollierte Ausbreitung von Pflanzen mit zusätzlichen Insektenresistenzgenen ist unter der Voraussetzung denkbar, daß für die Hybride eine Insektenresistenz die Überwindung eines limitierenden Faktors für ihre Ausbreitung bedeutet. Das Problem unkontrollierter Ausbreitungen wird vor allem dann wichtig, wenn an die Stelle von experimentellen Freisetzungen unter definierten Bedingungen der kommerzielle Gebrauch der Pflanzen tritt. Eine weitere mögliche unerwünschte Auswirkung betrifft die Aufhebung der selektiven Wirkung der *Bacillus thuringiensis*-Toxine, wenn sie in der Pflanze exprimiert werden. Die Toxine liegen in den Pflanzen in einer anderen Form vor als in *Bacillus thuringiensis*, so daß sich das Wirkungsspektrum auf unerwartete Weise verändern kann und Nicht-Zielorganismen erfaßt werden. Eine vermittelte Schadwirkung auf Nützlinge konnte bereits festgestellt werden. Wenn

Maiszünslerlarven, die zuvor transgenen Mais gefressen hatten, wiederum von Florfliegenlarven gefressen werden, sterben diese (Hilbeck et al. 1998).

Wenn transgene Pflanzen als Nahrungsmittel verzehrt werden sollen, wird grundsätzlich die Gefahr in Betracht gezogen, daß sich durch den gentechnischen Eingriff ihr Stoffwechsel verändert und gesundheitsschädliche Produkte entstehen. Eine wichtige Frage ist auch die nach der allergenen Wirkung der neuen, von den Pflanzen zusätzlich produzierten Proteine (Goldburg u. Tjaden 1990; Department of Health and Human Services 1992).

Viele der unerwünschten Folgen gentechnisch veränderter Organismen liegen bislang im Bereich des Möglichen, im Bereich des Hypothetischen. Man spricht daher bei der Freisetzung von gentechnisch veränderten Organismen in die Umwelt auch von *hypothetischen Risiken*, obwohl die Verwendung des Risikobegriffes hier nicht korrekt ist. Da, anders als im Risikofall, weder Eintrittswahrscheinlichkeit noch Schadensgröße quantifizierbar sind, sollte bei Freisetzungen von *Entscheidungen unter Ungewißheitsbedingungen* gesprochen werden (Schell 1994). Untersuchungen zu ökosystemaren Prozessen zeigen, daß diesen Ungewißheit als entscheidendes Moment immer inhärent ist. Das heißt aber nicht, daß den Bedenken hinsichtlich der ökosystemaren Auswirkungen der Organismen mit *Bacillus thuringiensis*-Genen nicht ein wesentlicher Anteil ihrer Hypothezität genommen werden könnte. Das vorliegende Datenmaterial ist unzureichend. Mehr und besser koordiniertes Wissen, ökologische Begleitforschung bei graduell erfolgenden Freisetzungsexperimenten würden die Prognosesicherheit verbessern.

11.4.3
Resistenzentwicklungen

Anders als mit den bisher dargestellten hypothetischen Überlegungen verhält es sich indessen mit der Entwicklung resistenter Schadinsekten. Das Eintreten dieser Folgeerscheinung kann als sicher betrachtet werden. Die Entwicklung resistenter Schädlinge, ausgelöst durch starken Selektionsdruck mit den nativen Organismen, konnte weltweit bereits an verschiedenen Orten nachgewiesen werden. Es werden Konzepte zum Resistenzmanagement entwickelt, die jedoch keine Verhinderung von Resistenzentwicklung bewirken können, sie zielen auf eine Verzögerung ab (Marrone u. MacIntosh 1993; Mellon u. Rissler 1998). Der Erfolg von Strategien des Resistenzmanagements, aber auch der Strategie, bei auftretender Resistenz neue Toxingene in Pflanzen zu klonieren, vergleichbar mit der Entwicklung neuer Antibiotika, hängt u. a. vom Ausmaß möglicher Kreuzresistenz ab. Diese wichtige Frage ist nicht annähernd geklärt. Dies ist von großer Bedeutung für die Beurteilung unter ethischen Gesichtspunkten. Wenn ökologische Verträglichkeit zugunsten von Effizienzmerkmalen aufgegeben werden soll, so kann sich dies nur durch überzeugende Vorteile legitimieren. Wenn aber die gesteigerte Effizienz zu signifikant beschleunigter Resistenzentwicklung bei den Insekten führt, so ist dies keineswegs als Vorteil zu bezeichnen, sondern als eine ernstzunehmende Gefährdung der Methode.

11.5
Landwirtschaftliche Rahmenbedingungen/Erweiterung des Spielraumes möglicher Alternativen

Mit dem bisher erhobenen Bestand an Daten bzw. offenen Fragen ist es möglich, Aussagen zur Realistik der Ziele und zur Ziel-Mittel-Relation zu machen. Für eine Güterabwägung, die erwartbare Nutzen und mögliche Risiken in ein Verhältnis setzen und deren Ergebnis das Aufzeigen einer prioritären Handlungsempfehlung sein soll, ist diese empirische Basis notwendig, sie reicht aber nicht aus. Begründete Vorzugsurteile sind dann sinnvoll möglich, wenn verschiedene Ziel-Mittel-Relationen miteinander verglichen werden können, das heißt, wenn die empirische Datenbasis auch alternative Problemlösungsstrategien mit einbezieht. In der Diskussion um Risiken gentechnischer Anwendungen findet sich häufig eine Argumentationsfigur, die Entscheidungen nur zwischen „Gewinn" (man entscheidet sich trotz der Risiken für die in Aussicht gestellten Nutzen) oder „Verlust" (man entscheidet sich wegen der Risiken gegen die Handlungsoption) zuläßt. Ein interdisziplinärer Zugang, der hier den Blick auf die Bewertung verschiedener alternativer Problemlösungsstrategien eröffnet, erweitert den Entscheidungsspielraum über eine solche, verkürzte Fragestellung hinaus.

Folgende Punkte sind festzuhalten (vgl. Diercks 1986):

- Die unerwünschte Belastung der menschlichen Gesundheit und der Umwelt mit chemischen Pflanzenschutzmitteln ist ein Teilproblem der Gesamtsituation der Landwirtschaft, die insgesamt als problematisch zu bezeichnen ist. Diese Situation ist gekennzeichnet durch Technisierung und Spezialisierung der Betriebe, begleitet von zum Teil irreversiblen Schädigungen des Bodens, des Grund- und Oberflächenwassers und der Verdrängung sowohl von Kulturpflanzensorten als auch von wildlebenden Arten.
- Der Ansatz der gentechnikgestützten biologischen Schädlingsbekämpfung bietet im Rahmen der konventionellen Hochertragslandwirtschaft eine Teillösung in einem Gesamtproblem. Die Nachhaltigkeit des Lösungsansatzes ist durch das Problem der Resistenzentwicklungen aber in Frage gestellt.
- Eine ökologisch vorteilhafte Ausnutzung biologischer Gleichgewichte für die Schädlingsbekämpfung wird in den sogenannten alternativen Landbauformen angestrebt. Diese Methoden haben nicht die Bekämpfung von Schädlingen, sondern die Vermeidung von Schädlingsbefall zum Ziel. Erreicht wird dies durch die gezielte Ausnutzung biologischer Interaktionen in Agrarökosystemen. Durch Erhaltung der Bodenfruchtbarkeit und durch maximale Diversität auf dem Acker sollen Massenvermehrungen spezialisierter Schädlinge vermieden werden. Dies gelingt nicht immer. Wenn Schädlingsbekämpfung notwendig wird, ist im biologischen Landbau die Verwendung von nichtgentechnisch veränderten *Bacillus thuringiensis*-Präparaten gestattet.

11.6
Diskussion im Hinblick auf eine ethisch begründete Urteilsbildung

Zum Rahmen einer ethisch begründeten Urteilsbildung gehört neben der bisher kurz umrissenen Sachstandsanalyse eine Darstellung der ethisch relevanten Handlungs- und Entscheidungszusammenhänge.

Auch technische Innovationen nehmen ihren Ausgang von wissenschaftlichem Handeln, Wissenschaftler sind also verantwortliche Urheber von Entwicklungen, die dann gesellschaftlich wirksam werden. Handelnde in Wissenschaft und Technik sind in der Regel in Institutionen eingebunden. Der Wahrnehmung von Verantwortung – im doppelten Sinn des Wortes – sind durch die Komplexität der arbeitsteiligen Handlungsabläufe, durch Rollenverteilung und den jeweils begrenzten Einfluß auf Entscheidungen und durch die zuvor angesprochene Komplexität der Folgen Grenzen gesetzt. Damit ist jedoch keineswegs gesagt, daß Wissenschaftler nicht Verantwortungssubjekte sind. Problematisiert wird die Reichweite dieser Verantwortung (Ropohl 1991). Die Folgen der eigenen Tätigkeit, soweit sie überschaubar sind, fallen eindeutig in die Verantwortung des einzelnen. Dies gilt nicht in gleicher Weise für die Folgen, die durch die Interaktionen des komplexen Systems „Institution" verursacht werden. Zur genaueren Charakterisierung des Verantwortungsbereiches von Wissenschaftlern kann die „interne" von der „externen" Verantwortung unterschieden werden. Die interne, wissenschaftsimmanente Verantwortung bezieht sich auf die Verpflichtung auf das wissenschaftliche Ethos und auf die Beachtung von Aussagebegrenzungen. Die externe Verantwortung bezieht die Außenwirkungen und Folgen des Handelns mit ein. Dieser Aspekt ist in der anwendungsbezogenen Forschung der Bio- und Gentechnologie der entscheidende. Als Urheber der Entwicklungen in Wissenschaft und Technik und durch ihren Wissensvorsprung darin, die Folgen ihrer Tätigkeit beurteilen zu können, sind Wissenschaftler in besonderer Weise qualifiziert und dazu verpflichtet, zu diesen Entwicklungen Stellung zu nehmen und Verantwortung zu tragen. Diese Verantwortung besteht unter Berücksichtigung der bereits genannten Einschränkungen und unter den Bedingungen institutionellen Handelns. Sie bezieht sich auf die Folgen des Handelns und auf die Gestaltung von Institutionen. Für die Bewertung von Zielen, Zwecken und Folgen der Forschung hinsichtlich ihrer Wünschbarkeit besitzen Wissenschaftler dagegen keineswegs mehr Kompetenzen als andere Bürger. Wissenschaftliche und moralische Kompetenz dürfen nicht gleichgesetzt werden.

Es gilt also, an dieser Stelle den Blick auf die gesellschaftliche Diskussion um technikinduzierte Risiken zu erweitern. Die Diskussion um die Risiken der Bio- bzw. Gentechnologie hat Gemeinsamkeiten mit der öffentlichen Diskussion, wie sie im Kontext sogenannter Großtechnologien geführt werden. Zu diesen zählen die Atomenergie, die chemische Industrie, Ausbau und Vernetzung von Verkehrssystemen und andere. Bechmann (1991) hebt als kennzeichnende Merkmale von

Großtechnologien die gesteigerte Geschwindigkeit der technischen Entwicklung, den Zwang zu immer größerer Anpassung durch internationale Konkurrenz, die Notwendigkeit einer hochorganisierten Infrastruktur – und damit Bindung von Ressourcen –, die neuartigen Verflechtungen von Wirtschaft, Wissenschaft und Politik und das Potential katastrophaler Folgen hervor, deren Eintrittswahrscheinlichkeit sehr klein sein kann. In diesem Fall verbietet sich eine Bestimmung der Folgen durch Versuch und Irrtum. Es bleibt die probabilistische Risikoanalyse als Mittel der Folgenabschätzung, empirisches Wissen wird durch hypothetisches Wissen abgelöst.

Viele von den für Großtechnologien typischen Eigenschaften treffen auch für die moderne Bio- bzw. Gentechnologie zu. Umstritten ist jedoch ein mit ihr verbundenes Katastrophenpotential. Daß mit der Freisetzung von gentechnisch veränderten Organismen deren unkontrollierte Ausbreitung in der Umwelt bzw. die Ausbreitung der Transgene verbunden sein kann, ist nicht mehr umstritten. Dies kann auch zu irreversiblen Veränderungen von ökosystemaren Prozessen führen. Ob diese aber als Katastrophen zu bezeichnen sind, ist – unabhängig von Fragen der Eintrittswahrscheinlichkeit oder ihrer mehr oder weniger großen Hypothezität – eine Frage der Bewertung dieser Folgen. Für Diskussionen um Großtechnologien ist es typisch, daß die öffentliche Risikodebatte den Kristallisationspunkt für eine übergeordnete Technologiedebatte bildet. Mit dem Begriff des Risikos werden verschiedene Bedeutungsinhalte verbunden, diese sind eng mit der Risikowahrnehmung verbunden.

1. Risiko wird häufig, im Sinne der technischen Sicherheitswissenschaft, als das Produkt aus Eintrittswahrscheinlichkeit und Schadensausmaß verstanden. Eine solche Definition setzt die Quantifizierbarkeit beider Größen voraus. Im Falle der Folgen, die mit der Freisetzung gentechnisch veränderter Organismen verbunden sein können, ist es aber nicht möglich, hier eindeutige Angaben zu machen. Es ist daher richtiger, statt von Entscheidungen unter Risiko von Entscheidungen unter Unsicherheit/Ungewißheit zu sprechen. Diese Unterscheidung geht wiederum auf die Spieltheorie zurück. Hier werden Entscheidungen unter Risiko mit der eindeutigen Zuordnung der Wahrscheinlichkeit von Konsequenzen verbunden, während Entscheidungen unter Unsicherheit/Ungewißheit dann vorliegen, wenn keine Kenntnisse über die Eintrittswahrscheinlichkeiten von Konsequenzen bestehen. Die Interpretation im Sinne der technischen Sicherheitswissenschaft findet sich häufig – mit Abwandlungen – in den Argumentationen von naturwissenschaftlichen Experten wieder (Hull 1992).

2. Demgegenüber wird in einem in den Sozialwissenschaften dominierenden Sprachgebrauch das Eingehen von Risiken als ein bewußter handelnder Umgang mit Gefahren bezeichnet (Evers u. Nowotny 1987; Luhmann 1990). Durch Handeln wird eine drohende Gefahr beeinflußt und in ein kalkulierbares Risiko umgewandelt. Risiko ist – in diesem Zusammenhang – mit dem Begriff der Chance verbunden. Risiko und Gefahr werden hier als Gegensatzpaar charakterisiert. Während man handelnd ein Risiko eingeht und sich die Folgen der Handlung selbst zurechnen kann oder muß, kommt die Gefahr von außen, und man ist ihr

ausgesetzt, sie ist eigenen Entscheidungen nicht zuzurechnen. Für die technik-induzierten Risiken läßt sich diese Begriffsbestimmung soweit zuspitzen, daß in zunehmendem Maße Risiken in Gefahren rückverwandelt werden. Für einzelne bedeuten die komplexen Folgenpotentiale des wissenschaftlich-technischen Fort-schrittes eben nicht Risiken, sondern Gefahren, denen sie sich nicht entziehen können. Diese Sichtweise auf die Risikoproblematik findet sich häufig in den Argumentationen von naturwissenschaftlichen Laien.

Diese Unterscheidung zwischen Risikobegriffen erweist sich im Hinblick auf eine Analyse der Debatte um die Gefahren der Gentechnologie als wichtig. Die Vermischung der verwendeten Risikobegriffe führt zu Unklarheiten bzw. Mißver-ständnissen in der Diskussion. Wenn der Begriff der Akzeptanz von technischen Entwicklungen bzw. ihrer Risiken als überzeugte und freiwillige Hinnahme einer Situation verstanden wird und nicht als Ergebnis eines einseitigen Belehrungspro-zesses, dann ist die Bedingung für diese Akzeptanz eine wechselseitige Vermitt-lung der verschiedenen Risikowahrnehmungen.

11.6.1
Ethische Kriterien und Vorzugsregeln zur Beurteilung des erhobenen Problembestandes

Für eine ethische Bewertung des erhobenen Problembestandes im Rahmen der oben genannten Handlungs- und Entscheidungszusammenhänge ist ethische Krite-riologie notwendig. Um diese zu entwickeln, müssen ethische Prinzipien mit em-pirischen Sachverhalten ins Verhältnis gesetzt werden. Die Konkretisierung ethi-scher Prinzipien auf bestimmte Fälle bzw. eine Reihe von Fällen, die bestimmte Merkmale gemeinsam haben, führt zu „mittleren" ethischen Kriterien und zur Formulierung von Vorzugsregeln, mit denen in der Form von Güterabwägungen Verfahrensmodalitäten zur Umsetzung der Kriterien festgesetzt werden. Von mittleren Kriterien ist die Rede, wenn weder allgemeine ethische Prinzipien noch kasuistische Einzelurteile gemeint sind. Sie haben sowohl einen normativen Ge-halt, der von ethischen Prinzipien abgeleitet ist, als auch empirischen Bezug, inso-fern sie auf exakt beschriebene Problemkonstellationen bezogen sind. Durch Ver-änderung des empirischen Wissens kann sich diese Problemkonstellation ändern und damit auch in Hinsicht und Reichweite des normativen Gehaltes.

Den Ausgangspunkt der Bewertung bilden zwei ethisch ausweisbare Werte bzw. Schutzgüter: die menschliche Gesundheit und die Umwelt in ihrem Wir-kungsgefüge als Lebensgrundlage dieser und zukünftiger Generationen. Diese Werte werden in einem angewandt ethischen Vorgehen nicht weitergehend be-gründet, ihre Begründungsfähigkeit und Konsensfähigkeit wird unterstellt. Kon-sens bezeichnet hier nicht eine faktisch vorfindliche Mehrheitsmeinung, sondern die zwanglose Zustimmung aller Betroffenen. Eine weitere Begründung erweist sich überdies in dem konkreten wissenschaftlich-technischen Kontext als nicht notwendig, da gezeigt werden konnte, daß in dieser Diskussion um die Freiset-zung von gentechnisch veränderten Organismen und ihren Folgen über diese Schutzgüter kein Dissens besteht. Im Gegenteil, für den Fall der gentechnisch veränderten Organismen in der Schädlingsbekämpfung wird die Berücksichtigung genau dieser Schutzgüter in der Landwirtschaft als Motiv für die gentechnischen Entwicklungen betont. Dissense bestehen in der Umsetzung, das heißt wie diese Werte am besten geschützt werden können.

Die Schutzgüter sind mit menschlichem Handeln in Beziehung zu setzen. Menschliches Handeln ist in seinen individuellen und institutionellen Dimensionen sowie in seinen ökonomischen und sozialen Zusammenhängen betroffen. Dabei kommt der Integration der zeitlichen Dimension, der Erhaltung zukünftiger Handlungsmöglichkeiten, besondere Bedeutung zu (vgl. Mieth 1993). Auf einer nächsten Konkretisierungsebene liegen die mittleren ethischen (Verträglichkeits-) Kriterien (vgl. Hastedt 1991). Dies sind gesundheitliche Verträglichkeit, ökologische Verträglichkeit, ökonomische Verträglichkeit (unter besonderer Berücksichtigung der Nachhaltigkeit) und Sozialverträglichkeit (unter besonderer Berücksichtigung der Demokratieverträglichkeit). Die Reihenfolge ihrer Nennung ist keine Hierarchisierung ihrer Wichtigkeit. Alle müssen erfüllt sein. Das Kriterium der gesundheitlichen Verträglichkeit besagt, daß eine Technik danach beurteilt werden kann, wie sehr sie der menschlichen Gesundheit förderlich ist bzw. daß sie dieser nicht schadet. Das Kriterium der ökologischen Verträglichkeit bezieht sich auf Agrar- und Nicht-Agrarökosysteme. Da ökosystemare Prozesse nur begrenzt voraussagbar sind, kommt einer anzustrebenden Fehlerfreundlichkeit im Sinne von Reversibilität große Bedeutung zu. Ökonomische Verträglichkeit bedeutet im Zusammenhang der landwirtschaftlichen Erzeugung, daß eine landwirtschaftliche Strategie daran gemessen werden kann, wie sehr sie der dauerhaften Erhaltung der Voraussetzungen ihrer Produktivität förderlich ist. Die Entfaltung dieser inhaltlichen Kriterien hinsichtlich der Sachproblematik ermöglicht eine Beurteilung alternativer Pfade. Das Kriterium der Sozialverträglichkeit hat eher prozeduralen Charakter. Da über die Zumutbarkeit von Risiken bzw. möglicher Folgen von Techniken nicht ohne die Zustimmung der Betroffenen entschieden werden darf, sind Transparenz und Partizipation zu fordern (Ropohl 1994).

Die Vorzugsregeln geben in Form von Güterabwägungen Anweisungen, wie die Verträglichkeitskriterien umzusetzen sind. Sie stellen zugleich die Einlösungsbedingungen für die Verträglichkeitskriterien als auch die Bedingungen ihrer Überprüfbarkeit dar. Als ethische Prämisse enthalten alle Vorzugsregeln die Forderung nach Erhalt zukünftiger Handlungsmöglichkeiten. Die Prämisse kann als „Meta-Vorzugsregel" reformuliert werden: *Unter allen relevanten Gesichtspunkten des Schutzes von menschlicher Gesundheit und Umwelt sind immer die Handlungsmöglichkeiten vorzuziehen, die für die Zukunft die meisten Handlungsoptionen erhalten.* Sie wird an dieser Stelle nicht neu eingeführt, sondern ergibt sich aus der Schutzwürdigkeit von Gesundheit und Umwelt als Bedingung der Möglichkeit langfristigen menschlichen Handelns. Die wichtigsten Vorzugsregeln für die Problematik der Freisetzung gentechnisch veränderter Organismen sind:

Vorzugsregel (1) *Reversible Folgen sind irreversiblen vorzuziehen* und ihre Konkretisierung: *Die Lösungsmöglichkeit ist vorzuziehen, bei der im Fall eines ungünstigen Ausganges die meisten Lernmöglichkeiten erhalten bleiben.* Die Regel in ihrer allgemeinen Formulierung rekurriert als Geltungsgesichtspunkt allgemein auf die Vermeidung oder Minimierung von möglichen Gefahren durch die Folgen von Freisetzungen. Sie ist daher von der Voraussetzung der Schutzwürdigkeit der menschlichen Gesundheit und der Umwelt in ihrem Wirkungsgefüge abzuleiten. Ihre ethische Relevanz gewinnen beide Varianten der Vorzugsregel dadurch, daß ihre Einhaltung die Bedingung der Realisierbarkeit und Überprüfbarkeit der Verträglichkeitskriterien ist.

Vorzugsregel (2): *Langfristige Folgenanalysen sind kurzfristigen vorzuziehen,* zielt auf die Langfristorientierung. Später eintretende Auswirkungen sind in einer Abwägung genauso wichtig wie unmittelbare Folgen. Angesichts der gegebenen Komplexität der Sachproblematik und der möglichen langfristigen und irreversiblen Folgen ist es notwendig, bei Folgenanalysen die größtmögliche Reichweite anzustreben und Aussagen über begrenztes Wissen und Grenzen von Prognosen offenzulegen. Wenn eine langfristige Prognose auf unerwünschte Folgen von Freisetzungen hinweist, so hat dies, da diese den unmittelbaren Auswirkungen gleichgewichtig sind, zur Folge, daß Experimente unter strikteren Sicherheitsbedingungen durchgeführt oder eingestellt werden müssen.

Vorzugsregel (3) besagt, unter der Voraussetzung möglicher unerwünschter Folgen: *Angesichts vielfältiger prognostischer Ungewißheiten ist eine Anwendung eher zu verlangsamen als zu beschleunigen bzw. ungebremst zu tolerieren.* Die Verlangsamung der Anwendung wird nicht um ihrer selbst willen angestrebt, sondern das Ziel ist ein Zugewinn an Sicherheit. Insofern liegt die ethische Relevanz hier wieder bei der Realisierbarkeit und Überprüfbarkeit der Verträglichkeitskriterien.

Eine letzte Vorzugsregel (4): *Präventive Problemlösungen sind nachträglichen vorzuziehen,* nimmt wieder besonderen Bezug auf das menschliche Handeln in seiner zeitlichen Dimension. Ihr Geltungsgesichtspunkt ist die Vermeidung bzw. Minimierung von Schäden an den Schutzgütern, die in der Regel durch Schäden vorbeugender Maßnahmen eher zu erreichen sind als durch nachträgliche Maßnahmen der Schadensbehebung, Kompensation u. ä. Dies gilt insbesondere dann, wenn eine Kompensation nicht möglich ist, was bei gentechnisch veränderten Mikroorganismen eintreffen könnte.

11.7
Ergebnis

Das Bestreben, chemische Insektizide wegen ihres gesundheits- und umweltschädigenden Potentials partiell bzw. so weit wie möglich durch biologische Agenzien zu ersetzen, ist plausibel. Im Rahmen dieser Bemühungen wird auch für die Anwendung gentechnisch veränderter Organismen argumentiert. Hier zeigen sich Widersprüche zu den faktischen Entwicklungszielen und Entwicklungen. Diese orientieren sich an Kriterien der Rentabilität und Praktikabilität und können die besondere ökologische Verträglichkeit der Organismen konterkarieren. Es ist daher unzulässig, sich für die Forschung und Entwicklung an gentechnisch veränderten Organismen, mit dem Appell an die moralische Richtigkeit, auf diese ökologische Verträglichkeit zu berufen. Bei der versuchten Prognose unerwünschter Folgen konnte, neben dem Aufzeigen der Grenzen der Prognostizierbarkeit, in zwei Typen von Folgen unterschieden werden: hypothetische und sicher eintreffende. Unter den Kriterien der gesundheitlichen, der ökologischen und der ökonomischen Verträglichkeit scheint eine Pflanzenproduktion im biologischen Landbau das günstigste Verhältnis zwischen Nutzen und Risiken aufzuweisen, wobei die Begriffe hier qualitativ verwendet werden. Sowohl die hypothetischen als auch die sicheren unerwünschten Folgen der gentechnisch veränderten Organismen und die Folgen des Einsatzes von chemischen Insektiziden wären zu vermeiden. Eine solche Pflanzenproduktion entspricht auch am besten dem postulierten Sinnziel, einer umweltverträglichen Schädlingsbekämpfung. Grundsätzlich sollte deshalb eine Weiterentwicklung und ausgedehnte Anwendung biologischer Landbauformen gefördert werden.

Und auch wenn sich eine grundsätzliche Zielkritik mit guten Gründen vertreten läßt, erweist es sich als wichtig, aus der Sicht verantwortbaren Handelns zu den offenen Fragen von Freisetzungsexperimenten Stellung zu nehmen, da in den letzten Jahren an einer Vielzahl von Orten weltweit Pflanzen und Mikroorganismen mit *Bacillus thuringiensis*-Genen freigesetzt wurden und erste Kommerzialisierungen insektizider Pflanzen bereits erfolgt sind. Zu formulieren sind also Verfahrenskriterien, an denen sich verantwortliches Handeln zu orientieren hat. Solche Verfahrenskriterien werden in einer ethischen Argumentation dann verwendet, wenn die Erlaubnis einer Handlung unter Bedingungen gestellt wird. Ein Zuwiderhandeln steht unter dem Verdacht, moralisch bedenklich und unverantwortlich zu sein. Angesichts der bestehenden Wissenslücken über die vielfältigen Interaktionen (genetische, physiologische, ökosystemare) muß eine genaue Abklärung der offenen Fragen vor einer Anwendung gefordert werden. Eine sorgfältige Prüfung muß sich an folgenden Kriterien orientieren:

- Einzelfallbetrachtungen sind zur Grundlage von Freisetzungsentscheidungen zu machen, Pauschalisierungen sind nicht vorzunehmen.
- Die Einzelfallbetrachtungen sind experimentell so anzulegen, daß es möglich ist, aus ihren Ergebnissen sinnvolle Aussagen für ökologische Folgen abzuleiten.
- Die offenen Fragen, besonders auf der ökologischen Ebene, sind zu klären soweit dies möglich ist, um den Ungewißheitsgrad der Entscheidung zu senken.
- Reversible Schritte sind irreversiblen vorzuziehen, wobei darauf zu achten ist, daß jeweils die Problemlösung gewählt wird, die im Falle eines unerwünschten Ausganges die meisten Lernmöglichkeiten offen läßt.
- Ein inkaufzunehmender Schaden muß an der Realistik der Ziele gemessen und mit den Folgen alternativer Techniken verglichen werden.
- Eine Beteiligung der Öffentlichkeit ist vorzunehmen, womit nicht nur Information, sondern Einflußnahme auf Entscheidungen gemeint ist.
- Für Lebensmittel, die mit Hilfe gentechnischer Methoden erzeugt worden sind, sind gesundheitliche Risiken, soweit dies möglich ist, auszuschließen. Verblei-

bende offene Fragen sind zu benennen. Die Öffentlichkeit ist durch eine Kennzeichnung über diese Erzeugung zu infomieren.

Literatur

Bechmann G (1991) Großtechnische Systeme, Risiko und gesellschaftliche Entwicklung. In: Technik und Gesellschaft, Jahrbuch 6. Campus, Frankfurt am Main

Carlton BC (1988) Development of Genetically Improved Strains of *Bacillus thuringiensis*. In: Hedin PA, Menn JJ, Hollingworth RM (eds) Biotechnology in Crop Protection, ACS Symposia Series, Washington D.C., pp 260–279

Carozzi N, Koziel M (1997) Advances in Insect Control: The Role of Transgenic Plants, Taylor and Francis, London

Department of Health and Human Services (1992) Statements of Plicy: Foods Derived from New Plant Varieties, Federal Register 57, 22985.23005

Diercks R (1986) Alternativen im Landbau, eine kritische Gesamtbilanz. Ulmer, Stuttgart

Ely S (1993) The Engineering of Plants to Express *Bacillus thuringiensis* Delta-Endotoxins. In: Entwistle EP, Cory JS, Bailey MJ, Higgs S (eds) *Bacillus thuringiensis*, An Environmental Pesticide: Theory and Practice. Wiley & Sons, Chichester, pp 105–124

Evers A, Nowotny H (1987) Über den Umgang mit Unsicherheit. Die Entdeckung der Gestaltbarkeit von Gesellschaft. Suhrkamp, Frankfurt am Main

Gelernter W, Schwab GE (1993) Transgenic Bacteria, Viruses, Algae and other Microorganisms, as *Bacillus thuringiensis* Delivery Systems. In: Entwistle EP, Cory JS, Bailey, MJ, Higgs S (eds) *Bacillus thuringiensis*, An Environmental Pesticide: Theory and Practice. Wiley & Sons, Chichester, pp 89–104

Goldburg R, Tjaden G (1990) Are B.t.k.-Plants save to eat? Bio/Technology 8:1011–1015

Hastedt H (1991) Aufklärung und Technik, Grundprobleme einer Ethik der Technik. Suhrkamp, Frankfurt am Main

Hilbeck A et al. (1998) Prey-Mediated Effects of Bt-Proteins on Selected Natural Enemies. J. Env. Entolmol. 27(2):480–487

Hull R (1992) Field Release of Transgenic Plants and Microorganisms: The Past, the Present and the Future. In: Caspar R, Landsmann J (eds) The Biosafety Results of Field Tests of Genetically Modified Plants and Microorganisms. May 11–14, 1992, Goslar, pp 1–6

Luhmann N (1990) Soziologische Aufklärung 5, Konstruktivistische Perspektiven. Westdeutscher Verlag, Opladen

Marrone P, MacIntosh SC (1993) Resistance to *Bacillus thuringiensis* and Resistance Management. In: Entwistle EP, Cory JS, Bailey, MJ, Higgs S (eds) *Bacillus thuringiensis*, An Environmental Pesticide: Theory and Practice. Wiley & Sons, Chichester, pp 221–236

Meadows M (1993): *Bacillus thuringiensis*: Ecology and Risk Asessment. In: Entwistle EP, Cory JS, Bailey, MJ, Higgs S (eds) *Bacillus thuringiensis*, An Environmental Pesticide: Theory and Practice. Wiley & Sons, Chichester, pp 71–88

Mellon M, Rissler J (1998): Now or Never. Seroius New Plans to Save a Natural Pest Control. Union of Concerned Scientists, Cambridge MA

Mieth D (1993) Freisetzung von Mikroorganismen – ethische Kriterien. In: Wils J-P (Hrsg) Orientierung durch Ethik. Schöningh, Paderborn, S 43–55

Ropohl G (1991) Ob man die Ambivalenzen des technischen Fortschritts mit einer neuen Ethik meistern kann? In Lenk H, Maring M (Hrsg) Technikverantwortung: Güterabwägung – Risikobewertung – Verhaltenskodizes. Campus, Frankfurt am Main, S 89–122

Ropohl G (1994) Das Risiko im Prinzip Verantwortung. Ethik und Sozialwissenschaften 5(1):109–120

Schell T (1994) Die Freisetzung gentechnisch veränderter Mikroorganismen, ein Versuch interdisziplinärer Urteilsbildung. Attempto, Tübingen

Schuler T, Poppy GM, Kerry BR, Denholm I (1998) Instects Resistance in Plants. Trends in Biotechnology 16:168–175

Skorupinski B (1996) Gentechnik für die Schädlingsbekämpfung – Eine ethische Bewertung der Freisetzzung gentechnisch veränderter Organismen in der Landwirtschaft. Enke, Stuttgart

12 „Wenn die Antimatsch-Tomate als Tomatenpüree endet ..." – Überlegungen zur ethischen Urteilsbildung am Beispiel der sogenannten Flavr-Savr-Tomate

K. Platzer
Forschungsstätte der Evangelischen Studiengemeinschaft, Heidelberg

12.1 Beschreibung des zu beurteilenden Gegenstandes

12.1.1 Die Tomate: ein natürliches Lebensmittel

Die Stammländer der Tomate sind vermutlich Peru und Äquador, Wildformen wurden zuerst in Mexiko kultiviert. Im Zuge ihrer Verbreitung nach Norden entwickelte sich eine bedeutende Artenvielfalt. Seit hundert Jahren wird die Tomate nicht nur in Nord-, Mittel- und Südamerika angebaut, sondern auch in Europa, und hier vor allem in Italien, Spanien und Holland. Die Tomate ist das meistverzehrte Gemüse der Welt und ein unverzichtbares Kennzeichen nationaler Küchen. Sie besteht zu 94% aus Wasser, enthält pro 100 Gramm 24 mg Vitamin sowie ein wenig Zucker und Ballaststoffe. Sie ist ein gesundes und schmackhaftes Nahrungsmittel.

Der weltweite Markt für Gemüsesamen wird auf etwa 1,6 Milliarden US-Dollar geschätzt. Etwa die Hälfte des Marktes macht der Handel mit Tomaten aus. China und USA sind weltweit die größten Produzenten, wobei die USA zugleich auch der größte Markt für Tomaten ist. Sechs Konzerne, die zahlreiche Patente halten – neben öffentlichen Einrichtungen, wie beispielsweise der Universität von Kalifornien –, dominieren diesen Sektor: Empressa La Moderna (ELM), Limagrain, Novartis Seeds, Nuhems Group, Sakata und Takii. Aber auch für Biotechnologieunternehmen und Agrochemiekonzerne, wie z. B. Monsanto und Zeneca, ist die Tomate ein begehrtes Objekt (GRAIN 1998).

Die konventionelle Züchtung und die biotechnologische Forschung verfolgen die gleichen Ziele, nämlich widerstandsfähige und qualitativ hochwertige Früchte zu erzeugen. Die gentechnischen Veränderungen betreffen agronomische Eigenschaften, wie z. B. die Virus-, Insekten- und Pilzresistenz, in deutlich geringerem Umfang die Herbizidtoleranz sowie die Produktqualität. Hierzu gehören vor allem die verzögerte Reifung, aber auch veränderte Inhaltsstoffe, veränderte Pigmente usw. Das berühmteste Beispiel für eine Tomate, bei der die Haltbarkeit mit Hilfe der Gentechnik verlängert wurde, ist die sogenannte „Flavr-Savr-Tomate" – zu übersetzen etwa als „Aroma-Retter" – des U.S.-amerikanischen Unternehmens Calgene Inc.

12.1.2
Die Tomate: ein optimiertes Lebensmittel

Die für den Intensivanbau verwendeten Tomatenhybriden sind durch einen hohen Grad an genetischer Uniformität gekennzeichnet. Die Zuchtanstrengungen richten sich auf bestimmte Eigenschaften, die für den intensiven Anbau wichtig sind, wie beispielsweise die mechanische Beerntung. Um den Bedarf an frischen Tomaten während des ganzen Jahres decken zu können, müssen Treibhausanzucht und lange Transportwege in Kauf genommen werden. Die Tomaten wachsen im Treibhaus, zum Teil unter Verzicht auf natürliche Erde. Auf Kosten des Geschmackes werden die Tomaten grün gepflückt, gekühlt transportiert und in Lagerhallen mit Ethylen begast (GRAIN 1998).

Die künstliche Nachreifung durch Ethylenbegasung führt zur erwünschten Geschmacksbildung, aber auch zu unerwünschten Abbauprozessen, die für das Weichwerden der Tomatenfrüchte verantwortlich sind. Während der Reifung der Frucht werden durch die Aktivität von Enzymen bestimmte Prozesse eingeleitet, die Struktur, Geschmack und Haltbarkeit verändern. Das „Matschig-werden" der Tomate wird durch die Polygalacturonase (PG) verursacht. Dieses Enzym greift die pflanzlichen Zellwände an und zerstört sie, wodurch die Früchte schrumpelig und matschig werden. Diese zum Verderb führenden Prozesse sind dem „Teigigwerden" von Kernobst vergleichbar (Bund für Lebensmittelrecht und Lebensmittelkunde/Biotechnology Research and Information Network 1995).

Die Herausforderung bestand darin, eine Frucht zu produzieren, die an der Pflanze ausreifen, ihren vollen Geschmack sowie alle wichtigen Inhaltsstoffe entwickeln kann, die aber auch robust genug ist, um den Transport und eine längere Lagerung unbeschadet zu überstehen. Man bediente sich der sogenannten „Antisense"-Technik, mit deren Hilfe kein neues Gen in die Pflanze eingeführt, sondern ein vorhandenes Gen ausgeschaltet wird, das heißt in der Pflanze wird kein neues Genprodukt gebildet, sondern die Bildung eines bestimmten Proteins unterdrückt. Bei der Flavr-Savr-Tomate wurde das Gen, das für das Reifungsenzym Polygalacturonase kodiert, isoliert, kloniert und „in umgekehrter Richtung" (Antisense) hinter einem pflanzlichen Promotor in das Genom der Pflanze integriert.

Das Genkonstrukt „Promotor plus Gen falsch herum" wurde mit Hilfe des Transportsystems *Agrobacterium tumefaciens* in die DNA der Tomate eingebracht. Der Angriffspunkt der Antisense-Technik ist die Boten-RNA (mRNA). Während des Reifungsprozesses werden beide Gene angeschaltet, das heißt in mRNA übersetzt. Die natürlich vorhandene mRNA und die gentechnisch eingebaute mRNA sind einzelsträngig und komplementär, das heißt die beiden Stränge der mRNA passen wie die beiden Stränge der DNA zueinander. Die Sense-mRNA und die Antisense-mRNA bilden einen Doppelstrang, wodurch die Sense-mRNA von der Antisense-mRNA blockiert und der Informationsfluß vom Gen zum Enzym unterbrochen wird. Die Folge ist, daß die PG-mRNA nicht oder nur in geringen Mengen für die PG-Synthese zur Verfügung steht (Bund für Lebensmittelrecht und Lebensmittelkunde/Biotechnology Research and Information Network 1995).

Als Selektions-Markergen wurde ein Kanamycin-Resistenzgen eingebracht. Die Möglichkeit, das Markergen durch Rückkreuzung zu entfernen, wurde nicht genutzt. Das Kanamycin-Resistenzgen kodiert für ein Protein, welches das Antibiotikum Kanamycin unschädlich macht, das in einigen Medikamenten beispielsweise zur Vorbehandlung von Darmgeschwüren eingesetzt wird. Falls Bakterien im Magen-Darm-Trakt ein solches Antibiotika-Resistenzgen aufnehmen, in ihr eigenes Genom einbauen und das entsprechende Protein bilden, wären diese Darmbakterien gegen das Antibiotikum Kanamycin resistent. Das Medikament hätte bei einer Infektion des Magen-Darm-Traktes oder zur Sterilisation des Darmes vor Operationen keine Wirkung mehr. Dieses Risiko muß im folgenden bewertet werden (Bund für Lebensmittelrecht und Lebensmittelkunde/Biotechnology Research and Information Network 1995).

12.1.3
Die Tomate: ein kommerzialisiertes Lebensmittel

Im November 1994 teilte das Europäische Patentamt (EPA) in München mit, daß für die Flavr-Savr-Tomate ein europaweiter Patentschutz erteilt worden sei. Rund vierzig Umwelt- und Verbraucherorganisationen legten zusammen mit der europäischen und deutschen Kampagne „Kein Patent auf Leben!" erfolglos Einspruch gegen diese Patentanmeldung ein. Im Vorfeld zur europäischen Patentanmeldung mußte das U.S.-amerikanische Unternehmen Calgene Inc. aus Davis, Kalifornien, jedoch einen langjährigen Rechtsstreit um Urheberschaft und Lizenzanspruch an der Flavr-Savr-Tomate mit dem größten britischen Chemiekonzern ICI (heute Zeneca) vor dem U.S.-amerikanischen Patentamt ausfechten (Fuchs 1997).

ICI hatte 1986 einen Patentantrag auf reifeverzögerte Tomaten eingereicht, gegen den Calgene Inc. 1989 Klage erhob. Calgene Inc. hatte mit dem Suppenhersteller „Campbell's Soup Company" zusammengearbeitet, der weltweite Exklusivrechte auf die kommerzielle Nutzung transgener Tomaten besaß. Im Februar 1994 beschlossen die drei Unternehmen, ihren Streit unabhängig von der Entscheidung des Patentamtes beizulegen. Campbell's Soup Company erklärte sich bereit, seinen Rechtsanspruch auf die reifeverzögerten Tomaten an Calgene Inc. und Zeneca zu verkaufen. Calgene Inc. wurden die weltweiten Exklusivrechte auf unverarbeitete Tomaten zugesprochen, während sich Campbell's Soup Company und Zeneca den Markt für verarbeitete Tomaten untereinander aufteilten (GRAIN 1998).

Mittlerweile hat auch der Calgene-Wettbewerber Zeneca zusammen mit der zur ELM-Gruppe gehörenden Firma PETOSEED Co., Inc. eine transgene Tomate mit verzögerter Reife entwickelt. Die Markteinführung in Form von Tomatenpüree-Konserven zu einem um zehn Prozent niedrigeren Preis als herkömmliches Tomatenpüree erfolgte durch die großen Supermarktketten Sainsbury und Safeway, Vertreiber für den UK-Markt mit Sitz in London. Das Dosen-Püree ist mit dem Hinweis „Made with genetically modified tomatoes" gekennzeichnet. Die Vorteile des Verfahrens werden folgendermaßen beschrieben: „The benefits for using genetically modified tomatoes for this product are less waste and reduced energy in processing." (Fuchs 1997).

Von der zuständigen U.S.-Genehmigungsbehörde, der Food and Drug Administration (FDA), wurden Tomaten mit verzögerter Reife für folgende Firmen freigegeben (Stand: 1. August 1996): Calgene Inc., Monsanto, DNA Plant Technology Cooperation (DNAP), Agritope Inc., Zeneca. In den USA ist es den Unternehmen seit 1992 überlassen, ob sie ihre Produkte bei der Food and Drug Administration (FDA) anmelden und genehmigen lassen. Mit der freiwilligen Anmeldung verbinden Firmen die begründete Erwartung, daß die Verbraucher den Genehmigungsstempel als Gütesiegel betrachten. Die Herstellerfirma Calgene Inc. hat die Flavr-Savr-Tomate der Food and Drug Administration vorgelegt, die das neue Produkt am 18. Mai 1994 zum Verkauf zugelassen hat (Fuchs 1997).

Die Flavr-Savr-Tomate wurde nach umfassenden Prüfungen von der FDA „als genauso unbedenklich, wie alle anderen auf dem Markt befindlichen Tomaten" beurteilt. Die Zulassung der Flavr-Savr-Tomate durch die FDA erfolgte, ohne daß eine besondere Kennzeichnung für notwendig erachtet wurde. Die Herstellerfirma wies jedoch selbst auf die neue Eigenschaft der gentechnisch veränderten Tomate hin. Im Oktober 1994 wurden die Flavr-Savr-Tomaten mit der freiwilligen Etikettierung „Mc Gregors Tomato – grown from Flavr-Savr-seeds" in 730 U.S.-amerikanischen Lebensmittelmärkten angeboten, worauf Umwelt- und Verbraucherverbände zum Boykott der gentechnisch veränderten Tomate aufriefen (Fuchs 1997).

12.2
Bewertung anhand von Sachgerechtigkeitskriterien

12.2.1
Funktionsfähigkeit

Bei der Beurteilung technischer Mittel sind zunächst technische Kriterien oder *Sachgerechtigkeitskriterien*, wie Funktionsfähigkeit, Sicherheit und Wirtschaftlichkeit, zu veranschlagen (vgl. VDI 1991). *Funktionsfähigkeit* ist das technische Gütekriterium schlechthin. Ein technisches Mittel wird dann als funktionsfähig bezeichnet, wenn es sich im Gebrauch oder Betrieb als wirkungsvoll, zuverlässig, genau und dauerhaft erweist.

Bei der Flavr-Savr-Tomate handelt es sich um eine transgene Pflanze, die zunächst im Labor, im Gewächshaus und im Freiland getestet sowie anschließend einer fünf- bis sechsjährigen Sortenprüfung unterzogen werden muß. Im Rahmen einer Sortenprüfung, der auch jede konventionell gezüchtete Pflanze ausgesetzt werden muß, wird sorgfältig überprüft, ob die neue Eigenschaft in der Pflanze und in ihren Folgegenerationen stabil ist und ob die zuzulassende Sorte einen wirklichen Vorteil gegenüber der bestehenden aufweist. Umfangreiche Voruntersuchungen haben sichergestellt, daß die Flavr-Savr-Tomate die neue Eigenschaft einer längeren Haltbarkeit tatsächlich besitzt.

12.2.2
Sicherheit

Die verschiedenen Krisen- und Katastrophenerfahrungen insbesondere der letzten Jahrzehnte haben den Umstand ins Bewußtsein treten lassen, daß der Einsatz funktionsfähiger technischer Systeme mit nicht unerheblichen Gefahren für Gesundheit und Leben verbunden sein kann. In unserer Gesellschaft wird dem Kriterium der *Sicherheit* darum ein besonders hoher Stellenwert zugemessen. Am Beispiel der Flavr-Savr-Tomate ist das Risiko der sogenannten „Positionseffekte" sowie das Risiko einer Verbreitung der Antibiotika-Resistenz zu diskutieren.

Wenn man ein Gen in ein Genom einführt, dann können Veränderungen an der DNA auftreten, die als „Positionseffekte" bezeichnet werden. Im Fall der Flavr-Savr-Tomate könnte beispielsweise das neu eingeführte Gen ein in der Nähe der Einführungsstelle liegendes Gen beeinflussen. Das entsprechende Protein würde möglicherweise in niedrigeren oder höheren Konzentrationen gebildet werden. Durch die veränderte Proteinaktivität könnten neue Inhaltsstoffe entstehen, bekannte Inhaltsstoffe ausfallen oder in anderen Konzentrationen auftreten. Das Tomatin ist beispielsweise ein Alkaloid, das in höheren Konzentrationen giftig wirkt.

Bei den sogenannten „Positionseffekten" handelt es sich nicht um gentechnikspezifische Risiken: Jede neue Gemüse- oder Fruchtsorte, die durch klassische Züchtung erzeugt wird, birgt dieselben Risiken, die hier wie dort sorgfältig zu prüfen sind. Bei konventionell hergestellten Tomaten führt der Züchter den Tomatin-Test mittels einer Geschmacksprobe durch. Ein gentechnikspezifisches Risiko stellt das als Selektionsmerkmal eingebrachte Markergen dar. Im Falle der Flavr-Savr-Tomate handelt es sich um ein Antibiotika-Resistenzgen, genauer um ein Kanamycin-Resistenzgen (Bund für Lebensmittelrecht und Lebensmittelkunde/Biotechnology Research and Information Network 1995).

Das Antibiotikum Kanamycin gehört zu der Gruppe der Aminoglykoside. Kanamycin wird bei Magen-Darm-Erkrankungen nicht mehr verordnet, da Nebenwirkungen auf den Gehörsinn zu beobachten waren. Da nebenwirkungsärmere Antibiotika zur Verfügung stehen, wird Kanamycin nicht mehr systemisch, das heißt für Darmsterilisationen, sondern nur noch lokal, nämlich in Hautsalben oder Augentropfen, verwendet. Selbst wenn eine Resistenzübertragung stattfände, was jedoch sehr unwahrscheinlich ist, dann wären Darmbakterien gegen ein Antibiotikum resistent, das in der Antibiotikatherapie kaum mehr Anwendung findet.

Wissenschaftliche Untersuchungen haben keine Anhaltspunkte für eine Resistenzübertragung geliefert. Bakterien nehmen fremde DNA nicht auf, es sei denn, diese DNA liegt als Plasmid vor. Will man Bakterien dazu bringen, ringförmige Plasmide aufzunehmen, muß man die Zellwand der Bakterien mit chemischen oder physikalischen Mitteln kurzfristig durchlässig machen. Die Trefferquote liegt bei 1:10.000. Im Falle der Flavr-Savr-Tomate ist das Kanamycin-Resistenzgen in das Erbmaterial der Pflanze integriert, es liegt nicht als Plasmid vor.

Abgesehen davon, daß Bakterien nichtplasmidförmige Fremd-DNA nicht aufnehmen, müßte das Kanamycin-Resistenzgen aus dem Magen-Darm-Trakt unversehrt herausverdaut, in ein E. coli-Bakterium aufgenommen und an einer Stelle im

Genom eingebaut werden, wo es auch aktiv sein kann, das heißt hinter einem bakterieneigenen Promotor. Bei der Verdauung der mit der Nahrung aufgenommenen Gene wird die DNA jedoch im Magen-Darm-Trakt auf chemischem Wege in kleinste Einheiten fragmentiert bzw. bis zu den einzelnen Nukleotiden abgebaut (Bund für Lebensmittelrecht und Lebensmittelkunde/Biotechnology Research and Information Network 1995).

12.2.3
Wirtschaftlichkeit

Dem Kriterium der *Wirtschaftlichkeit* wird von einem Unternehmen, das sich auf dem freien Markt engagiert, notwendigerweise große Bedeutung zugemessen. Die Flavr-Savr-Tomate war das erste gentechnisch veränderte Lebensmittel, das in den Supermärkten der USA zu kaufen war. Die Markteinführung der Tomate sowie der daraus gewonnenen Produkte wurde sowohl in den USA als auch international als Test gewertet. Die Vermarktung hatte der Suppenhersteller Campbell's Soup Company übernommen. Während der Handel die Einführung der Flavr-Savr-Tomate mit Blick auf die längere Haltbarkeit und bessere Transportfähigkeit begrüßte, war das Verhalten der Verbraucher eher zurückhaltend (Fuchs 1997).

Was den Erfolg oder Mißerfolg der ersten Markteinführung eines gentechnisch veränderten Lebensmittels angeht, liegen unterschiedliche Meldungen vor: C. Hayworth, eine Sprecherin der Firma Calgene Inc., erklärte öffentlich, daß die Tomate trotz hoher Preise – die gentechnisch veränderte Tomate kostete etwa doppelt soviel wie eine konventionell gezüchtete Tomate – vom Verbraucher so gut nachgefragt werde, daß mit Lieferengpässen zu rechnen sei (Fuchs 1997). Aber die Flavr-Savr-Tomate entwickelte sich aufgrund des mißlichen Umstandes, daß die zu prall geratenen und daher leicht platzenden Früchte ein aufwendiges Verpackungs- und Betriebssystem notwendig machten, zu einem wirtschaftlichen Desaster. Der geschätzte Verlust soll etwa 160 Millionen Dollar betragen haben.

12.3
Bewertung aufgrund von ethischen Kriterien

Sachgerechtigkeitskriterien sind notwendige, aber nicht hinreichende Kriterien verantwortlichen Handelns. Sie sind zu ergänzen durch *ethische Kriterien* im engeren Sinne. Hierzu gehören die Human-, Sozial-, Umwelt- und Zukunftsorientierung (Korff 1992). Der Begriff der „Orientierung" wurde gewählt, um deutlich zu machen, daß Mittel nicht nur verträglich bzw. unschädlich, sondern unter den genannten vier Aspekten auch förderlich sein sollen (Bender et al. 1995b).

12.3.1
Humanorientierung

Die *Humanorientierung* nimmt das Verhältnis von Mensch und Technik in den Blick. Was die Humanverträglichkeit der Flavr-Savr-Tomate angeht, so bestehen im Hinblick auf das Kanamycin-Resistenzgen Zweifel, zumal die Möglichkeit bestanden hätte, diesen Risikofaktor auszuschalten. Die transgenen Tomaten bieten Vorteile: Sie müssen nicht mehr grün gepflückt werden, sondern können am Stock ausreifen. Sie entwickeln die vom Verbraucher erwartete rote Farbe sowie die geschmacks- und wertgebenden Inhaltsstoffe, wie z. B. Vitamine.

Trotz langer Transportwege gelangt die Flavr-Savr-Tomate in einem optisch attraktiven und geschmacklich guten sowie lagerfähigen und schnittfesten Zustand zu dem Verbraucher. Kann der Tomate im Hinblick auf die verbesserten Produkteigenschaften, wie beispielsweise Geschmack, Haltbarkeit usw., Humanförderlichkeit attestiert werden? Hinsichtlich des verbesserten Geschmackes gehen die Meinungen auseinander: Verbraucher und Verbraucherinnen kritisierten den metallischen Geschmack der Flavr-Savr-Tomate.

Die beworbene Produkteigenschaft einer scheinbaren Haltbarkeit erweist sich bei genauerer Hinsicht als „Mogelpackung". Zwar bleibt die Schale länger hart, andere Alterungsprozesse laufen jedoch normal ab. Ernährungsphysiologisch wichtige Substanzen, wie z.B. Nährstoffe und Vitamine, werden abgebaut, ohne daß der Verbraucher dies erkennen kann [1]. Aus diesem Grund wird darüber diskutiert, den Verbraucher durch eine Kennzeichnung des Ernte- oder Mindesthaltbarkeitsdatums über den Pflückzeitpunkt und den Frischezustand der Tomate zu informieren.

12.3.2
Umweltorientierung

Die *Umweltorientierung* bezieht sich auf das Verhältnis von Mensch, Umwelt und Technik. Mögliche Risiken, die mit der Freisetzung gentechnisch veränderter Organismen verbunden sein können, sind noch weitgehend ungeklärt. Welche Auswirkungen auf das Ökosystem wären vorstellbar? In diesem Zusammenhang müssen ein möglicher Gentransfer auf verwandte Wildarten und seine Konsequenzen sowie potentielle Auswirkungen auf die Artenvielfalt diskutiert werden. Gehen von transgenen Pflanzen neue Gefahren für die Artenvielfalt aus? Diese Frage ist noch nicht hinreichend untersucht.

Ist ein Gentransfer auf andere Pflanzen denkbar? Was würde ein solcher Gentransfer beim großflächigen Anbau im Ökosystem bewirken? Die Gefahr eines unkontrollierten Gentransfers besteht bei nahe verwandten Wildarten. Die Familie der Nachtschattengewächse, zu denen auch die Tomate gehört, ist weit verbreitet. Die Übertragung neuer genetischer Eigenschaften auf nahe verwandte Wildarten könnte zu veränderten Populationseigenschaften führen und eine empfindliche Störung des natürlichen Gleichgewichtes im betroffenen Ökosystem zur Folge haben (Stiftung für Konsumentenschutz 1997).

---

[1] Experimentell wird auch die Haltbarkeit von Melonen und Bananen beeinflußt. In den Bananen, die auf den Plantagen Zentralamerikas grün gepflückt, in Kühlschiffen nach Europa transportiert und durch Ethylenbegasung künstlich nachgereift werden, soll die Produktion des natürlichen Reifungshormons Ethylen gentechnisch blockiert werden.

12.3.3
Sozialorientierung

Die *Sozialorientierung* konzentriert sich auf das Verhältnis von Gesellschaft und Technik. Wenn man den Aspekt der internationalen Gerechtigkeit in den Vordergrund stellt, dann wäre die Entwicklung solcher Produkte zu fördern, welche die Ernährungslage des überwiegenden Teiles der Erdbevölkerung wenigstens nicht verschlechtern, sondern verbessern helfen, welche die eigenständige wirtschaftliche Entwicklung in den Ländern der sogenannten Dritten Welt nicht behindern, sondern unterstützen. Weder ist das letztere von der Flavr-Savr-Tomate zu erhoffen, noch ist das erstere zu befürchten [2].

Kritiker weisen daraufhin, daß die U.S.-Firma Asgrow Seed Company internationale Sicherheitsstandards durch das Ausweichen in Länder der Dritten Welt unterlaufen habe, indem sie mit der Flavr-Savr-Tomate unbewilligte Freisetzungversuche in Mittel- und Südamerika durchgeführt habe. Zwar habe sich Asgrow Seed Company um die Lizenznahme von Seiten des Patenthalters Calgene Inc., nicht jedoch um die Information der oder eine Bewilligung durch die lokalen Behörden bemüht. Aufgrund mangelnder Behördenaufsicht und unzureichender Gesetzesvorschriften seien nur beschränkte Sicherheitsvorkehrungen getroffen worden, obwohl gerade in tropischen Ländern nicht ausgeschlossen werden könne, daß ein Gentransfer auf nahe verwandte Wildarten stattfindet (Stiftung für Konsumentenschutz 1997).

12.3.4
Zukunftsorientierung

Das Kriterium der *Zukunftsorientierung* fordert dazu auf, die bisher genannten Kriterien – Human-, Sozial- und Umweltorientierung – noch einmal im Hinblick auf die räumlichen und zeitlichen Fernwirkungen technischen Verfügungswissens und menschlicher Handlungsmacht zu überprüfen. In diesem Zusammenhang ist das mit gentechnisch veränderten Nahrungsmitteln generell verbundene Allergierisiko zu diskutieren.

Das Tomaten-eigene Gen, das in die Flavr-Savr-Tomate mit Hilfe der sogenannten Antisense-Technik eingeführt und in umgekehrter Richtung in das Genom der Tomate integriert wurde, hat nicht zur Folge, daß ein artfremdes Protein und somit ein potentielles Allergen synthetisiert wird. Mit dem Protein, das die als Markergen eingeführte Antibiotika-Resistenz vermittelt, ist der menschliche Körper bereits in Berührung gekommen. Das mit gentechnisch veränderten Nahrungsmitteln allgemein verbundene Allergie-Risiko steht im Fall der Flavr-Savr-Tomate zwar nicht im Vordergrund, gleichwohl muß die Tomate – siehe die Diskussion der sogenannten Positionseffekte – nicht zwingend als gesundheitlich unbedenklich eingestuft werden (Stiftung für Konsumentenschutz 1997).

---

[2] Hierbei ist jedoch anzumerken, daß durch die Forschung an und die Entwicklung von High-Tech-Produkten, wie z. B. der Flavr-Savr-Tomate, in den Industrieländern finanzielle und personelle Ressourcen einseitig und in erheblichem Umfang gebunden werden, welche für sozialförderliche Entwicklungen nicht mehr zur Verfügung stehen (Bender et al. 1995a).

12.4.
In der Erwartung von Nebenfolgen: Regeln der Güterabwägung

Wenn die Überprüfung eines technischen Mittels in jeder Hinsicht positiv verläuft, dann ist die Entscheidung eindeutig. In der Regel tritt jedoch an dieser Stelle das mit dem Einsatz technischer Mittel verbundene Problem der nichtbeabsichtigten Negativfolgen auf. Die Güterabwägung nimmt das problematische Verhältnis von angezielten und darüber hinaus zu erwartenden Folgen in den Blick. Im Falle einer Güterabwägung können drei Entscheidungsregeln benannt werden:

Die *Alternativenerwägungsregel* verlangt, unter mehreren Möglichkeiten diejenige Lösung auszuwählen, die mit möglichst wenig negativen Folgen belastet ist. Die *Nebenfolgenminimierungsregel* besagt, daß der Einsatz eines Mittels zur Erreichung eines Zieles nur dann erlaubt ist, wenn die mit ihm verbundenen negativen Folgen auf das geringstmögliche Maß gebracht werden. Die *Unterlassungsfolgenregel* fordert, daß der Einsatz eines Mittels zur Erreichung eines Zieles nur dann gestattet ist, wenn die mit ihm verbundenen negativen Folgen geringer sind als die durch das Nichthandeln entstehenden Nachteile und Schäden (Bender et al. 1995a).

Im Zusammenhang mit der Flavr-Savr-Tomate ist vor allem die *Regel zur Minimierung der Nebenfolgen* zu beachten (Korff 1992). Die mit dem Kanamycin-Resistenzgen möglicherweise verbundenen Nebenfolgen eines Gentransfers auf Pflanze, Tier oder Mensch und in deren Folge eine Weitergabe der Resistenz gegen dieses Antibiotikum oder eine Kreuzresistenz mit einem anderem Antibiotikum wurden im Rahmen einer Güterabwägung nicht angemessen berücksichtigt. Aus zeitlichen und finanziellen Erwägungen hat die Firma Calgene Inc. darauf verzichtet, das Kanamycin-Resistenzgen durch Rückkreuzung zu entfernen.

12.5
Unter der Bedingung von Unsicherheit: Entscheidungsmodelle

Auch nach Beachtung der Prüfkriterien und Abwägungsregeln werden Unsicherheiten bleiben, sowohl bezüglich der Verbesserungen der Lebenschancen als auch hinsichtlich des Eintretens und Ausmaßes der Risiken. Grundsätzlich können drei Modellvorstellungen unterschieden werden, wie angesichts von Unsicherheiten zu handeln sei (Bonß 1991):

Das „dezisionistische Modell" sieht keinen rational-argumentativen Weg aus der Unsicherheit heraus. Angesichts der erlebten Handlungsnotwendigkeit bleibt nur der Appell, sich zu entscheiden und zu der Entscheidung zu stehen. Das „probabilistische Modell" verlangt, daß für die eigene Handlungspräferenz wahrscheinlich zutreffende Gründe vorgebracht werden müssen. Das „tutioristische Modell" setzt auf die Begrenzung des Risikos und verlangt den Nachweis sicherer Gründe, um eine Handlung verantworten zu können (Bender et al. 1995a).

Während das probabilistische oder „Wagnismodell" im gesellschaftlichen und politischen Bereich Anwendung findet, bezieht sich das tutioristische oder „Sicherheitsmodell", für das Jonas mit Blick auf „das Ganze der Interessen der betroffenen Anderen" eingetreten ist, auf den Bereich des wissenschaftlichen und technischen Handelns mit erheblicher Reichweite und unvorhersehbaren Nebenfolgen (Jonas 1979). Welchem Entscheidungsmodell ist nun im vorliegenden Falle der Vorzug zu geben?

Eine von Calgene Inc. in Auftrag gegebene Studie hat das Ergebnis erbracht, daß „keine berechtigte Wahrscheinlichkeit" dafür spräche, daß das als Marker übertragene Antibiotika-Resistenzgen bei einem Verzehr für den Menschen gefährlich sei, da die mit der Nahrung aufgenommene DNA bei der Verdauung weitgehend zerstört würde. Ist im vorliegenden Falle der Flavr-Savr-Tomate also dem probabilistischen Modell zu folgen?

Solange keine alternativen Wege zur Bekämpfung von Infektionen entwickelt worden sind, sollte bei der – wenn auch nur als Risiko diskutierten – Verbreitung von Antibiotika-Resistenzen mit großer Vorsicht umgegangen werden. Aus diesem Grund sollten sich unsere Entscheidungen am tutioristischen Modell orientieren. Die technische Möglichkeit, das in der Züchtung als Marker benötigte Antibiotika-Resistenzgen durch Rückkreuzung wieder zu entfernen, sollte bei zukünftigen Pflanzengenerationen unbedingt genutzt werden.

12.6
Problemorientierte Technikbewertung: die Frage nach dem zu lösenden Problem und dem anzustrebenden Ziel

In der Technikfolgenabschätzung wird zwischen einem technikinduzierten und einem problemorientierten Bewertungsansatz unterschieden. Die bisherigen Überlegungen folgten der technikinduzierten Technikfolgenabschätzung, die als „industriegesellschaftliche Normalform" des Umganges mit modernen Technologien bezeichnet werden kann. Sie greift an dem Punkt ein, an dem eine Technik entwickelt ist, ihr Bedarf behauptet wird und ihre Anwendungen absehbar sind. Die Frage nach dem Bedarf wird oft erst angesichts gesellschaftlicher Widerstände gestellt. Vorstellbar ist aber auch der umgekehrte Weg einer Verständigung über den Bedarf, die Alternativen und die jeweiligen Folgen.

Der problemorientierten Technikfolgenabschätzung geht es nicht um nachlaufende Schadensminimierung, sondern um vorlaufende Technikplanung. Um den Kurzschluß „Technikentwicklung – Bedarfsbehauptung – Technikanwendung" zu vermeiden und den Vorlaufprozeß der Technikentwicklung einer politischen Gestaltung zugänglich zu machen, nimmt die problemorientierte Technikfolgenabschätzung ihren Ausgangspunkt bei der Problembeschreibung und Zielfeststellung. Erst nach einer Verständigung über das zu lösende Problem und das anzustrebende Ziel werden alternative Handlungsoptionen, das heißt technische wie nichttechnische Lösungen, und ihre Folgewirkungen in den Blick genommen (Keller u. Poferl 1994).

Das „Strukturmodell ethischer Urteilsbildung im Kontext moderner Technologien" (Bender et al. 1995b) geht davon aus, daß der technikinduzierte Bewertungsansatz durch den problemorientierten Bewertungsansatz zu ergänzen ist: Welches ist das menschliche, individuelle oder gesellschaftliche Problem, das — möglicherweise mit Hilfe einer bestimmten Technik, wie z. B. der Gentechnik, — gelöst werden soll? Ist das Problem richtig dargestellt und definiert? Welches Ziel soll angestrebt werden? Ist das Ziel ethisch zu rechtfertigen? Bevor diese Fragen beantwortet werden können, müssen zunächst ethische Kriterien zur Beurteilung der Problemlösungen und Zielsetzungen benannt werden.

12.6.1
Die Beurteilung der Ziele: Erhaltung und Entfaltung als Leitkriterien

Als allgemeine Überprüfungskriterien und Rechtfertigungsgründe für Problemlösungen und Zielsetzungen im Bereich des technisch-wissenschaftlichen Handelns werden die einander ergänzenden Kriterien der Erhaltung und Entfaltung der Menschheit vorgeschlagen. Die traditionellen Ethiken des abendländischen Kulturraumes, wie z. B. die Lebensweltethik des Aristoteles, die Tugendethik des Thomas von Aquin oder die Pflichtethik Kants, waren überwiegend an dem Gesichtspunkt der Entfaltung orientiert.

Erst in der Gegenwart hat der Technikphilosoph Jonas eine Ethik entworfen, die ganz vom Gedanken der Erhaltung bestimmt ist. Jonas, der von der Erfahrung der ungeheuren Reichweite und Dynamik wissenschaftlichen und technischen Handelns ausgeht, nimmt das „Wetterleuchten künftiger Katastrophen" wahr. Mit dem 1979 erschienenen „Prinzip der Verantwortung" legt Jonas einen „Versuch einer Ethik für eine technologische Zivilisation" vor. Die „Heuristik der Furcht" soll zu Handlungen und Haltungen des Bewahrens motivieren (Jonas 1979).

Jedes Erhaltungskonzept schließt ein Entfaltungskonzept mit ein, weil die Frage nach dem „Daß" des Überlebens von der nach seinem „Wie" nicht abgetrennt werden kann. „Erhaltung" meint die Fortdauer menschlichen Lebens im Kontext natürlicher und kultureller Zusammenhänge, „Entfaltung" bezieht sich auf die innere Dynamik von Personen und Gesellschaften, die ihre Erhaltung nur im Prozeß der Entfaltung sinnvoll anerkennen können. In unserem Kulturraum kann Entfaltung unter Bezugnahme auf die Personalität des Menschen beschrieben werden (zu Erhaltung und Entfaltung siehe auch Bender 1992).

12.6.2
Die Prüfung der Bedürfnisse: das Prinzip der Zielwert-Risiko-Relation

Mit Blick auf die eingangs gestellten Fragen erscheint das folgende Prinzip einsichtig: „Je geringer der Stellenwert einer Zielsetzung im Hinblick auf die Kriterien von Erhaltung und Entfaltung ist, um so höher sind die Anforderungen, die an Risiko- und Schadensfreiheit zu stellen sind." (Bender et al. 1995a). Kern des Problems ist das Bedürfnis der Verbraucher, geschmacklich gute und lange haltbare Tomaten essen zu wollen, dieses aber nicht zu können. Wenn eine Tomate an der Staude ausreifen kann, dann ist dies sicherlich ein Vorteil. Die auf dem Markt befindlichen Tomaten, die mit Ethylen begast und künstlich nachgereift werden, können nur schwerlich als naturbelassenes Lebensmittel bezeichnet werden.

Welchen Stellenwert hat dieses Problem? Das Problem erscheint nicht schwerwiegend und kann ohne den Einsatz der Gentechnik gelöst werden. Eine gesunde und schmackhafte Ernährung ist auch ohne die Flavr-Savr-Tomate möglich. Optisch wie geschmacklich gute Tomaten können – wenn auch jahreszeitlich begrenzt – mit Hilfe der konventionellen Züchtung erzeugt werden. Die Flavr-Savr-Tomate ist eine Industrietomate, die an eine hochintensive und durchrationalisierte Tomatenproduktion angepaßt ist. Eine saisonale und lokale Produktion wäre durch den Verzicht auf Treibhausanzucht und durch die Verminderung von Transportnotwendigkeiten mit energiesparenden und umweltentlastenden Effekten verbunden.

Schließlich stellt sich die Frage, ob das Problem, das genannte Bedürfnis der Verbraucher, überhaupt besteht oder erst geweckt wird. Wir unterscheiden Bedürfnisse von Befriedigern und Hilfsmitteln. Befriediger und technische Hilfsmittel sind unter dem Gesichtspunkt auszuwählen, Risikohöhe und Schadensgrad für den natürlichen Zusammenhang und das menschliche Zusammenleben möglichst gering zu halten. Sollte das Bedürfnis der Verbraucher, wohlschmeckende und haltbare Tomaten das ganze Jahr über essen zu wollen, tatsächlich bestehen, dann müßte über eine Veränderung dieses Bedürfnisses als einer sinnvolleren Zielsetzung im Sinne von „Erhaltung" und „Entfaltung" gesprochen werden (Bender et al. 1995a).

Literatur

Aristoteles (1972) Die nikomachische Ethik. DTV, München

Bender W (1992) Preservation and development as central ideas for designing science and technology. In: Rilling R, Spitzer H, Greene O, Hucho F, Pati G (eds) Challenges. Science and Peace in a Rapidly Chancing Environment. Schriftenreihe: Wissenschaft und Frieden 16:197–207

Bender W, Platzer K, Sinemus K (1995a) Zur Urteilsbildung im Bereich Gentechnik: die FlavrSavr-Tomate. Ethica 3:293–303

Bender W, Platzer K, Sinemus K (1995b) On the Assessment of Genetic Technology: Reaching Ethical Judgements in the Light of Modern Technology. Science and Engineering Ethics 1:21–32

Bonß W (1991) Ungewißheit als soziologisches Problem oder was heißt „kritische" Risikoforschung? Mittelweg 36:15–34

Bund für Lebensmittelrecht und Lebensmittelkunde/Biotechnology Research and Information Network (Hrsg) (1995) Gentechnik und Lebensmittel. Darmstadt, S 45–47

Bund für Lebensmittelrecht und Lebensmittelkunde/Biotechnology Research and Information Network (Hrsg) (1995) Gentechnik und Lebensmittel. Die Risikodiskussion. Darmstadt, S 6–9

Fuchs R (1997) Gen-Food: Ernährung der Zukunft? Ullstein, Berlin, S 40–47

Genetic Resources Action international (GRAIN) (1998) Eine begehrte Frucht. Übersetzt von Menke P. Gen-ethischer Informationsdienst 124:23–26.

Jonas H (1979) Das Prinzip Verantwortung. Versuch einer Ethik für die technologische Zivilisation. Insel, Frankfurt, S 76–83

Kant I (1956) Die Metaphysik der Sitten. In: Werke Bd. 7. Wissenschaftliche Buchgesellschaft, Darmstadt

Keller R, Poferl A (1994) Habermas und Müll. Zur gegenwärtigen Konjunktur von Mediationsverfahren (nicht nur) in den Sozialwissenschaften. Wechselwirkung 68:34–40

Korff W (1992) Die Energiefrage: Entdeckung ihrer ethischen Dimension. Paulinus, Trier, S 218ff.

Stiftung für Konsumentenschutz (Hrsg) (1997) Lebensmittel aus dem Genlabor. 1. Aufl., Bubenberg Druck- und Verlags AG, Bern, S 15–20

Verein deutscher Ingenieure (Hrsg) (1991) Technikbewertung – Begriffe und Grundlagen: Erläuterungen und Hinweise zur VDI-Richtlinie 3780. VDI, Düsseldorf

13 Gentechnik und Öffentlichkeit

H. J. Bremme, L. von dem Bussche-Hünnefeld
Abteilung Öffentlichkeitsarbeit, BASF AG

13.1
Einleitung

Wer annimmt, das Thema Wahrnehmung und Behandlung der Gentechnik in der Öffentlichkeit sei kurz und einfach abzuhandeln, wird – bei auch nur etwas intensiverer Beschäftigung mit der Materie – schnell eines Besseren belehrt werden. Nicht nur das Interesse einer breiten Öffentlichkeit an diesem Thema ist groß, sondern es beeindruckt und beschäftigt besonders die differenzierte Art der Wahrnehmung der Gentechnologie, und eine Menge an Fragen knüpfen sich für den Betrachter daran.

Um die Basis dafür zu legen, worauf im folgenden eingegangen wird, hier zunächst noch einige Bemerkungen zu den Bereichen, in denen die Gentechnik heute bereits beforscht oder realisiert wird.

Das bekannteste Anwendungsfeld ist der Bereich Medizin, die sogenannte „rote Gentechnik". Wem ist heute nicht das Beispiel von gentechnologisch hergestelltem Insulin ein Begriff? Damit soll das medizinische Anwendungsfeld aber nicht auf diese prominente Anwendung reduziert werden – gerade auf dem medizinischen Sektor ist beispielsweise bei der Diagnostik und der Entwicklung neuer Therapieansätze viel im Fluß.

Inzwischen sind aber auch „Gen-Soja" und „Gen-Tomaten", also Anwendungsfelder aus dem landwirtschaftlichen Bereich, der Pflanzenzüchtung und Lebensmittelerzeugung, allgemein die „grüne Gentechnik" genannt, weithin bekannt.

13.2
Untersuchung der Akzeptanz der Gentechnik in der Bevölkerung

In der Bundesrepublik Deutschland wurde im April und Mai 1997 zur Anwendung der Bio- und Gentechnologie in diesen Bereichen ein Fragenkatalog zusammengestellt und damit das weltweit bisher ausführlichste Projekt zur Untersuchung der Akzeptanz der Gentechnik in der Bevölkerung durchgeführt. J. Hampel von der Stuttgarter Akademie für Technikfolgenabschätzung hat diese Studie im Auftrag des Bundesministeriums für Bildung, Wissenschaft, Forschung und Technologie (BMBF) durchgeführt (Hampel u. Renn 1998) und dabei mehr als 1.500 Bundesbürger befragt.

Von den Befragten wurde eine ganz *differenzierte Beurteilung* nach einzelnen Anwendungsgebieten vorgenommen:

- Das Anwendungsgebiet „Arzneimittel" wird von den meisten akzeptiert.
- Deutliche Abstriche gibt es bei der Züchtung krankheitsresistenter Getreidesorten.
- Die Lebensmittelproduktion wird als Anwendungsgebiet der Gentechnologie weithin als inakzeptabel beurteilt.

Die Ergebnisse werfen folglich Fragen auf, zu deren Beantwortung hier ein Versuch gewagt werden soll.

13.3
Wodurch wird die Bewertung der Bio- und Gentechnologie eigentlich geprägt?

Ein Punkt scheint besonders wichtig, und die Ergebnisse, zu denen die Studie bei der Frage nach dem Einsatz gentechnisch veränderter Tierlinien kommt, liefern dazu einen Hinweis: Selbst innerhalb eines Themas wie „Medizin" wird nicht einfach alles über einen Kamm geschoren. Ganz im Gegenteil; während Diagnose, Herstellung von Medikamenten und neue Therapieansätze für die meisten akzeptabel sind, ist es die „Manipulation" von Lebewesen im Dienste der Medizin nicht.

Es scheint – und das belegt die Studie auch noch genauer – daß die Einschätzung der „moralisch-ethischen Vertretbarkeit" der Schlüsselfaktor für die Nutzenbewertung und für die Befürwortung der Technologie ist. Für über 80% der Befragten, so das Ergebnis der Studie, sind ethische Fragen wichtig, um sich ein Urteil über die Gentechnologie zu bilden.

In diesem Fall ist das Verständnis um die technischen Möglichkeiten – also letztlich das Fachwissen – zweitrangig bzw. spielt überhaupt keine Rolle. Überraschend ist sicher, daß moralischen Wertevorstellungen bei der Beurteilung der Gentechnik eine so besonders große Bedeutung zukommt. Auf dieses Thema wird später – im Rahmen der Diskussion um die Wahrnehmung von Risiken – nochmals eingegangen.

13.4
Wer beteiligt sich an der Diskussion um Wertevorstellungen, und welche Rolle nehmen hier die Wissenschaftler selbst ein?

Sicher ist, daß sich die Vertreter der Wissenschaft bei der Behandlung des Themas Gentechnologie in ihrer Mehrzahl zunächst auf ihr eigenes „Debattenforum" – das heißt die rein wissenschaftlich-inhaltliche Diskussion – beschränkt haben. Erst spät haben sie sich an der öffentlichen Diskussion auf der Ebene der Wertesysteme beteiligt.

Der „Umschwung" kam dabei möglicherweise erst als man durch die vorwiegend kritisch geführte Diskussion erkannte, daß sich die neue Technologie nur mit, aber nicht gegen den Willen der Bevölkerung durchsetzen läßt. Verspielt wurde gerade in dieser ersten Zeit jedoch das Vertrauen in die Integrität der beteiligten Wissenschaftler, die ihrerseits wiederum von der Öffentlichkeit einen Vertrauensvorschuß in die eigenen Fähigkeiten der Selbstbeschränkung forderten. Der Vertrauensbasis, die einen Grundkonsens für die gentechnische Nutzung vielleicht hätte herstellen können, wurde der Boden entzogen.

Auch hier zeigte die schon zitierte Studie von Hampel, daß die absolute Bevölkerungsmehrheit den Bio- und Gentechnologieforschern gesetzestreues Verhalten nicht zutraut – und schon gar keine Selbstbeschränkung aus moralisch-ethischen Erwägungen heraus.

Während die Wissenschaft es also versäumt hat, moralisch-ethische Erwägungen rechtzeitig zu ihrem eigenen Thema zu machen, wurde dieses Feld von anderen schon frühzeitig besetzt. Dabei waren eindeutig kritische Stimmen dominant, die die öffentliche Meinung negativ gegen die Gentechnologie einnahmen.

Beteiligt an der Wertediskussion waren zum einen politische Parteien, die trotz eines zu beobachtenden Glaubwürdigkeitsverlustes noch immer auch Träger gesellschaftlicher Wertvorstellungen sind, die Kirchen und natürlich Umweltschutzgruppen.

Gerade für Umweltschutzgruppen stellt die Gentechnologie, ähnlich wie die Kernenergie – deren politische Nachfolge sie in mancherlei Beziehung angetreten hat – eine unkalkulierbare Bedrohung dar. Die Bühne für die Auseinandersetzung sind jedoch die Medien selbst, denen eine Schlüsselfunktion bei der Debatte um die Gentechnologie zukommt. Bezeichnend ist beispielsweise, daß es sich bei der Diskussion dieses Themas in den Medien nicht vornehmlich um die wissenschaftliche, sondern um die gesellschaftliche Sichtweise dreht. Zu finden sind Beiträge zur Gentechnologie daher auch hauptsächlich im politischen Teil der Printmedien.

Eine – wenn nicht gar *die* – entscheidende Rolle für die Qualität der Medienpräsenz und für den „Impact" auf das öffentliche Meinungsklima spielen dann aber wiederum Meldungen aus der Forschung selbst. Denn ursächlich für die Berichterstattung sind ja oft Ereignisse, die die öffentliche Aufmerksamkeit erweckt haben. Die Profilierungssucht einzelner Akteure kann daher eine ganze Menge Steine ins Rollen bringen.

So wurden in der Vergangenheit Hoffnungen geweckt, und anschließend mußten Erwartungen wieder gebremst werden. Beispielhaft dafür steht die „Gentherapie gegen Krebs", die schon angekündigt war, die sich dann aber als völlig unausgegoren herausstellte (FAZ 1997).

Ankündigungen, wie die des Reproduktionsmediziners Seed aus Chicago im Januar dieses Jahres, er wolle jetzt – nach dem Schaf „Dolly" und den Klon-Kälbern „George" und „Charlie" – erstmals Menschen klonen, haben da eine besonders verheerende Wirkung. Seeds weitere Ausführung, er wolle den Versuch am Menschen noch in den nächsten drei Monaten durchführen, damit die US-Behörden ihm nicht zuvorkommen und ein Klonverbot für Menschen erlassen, sind nicht gerade dazu angetan, das Vertrauen in die Gesetzestreue der forschenden Wissenschaftler zu stärken.

Die Gentechnik, die ohnehin häufig stark auf die Eugenikthematik reduziert wird, ruft vor so einem konkreten Hintergrund tiefe moralische Bedenken und zudem Urängste hervor, da das Selbstverständnis des Menschen in seiner Individualität in Frage gestellt wird. Und den Medien wird mit solchem Spektakel mehr als hinreichend Nahrung für eine kritische Berichterstattung gegeben.

Die nun noch massiver öffentlich geäußerte Kritik trifft gerade die deutschen Wissenschaftler ihrer Meinung nach ungerechtfertigt, da sie alle genetischen Eingriffe in die Keimbahn des Menschen strikt ablehnen und das diesbezügliche gesetzliche Verbot unterstützen.

Die internationale Gemeinschaft der Wissenschaftler hat hier also nicht nur eine Verantwortung bezüglich der Forschungsarbeiten und wissenschaftlichen Belange, sondern auf besondere Weise einen Anteil und eine Verantwortung an der Meinungsbildung in der Bevölkerung. Nun einfach von den Medien eine besonnenere, ausgewogenere Berichterstattung zu fordern, wäre daher wahrscheinlich zu kurz gegriffen.

Zunächst muß die Forderung lauten, daß sich die Wissenschaftler selbst zu einer im obigen Sinne breiter verstandenen Verantwortung bekennen – und auch in ihren eigenen Reihen eine entsprechende Disziplin schaffen. Außenseiter wie Seed müssen als solche gebrandmarkt werden.

13.5
Versachlichung der Diskussion um die Gentechnik

Kann man nun aus dem bisher Genannten schließen, daß durch eine Versachlichung der Diskussion um die Gentechnik, das heißt auch durch bessere Information, *keine* höhere Akzeptanz für diese Technologie herbeigeführt werden kann? In diesem Punkt ist trotz des Vorhergesagten Optimismus angesagt.

Das in der öffentlichen Debatte moralisch-ethische Werte eine große Rolle spielen, ist offensichtlich und im Grunde ja auch nur zu begrüßen. Woran es eigentlich mangelt, ist die Glaubwürdigkeit derer, die an vorderster Front der Gentechnik stehen. Die Umfragen belegen, daß ihnen noch nicht einmal gesetzeskonformes Verhalten zugetraut wird – geschweige denn das Vertrauen, unter den enormen Möglichkeiten einer neuen Technologie die rechten herauszusuchen. Gerade hier aber kann und muß man ansetzen. Es muß gelingen zu vermitteln, daß neben dem Nutzen der „roten Gentechnologie" auch die „grüne Gentechnologie" in nutzbringenden und ethisch unproblematischen Bereichen eingesetzt werden soll. Pflanzen, die als Rohstoffe für die Herstellung von Arzneimitteln oder von technischen Produkten zu verwenden sind, in der Widerstandskraft gegen Schädlinge und Krankheiten gestärkte Pflanzen, und Nahrungsmittelpflanzen, die um wichtige Nährstoffe und Vitamine bereichert sind, das alles sind Chancen für eine wachsende Weltbevölkerung.

Dabei kommt es auch darauf an, ein Bewußtsein dafür zu schaffen, daß die Sicherung der Ernährung der Weltbevölkerung in den nächsten Jahrzehnten eine ähnliche Herausforderung darstellen wird wie die Überwindung von Seuchen und weitverbreiteten Infektionskrankheiten zu Beginn dieses Jahrhunderts. Die Landwirtschaft mit gentechnisch veränderten Pflanzen ist ein wesentlicher Beitrag dazu.

Die „grüne Gentechnologie" ist nicht l'àrt pour l'àrt, sie ist nicht einfach das Ausreizen aller Möglichkeiten durch verantwortungslose Wissenschaftler, sondern der Ansatz zur Bewältigung drängender Zukunftsprobleme: so im Kampf gegen den Hunger. Diesen Nutzen deutlich zu machen, darauf kommt es an.

Die Information zu solchen Themen muß dann aber vor allem glaubwürdig sein, und das wird sie nur, wenn auch die „Informationsinhaber", also die Experten selbst, glaubwürdig sind.

Kontroverse Einschätzungen werden nicht durch Informationskampagnen aufgelöst – noch so viele weitverteilte Plakate helfen hier nicht –, sondern die Verständigung kann nur in einer offenen Diskussion erreicht werden. Den Stellenwert von persönlichen Kontakten und Möglichkeiten zur Diskussion kann man hier gar nicht zu hoch bewerten. Dem einzelnen, den man im Gespräch erlebt, den man als Mensch kennengelernt hat, dem kann man auch glauben, daß er meint was er sagt. Dieser einzelne kann Vertrauen schaffen.

13.6
Wahrnehmung von Risiken in der Öffentlichkeit

Aber noch eine ganz andere Frage drängt sich in diesem Zusammenhang auf, nämlich die Frage nach der Wahrnehmung von Risiken in der Öffentlichkeit.

Betrachtet man die Entwicklung der Gentechnologie in Europa, und ganz speziell in der Bundesrepublik Deutschland, dann kann die öffentliche Einschätzung schon verwundern. Denn trotz aller Kontroversen über Sicherheitsfragen herrscht bei der Gentechnik ein grundsätzlicher Konsens unter Molekularbiologen, daß das Chancenpotential der Gentechnik die Risiken bei weitem übertrifft.

Woher kommt dann dieser starke Zweifel in der Öffentlichkeit daran, daß die Gentechnik unser Leben verbessern kann? Und was sind das eigentlich für Chancen und was für Risiken, die in der Öffentlichkeit wahrgenommen werden?

Einige – exemplarische – Beispiele für Chancen und Risiken, die in der Bevölkerung „präsent" sind, sollen hier genannt werden. Zunächst die Chancen:

- der medizinische Fortschritt (klinische Diagnose von Krankheiten, Therapie von Zellkrankheiten, Herstellung von Impfstoffen auch pränatale Diagnostik) und damit die Hoffnung auf ein lebenswertes Leben – auch im Alter;
- die Möglichkeit zur Sicherung der Welternährung;
- Schaffung von Arbeitsplätzen durch einen neuen, boomenden Industriezweig.

Letzteres ist zwar nur eine Folge der neuen Möglichkeiten, die sich mit dem Gebiet der Gentechnologie auftun, doch ist die Frage nach Arbeitsplätzen gerade in der Diskussion um neu einzuführende Technologien mit von entscheidender Bedeutung. In der Bundesrepublik Deutschland haben sich die politischen Parteien mit Ausnahme der „Grünen" aufgrund des BioRegio-Wettbewerbes eindeutig zu den Chancen, über Biotechnologie Arbeitsplätze zu schaffen, bekannt.

Die prognostizierte Arbeitsplatzentwicklung in der Bundesrepublik Deutschland wird allerdings nur dann zu beobachten sein, wenn die Randbedingungen positive Signale für den Einsatz gentechnischer Methoden liefern. Für eine politische Unterstützung des neuen Industriezweiges ist die Akzeptanz in der Bevölkerung ein entscheidendes Argument. Um so interessanter ist es, daß trotz des politischen Meinungsumschwunges, der gerade vor dem Hintergrund der wirtschaftlichen Entwicklung stattfindet, das Akzeptanzklima in der breiten Öffentlichkeit scheinbar keinen positiven Trend verzeichnet.

Was wird demgegenüber als *Risiko*, also als besonders bedrohlich wahrgenommen?

- Die Möglichkeit zur Schaffung genetisch identischer Wesen, die wie Zwillinge in verschiedenen Generationen sind – das hat etwas von „ewigem Leben" und scheint mit unserem Verständnis der individuellen Einmaligkeit unvereinbar.
- Die Eugenikthematik, die mit pränataler Diagnostik und der Keimbahntherapie aufgeworfen wird, stellt die Grundsatzfrage nach der Definition des „lebenswerten Lebens".
- Die Furcht vor Zunahme von Allergien durch „Gen-Food", das heißt die Angst, daß demnächst alle Lebensmittel kritisch unter die Lupe genommen werden müßten.
- Die Angst vor dem „Überspringen" von (Resistenz-)Genen auf andere Arten – und damit die Angst vor einem unkontrollierbaren Ausbreiten von artfremden Eigenschaften und deren unvorhersehbaren Folgen für die Natur.
- Die Unklarheit bei der Kennzeichnung von Gen-Food und damit das Gefühl des „Ausgeliefert seins", da eine bewußte Entscheidung für oder gegen ohne Kennzeichnung nicht möglich ist.

Erste „Life-Ergebnisse" aus der Gentechnik schüren offenbar Ängste, die weit über das hinausgehen, was die Gentechnik zu leisten vermag – und wohl auch leisten will. Denn ein einziges oder einige wenige Gene zu verändern, mag in einem Organismus eine neue Eigenschaft hervorbringen, es schafft aber niemals eine neue Art.

Bei der Wahrnehmung der Risiken ist noch eines von besonderem Interesse. Während sich Risiko in der Wissenschaft als Produkt aus Schadensausmaß mal Eintrittswahrscheinlichkeit definiert, ist bei der persönlichen Wahrnehmungen durch den Laien offenbar der Faktor Eintrittswahrscheinlichkeit erheblich unterrepräsentiert. Wahrgenommen wird, was schlimmstenfalls passieren könnte. Das erscheint dann aber sofort real und ungeheuer bedrohlich.

Als solche „Superrisiken" werden verständlicherweise gerade solche Risiken gesehen, von denen besonders viele Menschen betroffen sind, oder die etwas fundamental Wichtiges in Frage stellen – auch wenn die Eintrittswahrscheinlichkeit denkbar gering ist, ja gegen Null geht.

Bei der Gentechnologie *sind* besonders viele Menschen betroffen, und es werden mit ihr auch ganz fundamentale Fragen aufgeworfen und Werte in Frage gestellt.

Das bedarf einer Erläuterung: Bei der Angst vor genetisch veränderten Spezies sieht man sich der Gefahr einer Entwicklung ausgesetzt, die einmal ins Rollen gebracht, nicht mehr aufzuhalten ist und dabei die gesamte uns bekannte Natur und Umwelt verändert. Vom Ausmaß her ist das zweifellos kaum zu überbieten.

Bei allen Eingriffen in das Genmaterial ist zudem zu unterstellen, daß für die breite Bevölkerung schwer faßbar ist, was da eigentlich vorgeht. Das Leben war bisher von der Natur oder Gott gegeben, wurde hingenommen und konnte nicht verändert werden. Jetzt soll das so nicht mehr gelten – eine Grundfeste unseres Selbstverständnisses wird damit erschüttert.

Das wäre ja vielleicht noch tragbar, wären die daraus auch resultierenden Folgen für den gesellschaftlichen Wertewandel und die sozialen und politischen Folgewirkungen absehbar. Gemeint ist beispielsweise die Frage nach einer möglichen genetischen Diskriminierung durch „genetische Eignungstests" – auch der „genetische Fingerabdruck" genannt – durch Arbeitgeber oder Versicherungen, oder die Neubeurteilung des Wertes menschlichen Lebens nach genetischer Fehlerlosigkeit.

Hier tun sich so fundamentale Fragen auf, daß die Risikowahrnehmung hauptsächlich durch psychologische Einflußgrößen bestimmt wird. Die Rolle, die darüber hinaus auch ethisch-moralische Erwägungen spielen, wurde ja bereits angesprochen.

Wichtig für die Wahrnehmung von Risiken ist aber auch noch eine weitere Größe: Die Freiwilligkeit der Risikoübernahme und die Kontrollmöglichkeiten, die man darüber hat oder zu haben glaubt. In diesem Kontext ist beispielsweise die starke Ablehnung von gentechnisch veränderten Lebensmitteln zu sehen.

Während die Diskussion um die Kennzeichnungspflicht und deren Ausführungsverordnungen anhält, steigt das Bewußtsein in der Bevölkerung, daß die Möglichkeit der eigenen bewußten Entscheidung für oder gegen die Übernahme dieses – wie auch immer gearteten – Risikos nicht gegeben ist. Damit steigt aber direkt auch die subjektive Bewertung des Risiko*ausmaßes*. Die Kennzeichnungspflicht für Lebensmittel aus oder mit Bestandteilen gentechnisch veränderter Organismen wird von großer Bedeutung für die gesamte weitere Entwicklung der Akzeptanz der Bio- und Gentechnologie in der näheren Zukunft sein. In diesem Sinne kann man nur auf eine rasche Umsetzung der gesetzlichen Regelungen hoffen. Es darf nicht sein, daß sich der Bürger einer Technologie ohne jede Wahlmöglichkeit ausgeliefert fühlt.

Eine Technologie aber, der man sich nicht nur ausgeliefert fühlt, sondern die für einen selbst begreifbar sein soll, muß vor allem auch – und das im wahrsten Sinne des Wortes – begreifbar sein. Dabei ist es sicher schwierig, die komplexen Zusammenhänge der Gentechnologie einer breiten Öffentlichkeit verständlich zu machen.

Zu lange hat die Wissenschaft die Akzeptanz der Bevölkerung als selbstverständlich vorausgesetzt und es nicht für nötig erachtet, die zudem immer komplexer werdenden Zusammenhänge in Forschung und Technik in eine allgemein verständliche Sprache zu übersetzen.

Hier ist aber die Wissenschaft in ganz neuer Art und Weise gefordert, neue Zusammenhänge nicht nur zu erforschen und Erkenntnisse zu erarbeiten, sondern diese auch allgemein verständlich und zugänglich zu machen. Wissenschaft – und in diesem Fall speziell die Gentechnik – muß erlebbar gestaltet werden.

Unser Ansatz bei der BASF AG hierzu ist beispielsweise die sogenannte „Gen-Straße". In einem echten Labor mit Versuchen, die jeder zunächst erklärt bekommt und anschließend dann auch richtig selber durchführen kann, zeigen wir, wie „praktische Gentechnologie" funktioniert. Die Beteiligung an dem Pilotprojekt der Pädagogischen Hochschule Heidelberg (Schallies u. Wellensiek 1995) wird uns sicherlich auch noch Hinweise für ein didaktisches Verbesserungspotential liefern.

Umfragen bei den Teilnehmern an unserer Gen-Straße sagen uns, daß die konkrete Beschäftigung mit der Materie in der Regel auch eine stärkere Zustimmung zu den Zielen der Gentechnik hervorruft. Dies steht möglicherweise im Gegensatz zu anderen Untersuchungen, stützt aber die Aussage, daß Information, persönliches Erfahren und der persönliche Kontakt sehr wohl Möglichkeiten darstellen, eine erhöhte Akzeptanz für diese Technologie herbeizuführen.

Die „rote Gentechnik" beispielsweise ist über die Jahre bereits in unserem Alltag bis zu einem gewissen Grade erfahrbar geworden. Genauso haben wir uns durch den Umgang mit gentechnisch hergestellten Medikamenten wie Insulin, mit Methoden wie der pränatalen Diagnostik oder mit Forschung für neue Medikamente über Jahre vertraut gemacht. Die praktische Erfahrung, nämlich daß keine Schädigung von den entsprechenden Produkten oder Methoden ausgehen, schafft Vertrauen.

Dieses Vertrauen steht für die „grüne Gentechnik" noch aus. Vielleicht hat die unterschiedliche Bewertung aber auch damit zu tun, daß wir zwar alle schon einmal krank waren, aber die wenigsten von uns schon jemals richtig Hunger erfahren haben.

Auch auf diesem Gebiet wird das Vertrauen mit der Erfahrung und sachlicher Information durch glaubwürdige Experten wachsen. Dies ist auch unter dem Aspekt zu sehen, daß für Deutschland nicht erneut der Zug so abfahren sollte, wie das bei der roten Gentechnik vorübergehend teilweise der Fall gewesen ist.

13.7
Risikobereitschaft

Zum Abschluß muß auch noch die Frage der Risikobereitschaft allgemein angesprochen werden. Denn es geht ja nicht nur um die Wahrnehmung vermeintlicher oder tatsächlicher Risiken, sondern es geht ganz besonders auch um die Frage, inwieweit wir noch bereit sind, überhaupt Risiken einzugehen?

Diese Frage geht zweifelsohne über das Thema der Bio- und Gentechnik hinaus. Hier ist ein allgemeines Phänomen unserer Wohlstandsgesellschaft angesprochen – das Phänomen, daß wir einen Zustand erreicht haben, der uns träge macht und scheinbar der Notwendigkeit enthebt, weitere Risiken einzugehen.

Derjenige, der Hunger hat, der wird einiges in Kauf nehmen, um sich und seine Familie zu versorgen. Wer keine berufliche Perspektive vor Augen hat, wird sich nicht scheuen, auch nur die kleinste berufliche Chance beim Schopfe zu ergreifen, auch wenn das anstehende Unternehmen keine dauerhafte Sicherheit garantiert. Was soll denn schon schlimmer kommen, als es ohnehin schon ist? Aber in einem Zustand, wo alles seine Ordnung hat, warum da Risiken eingehen?

Diese Sicherheit kann trügerisch sein. Unsere Wirtschaft ist nicht mehr so stabil wie noch vor einigen Jahren, die internationale Konkurrenz schläft nicht. In anderen Ländern ist man bereit, Risiken einzugehen, und damit müssen wir uns auseinandersetzen.

Im Fall der Gentechnik begrüßt inzwischen die Politik die neue Technik als Zukunftsindustrie. Auch wenn die Akzeptanz der Bevölkerung nach den zitierten Umfragen noch aussteht, reagiert man hier auf den sich aufbauenden Druck von außen. Dabei wird auch nicht nur einfach dem Druck der Arbeitslosigkeit nachgegeben und das Risikopotential deshalb „klein geredet". Vielmehr ist über die jetzt vermehrt stattfindende inhaltliche Auseinandersetzung mit der Gentechnik eine steigende Akzeptanz zu beobachten. Das Potential, aus Forschungsergebnissen Produkte zu machen, wird in der Bundesrepublik Deutschland neu bewertet und jetzt als Chance wahrgenommen – und das fast durchgängig bei allen Parteien.

13.8
Zusammenfassung

Zusammenfassend bleibt also festzustellen: Zum einen wird die Beurteilung der Gentechnik in der Bevölkerung sehr differenziert nach Anwendungsfeldern vorgenommen. Dabei spielen ethisch-moralische Kriterien, der Vertrauensverlust gegenüber der Wissenschaft und die subjektive Wahrnehmung des Risikos die ausschlaggebende Rolle.

Zum anderen haben die bio- und gentechnologischen Investitionen der letzten Zeit gegenwärtig in der Bundesrepublik Deutschland forschungs- und technologie-„*politischen* Rückenwind" aufkommen lassen. Dies sollte jedoch nicht dazu verleiten, das kontroverse, den Studien nach eher zunehmend kritische und auf „moralische Akzeptabilität" gerichtete Meinungsklima in der breiten Öffentlichkeit zu unterschätzen.

Die Wahrnehmung der mit der Gentechnik verbundenen Risiken ist in der Öffentlichkeit stark bestimmt durch psychologische Einflußgrößen, und gleichzeitig ist die Bereitschaft, Risiken einzugehen, zur Zeit noch denkbar gering.

Seit dem Sieg im BioRegio-Wettbewerb hat im Rhein-Neckar-Dreieck eine intensive Beschäftigung mit der Biotechnolgie auf allen Ebenen begonnen. Ethische Diskursveranstaltungen, Ausstellungen, didaktische Aufbereitung von Unterrichtsmaterial für Schulen, Podiumsdiskussionen, Ausbildung zur unternehmerischen Tätigkeit, Seminare für Journlisten und Tage der offenen Tür werden durchgeführt. Vom Bund über die Länder bis zur Landesregierung treten zur Zeit alle Institutionen als Veranstalter auf. Es lohnt sich, in einiger Zeit zu untersuchen, ob das Verständnis für Gentechnik in einem zu überschaubaren Gebiet wie das Rhein-Neckar-Dreieck gewachsen ist.

Literatur

Frankfurter Allgemeine Zeitung (1997) Gentherapie gegen Krebs nicht ausgereift. 18.09.97
Hampel J, Renn O (Hrsg) (1998) Chancen und Risiken der Gentechnik aus der Sicht der Öffentlichkeit. Akademie für Technikfolgenabschätzung in Baden-Württemberg. Springer, Heidelberg Berlin
Schallies M, Wellensiek A (1995) Biotechnologie/Gentechnik. Implikationen für das Bildungswesen. Akademie für Technikfolgenabschätzung in Baden-Württemberg (Arbeitsbericht Nr. 46). Stuttgart

Sachverzeichnis